# 西峰油田特低渗透油藏特征与稳产技术

高永利　著



中国石化出版社

图书在版编目(CIP)数据

西峰油田特低渗透油藏特征与稳产技术/高永利著.
—北京：中国石化出版社，2014.10
ISBN 978-7-5114-3056-4

Ⅰ.①西… Ⅱ.①高… Ⅲ.①低渗透油层-油田开发
-庆阳市 Ⅳ.①TE348

中国版本图书馆CIP数据核字(2014)第228102号



中国石化出版社出版发行
地址：北京市东城区安定门外大街58号
邮编：100011 电话：(010)84271850
读者服务部电话：(010)84289974
http://www.sinopec-press.com
E-mail：press@sinopec.com
北京柏力行彩印有限公司印刷
全国各地新华书店经销
*
787×1092毫米16开本9.5印张232千字
2014年10月第1版 2014年10月第1次印刷
定价：48.00元

# 前　言

西峰油田位于鄂尔多斯盆地西南部的陇东高原，北起庆阳，南到宁县，西至驿马西，东抵固城川，勘探面积约5500km$^2$。主力含油层延长统，兼具零星分布侏罗系延安组。西峰油田是在中国北方鄂尔多斯盆地西南部发现的储量规模超过$4\times10^8$t级的大油田，油藏深埋地表2000m以下，油气资源总量$10.5\times10^8$t。油田的主体部分，就分布在麦浪滚滚、金风送爽的董志塬。

西峰油田的勘探起始于20世纪70年代初，经历"三上三下"的坎坷。步入21世纪，长庆人第三次挺进董志塬，展开石油勘探。西峰地区油藏地质条件复杂，埋藏较深，随着研究的不断深入和工艺技术的提高，开展了盆地模拟、沉积体系、砂体预测及高渗储层形成控制因素的攻关研究，认为陇东地区地处长7生油中心，油源充足。三叠系延长组长8层为辫状河三角洲沉积，发育北东－南西向展布的三角洲砂体。砂岩粒度较粗，原生粒间孔发育，物性较好。2001年10月24日，终于在西17井获得重大突破，试油获得日产34.68t工业纯油，标志着陇东三叠系石油勘探打了个翻身仗。西17井成为西峰油田的发现井、功勋井。西峰油田勘探的成功，得益于地质、地震、钻井、测井和压裂等多学科多专业的联合攻关，它丰富了盆地找油地质理论，为下一步寻找类似的长8油藏指明了方向。到2003年底，探明石油储量$1.1\times10^8$t，控制储量$2\times10^8$t，预测储量$1.2\times10^8$t，三级石油储量达到$4.35\times10^8$t。成为中国陆上石油近十年来发现的规模最在的整装油田。到2005年底，西峰油田探明石油储量突破$2\times10^8$t，三级石油储量累计达到$6.33\times10^8$t。西峰油田的发现和投入大规模开发，标志着长庆经历三十多年发展后，真正实现了油田开发由侏罗系向三叠系的战略转移。截至2012年底，探明含油面积415.97km$^2$，探明地质储量$2.3759\times10^8$t；动用含油面积246.70km$^2$，地质储量$1.5580\times10^8$t，动用可采储量$3212.49\times10^4$t。

2013 年 12 月，西峰油田油井总井数 1920 口，西峰油田油井开井 1740 口，日产液水平 4379t，日产油水平 2655t，平均单井日产水平 1.53t，综合含水 39.4%；地质储量采油速度 0.62%，地质储量采出程度 6.4%，可采储量采油速度 3.02%，可采储量采出程度 31.02%，剩余可采储量采油速度 4.13%。

本书系统介绍了西峰油田长 8、合水地区长 7、华庆地区长 9 油藏的构造、沉积、成岩作用和宏观非均质性特征；定性分析、定量评价了微观孔隙结构参数的差异性；将宏观与微观结合，在大量室内实验的基础上阐述了特低渗透油藏的渗流规律；通过开发现状分析、储层特征分析、稳产政策对比，总结了适用于西峰油田特低渗透油藏的稳产技术。

本书编写过程中得到了长庆油田相关单位及西安石油大学课题组人员的大力支持与帮助，在此深表谢意！同时也对书中所引用文献的作者深表谢意！该书的出版获“西安石油大学优秀学术著作出版基金”资助。希望本书的出版能够为油田生产单位员工和科研院所研究人员提供技术支撑和借鉴依据，为我国同类油田科学高效开发提供有益参考。

# 目　录

# 第一章　西峰油田特低渗透油藏储层特征

## 1.1　西峰油田勘探开发现状

### 1.1.1　西峰油田勘探简况

西峰油田位于陕北斜坡中段，构造的基本形态为一个由东向西倾伏的单斜，坡度较缓。主要含油层系为长8储层，该储层发育一套三角洲前缘亚相沉积，沉积微相以三角洲前缘水下分流河道与河口坝为主，属特低渗透储层，近些年随着勘探程度的不断深入，合水地区的长7、华庆地区的长9储层也相继投入开发。

1974年在西峰地区完钻的剖11井长8钻遇油水层7.1m，压后日产油2.95t，日产水1.52$m^3$。此后完钻的探井由于长6～长8油层物性差，试油产量低，未进行全面勘探。随着钻井、试油、采油工艺技术的提高及对陇东地区长6～8沉积相、储层特征、油气富集规律的深入研究，认为该区长6～长8油层是一个油气富集并可获得高产的有利地区，是陇东地区增储上产的重要层位。2000年在板桥钻探的庄9井长$8_2$获得油层7.2m，试油日产油13.42t，日产水3.7$m^3$；2001年6月完钻的西17井在西峰油田获得重大突破，在长8获油层14.1m，试油日产油33.8t，展现了西峰长6～长8的美好前景。随即以白马、董志区为重点以长8油层为主要目的层展开大规模的勘探，至目前共完钻探井、评价井130余口，发现了延9、长3、长6、长$7_2$、长$7_3$、长$8_1$、长$8_2$七个含油层。其中长$8_1$、长$8_2$为主力含油层。随即以白马、板桥、董志区为重点，以长8油层为主要目的层开展规模勘探(图1－1)。

### 1.1.2　开发现状

2013年12月，西峰油田油井总井数1920口，西峰油田油井开井1740口，日产液水平4379t，日产油水平2655t，平均单井日产水平1.53t，综合含水39.4%，平均动液面1366m；地质储量采油速度0.62%，地质储量采出程度6.4%，可采储量采油速度3.02%，可采储量采出程度31.02%，剩余可采储量采油速度4.13%。水井总井数746口，水井开井675口，日注水15525$m^3$，注水强度1.35$m^3$/(m·d)，月注采比2.76，累计注采比2.27(图1－2)。

与2012年12月相比，油井总井数增加112口，油井开井数上升113口，日产液水平上升114t，日产油水平下降101t，综合含水上升4.0%，平均动液面上升11m，水井总井数上升20口，开井数上升9口，日注水增加482$m^3$。

西峰油田目前管理10个开发区块，按照开发阶段划分，开发早期3个，开发中期6个，开发后期1个(表1－1)。

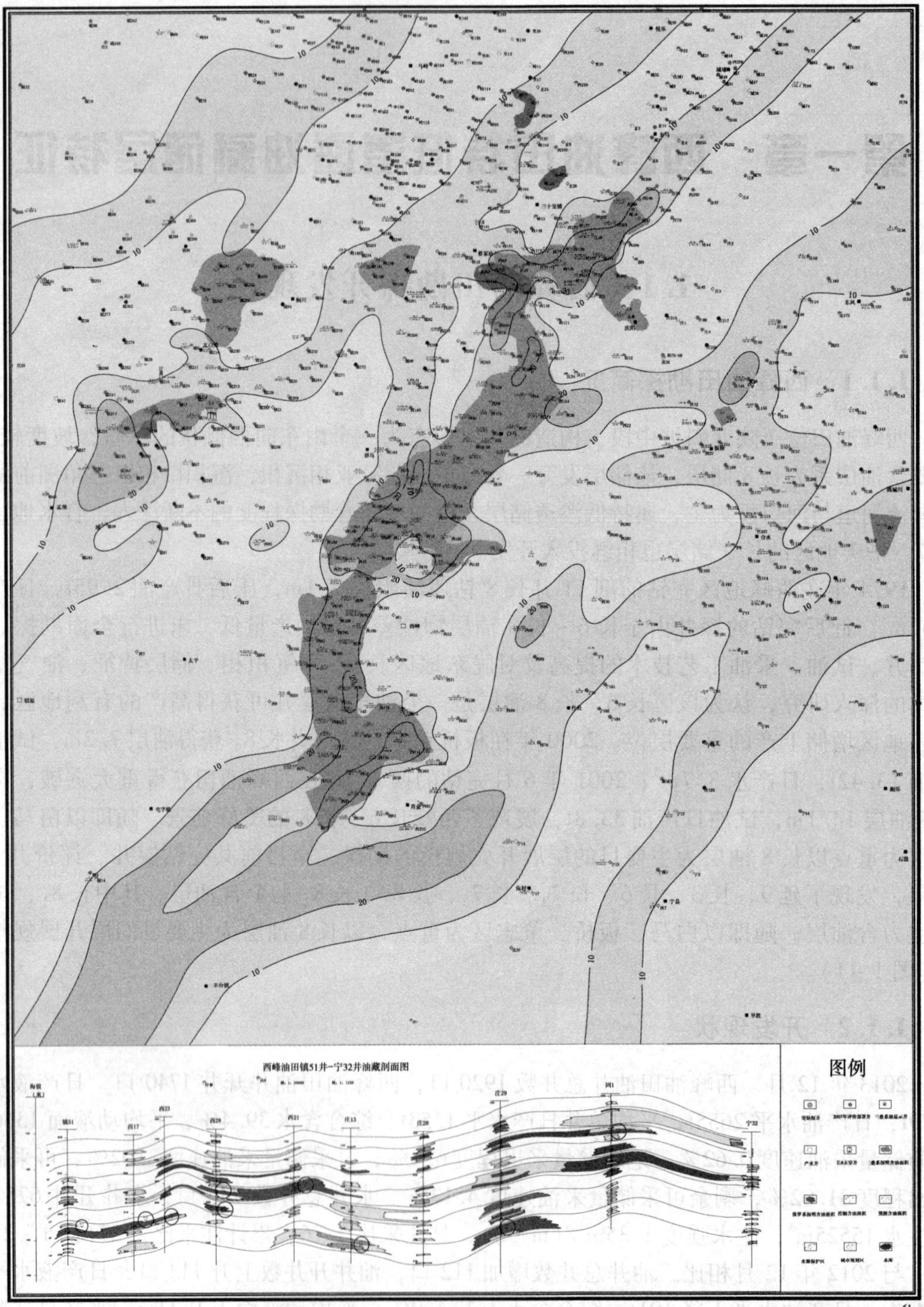


图 1－1　西峰油田勘探成果图

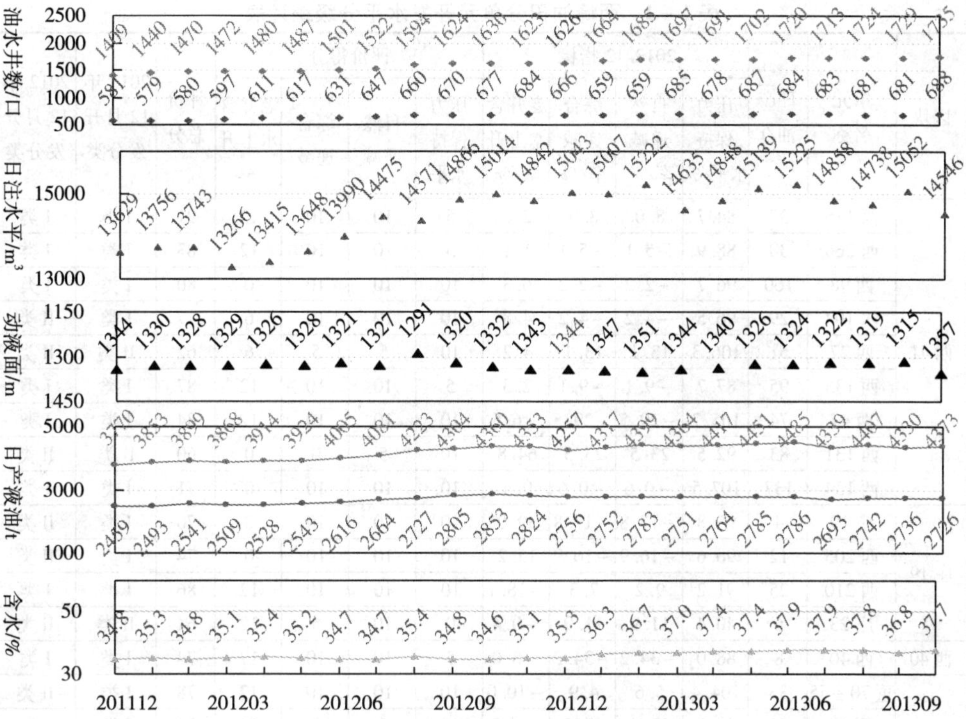


图 1－2　西峰油田综合曲线

**表 1－1　西峰油田各区块 2013 年 12 月开发数据表**

| 开发阶段 | 油田区块名称 | 油开井/口 | 日产液/t | 日产油/t | 综合含水/% | 平均动液面/m | 比例/% | 地质储量 |  | 可采储量 |  |
|---|---|---|---|---|---|---|---|---|---|---|---|
|  |  |  |  |  |  |  |  | 采油速度/% | 采出程度/% | 采油速度/% | 采出程度/% |
| 早期 | 西 41 | 491 | 1128 | 700 | 37.9 | 1377 | 25.7 | 1.0 | 1.9 | 4.9 | 9.0 |
|  | 庄 19 | 47 | 84 | 47 | 44.2 | 1453 | 1.7 | 1.2 | 2.2 | 1.0 | 10.5 |
|  | 西 40 | 5 | 9 | 8 | 11 | 1370 | 0.3 | 0.5 | 2.6 | 2.7 | 13. 2 |
| 中期 | 白马南 | 283 | 495 | 374 | 24.3 | 1472 | 13.7 | 0.3 | 3.4 | 1.4 | 16.0 |
|  | 董志 | 306 | 407 | 280 | 31.3 | 1431 | 10.3 | 0.3 | 4.1 | 1.6 | 20.5 |
|  | 西 90 | 50 | 167 | 119 | 28.7 | 1012 | 4.4 | 1.1 | 7.0 | 5.6 | 34.8 |
|  | 宁 21 | 26 | 59 | 37 | 38.4 | 1177 | 1.4 | 1.4 | 9.9 | 5.4 | 39.7 |
|  | 庄 58 | 18 | 37 | 12 | 66.7 | 1452 | 0.4 | 0.4 | 6.8 | 2.1 | 33.9 |
|  | 白马西 | 16 | 20 | 18 | 12.4 | 1431 | 0.7 | 1.0 | 8.0 | 5.1 | 40.0 |
| 后期 | 白马中 | 490 | 1965 | 1130 | 42.5 | 1257 | 41.5 | 1.2 | 16. 3 | 5.7 | 77 3 |

西峰油田目前有 41 个开发单元，其中早期 14 个开发单元，中期 18 个，后期 9 个，Ⅰ类 24 个，Ⅱ类 15 个，Ⅲ类 2 个；与 2012 年同期对比，开发水平上升 7 个，下降 5 个，保持 29 个(表 1－2)。

**表 1－2 西峰油田分单元开发水平分级统计表**

| 开发阶段 | 区块 | 单元名称 | 日产油/t | 2013.12 指标 | | | | 评价得分 | | | | 评价总分 | 2013 年 12 月开发分类 | 2012 年 12 月开发分类 | 分类对比评价 |
|---|---|---|---|---|---|---|---|---|---|---|---|---|---|---|---|
| | | | | 压力保持水平/% | 自然递减率/% | 综合递减率/% | 老井含水上升率/% | 压力保持水平 | 自然递减 | 综合递减 | 老井含水上升率 | | | | |
| 早期 | 西 41 | 西 185 | 37 | 84.7 | 8.0 | 8.0 | 2.0 | 5 | 10 | 10 | 12 | 91 | Ⅰ类 | Ⅰ类 | 保持 |
| | | 西 266 | 30 | 88.9 | －5.1 | －5.1 | 1.1 | 5 | 10 | 10 | 12 | 83 | Ⅰ类 | Ⅰ类 | 保持 |
| | | 西 98 | 160 | 96.7 | －2.2 | －2.2 | 6.3 | 10 | 10 | 10 | 0 | 80 | Ⅰ类 | Ⅰ类 | 保持 |
| | | 西 104 | 29 | 96.5 | －4.2 | －4.2 | 4.8 | 10 | 10 | 10 | 6 | 77 | Ⅰ类 | Ⅱ类 | 上升 |
| | | 西 27 | 51 | 106.3 | 13.1 | 13.1 | 4.2 | 10 | 5 | 5 | 6 | 62 | Ⅱ类 | Ⅱ类 | 保持 |
| | | 西 135 | 95 | 87.7 | －9.1 | －9.1 | 2.3 | 5 | 10 | 10 | 12 | 87 | Ⅰ类 | Ⅰ类 | 保持 |
| | | 西 47 | 74 | 105.7 | －29.5 | －29.5 | －6.5 | 10 | 10 | 10 | 12 | 84 | Ⅰ类 | Ⅰ类 | 保持 |
| | | 西 131 | 83 | 92.5 | 23.5 | 23.5 | 64.8 | 10 | 5 | 0 | 0 | 60 | Ⅱ类 | Ⅱ类 | 保持 |
| | | 西 134 | 137 | 107.5 | －0.6 | －0.6 | 9.4 | 10 | 10 | 10 | 0 | 71 | Ⅰ类 | Ⅰ类 | 保持 |
| | 庄 19 | 庄 19 | 4 | 95.8 | －17.8 | －17.8 | 39.0 | 10 | 10 | 10 | 0 | 70 | Ⅰ类 | Ⅱ类 | 上升 |
| | | 西 205 | 12 | 90.6 | －16.9 | －16.9 | 15.2 | 10 | 10 | 10 | 0 | 74 | Ⅰ类 | Ⅱ类 | 上升 |
| | | 西 210 | 25 | 91.2 | 9.2 | 7.3 | －18.1 | 10 | 10 | 10 | 12 | 86 | Ⅰ类 | Ⅰ类 | 保持 |
| | | 庄 23 | 6 | 40.4 | 11.9 | 11.9 | －0.4 | 0 | 10 | 5 | 12 | 64 | Ⅱ类 | Ⅱ类 | 保持 |
| | 西 40 | 西 40 | 8 | 88.0 | －34.2 | －34.2 | －5.0 | 5 | 10 | 10 | 12 | 74 | Ⅰ类 | Ⅰ类 | 保持 |
| 中期 | 董志 | 董 70－55 | 33 | 104.4 | 5.6 | 4.9 | －10.0 | 10 | 10 | 10 | 12 | 78 | Ⅰ类 | Ⅱ类 | 上升 |
| | | 西 25 | 53 | 96.2 | 17.9 | 17.9 | －3.5 | 10 | 5 | 5 | 12 | 72 | Ⅰ类 | Ⅰ类 | 保持 |
| | | 西 24 | 10 | 78.5 | 17.4 | 17.4 | 4.4 | 5 | 5 | 5 | 6 | 61 | Ⅱ类 | Ⅱ类 | 保持 |
| | | 西 56 | 43 | 97.5 | 15.0 | 15.0 | 3.9 | 10 | 5 | 5 | 6 | 62 | Ⅱ类 | Ⅱ类 | 保持 |
| | | 西 34 | 31 | 96.2 | 17.9 | 17.9 | －3.5 | 10 | 0 | 0 | 12 | 66 | Ⅱ类 | Ⅱ类 | 保持 |
| | | 西 33 | 82 | 97.5 | 16.7 | 15.8 | 5.6 | 10 | 5 | 5 | 0 | 60 | Ⅱ类 | Ⅰ类 | 下降 |
| | | 西 129 | 28 | 102.5 | 16.5 | 16.0 | 6.1 | 10 | 0 | 0 | 0 | 42 | Ⅲ类 | Ⅱ类 | 下降 |
| | 白马南 | 西 36 | 46 | 84.0 | 2.9 | 2.9 | 3.6 | 5 | 10 | 10 | 6 | 67 | Ⅱ类 | Ⅰ类 | 下降 |
| | | 西 45 | 133 | 99.4 | －0.9 | －0.9 | 4.4 | 10 | 10 | 10 | 6 | 72 | Ⅰ类 | Ⅰ类 | 保持 |
| | | 西 74 | 15 | 90.9 | 6.6 | 6.6 | 24.3 | 10 | 10 | 10 | 0 | 66 | Ⅱ类 | Ⅱ类 | 保持 |
| | | 西 137 | 71 | 99.4 | 22.4 | 20.6 | 23.7 | 10 | 5 | 5 | 0 | 56 | Ⅱ类 | Ⅱ类 | 保持 |
| | | 西 187 | 45 | 98.8 | 23.8 | 23.8 | 6.3 | 10 | 0 | 0 | 0 | 50 | Ⅱ类 | Ⅱ类 | 保持 |
| | | 西 58 | 28 | 98.2 | 9.6 | 9.6 | 5.4 | 10 | 10 | 10 | 0 | 66 | Ⅱ类 | Ⅱ类 | 保持 |
| | | 西 162 | 37 | 83.1 | 6.2 | 6.2 | 5.5 | 5 | 10 | 10 | 0 | 61 | Ⅱ类 | Ⅱ类 | 保持 |
| | 白马西 | 白马西 | 16 | 66.2 | －5.6 | －5.6 | －27.0 | 0 | 10 | 10 | 12 | 78 | Ⅰ类 | Ⅰ类 | 保持 |
| | 西 90 | 西 90 | 127 | 82.0 | 10.7 | 10.4 | －1.8 | 0 | 5 | 5 | 12 | 72 | Ⅰ类 | Ⅱ类 | 上升 |
| | 庄 58 | 庄 58 | 13 | 78.0 | 33.5 | 33.3 | 18.0 | 0 | 0 | 0 | 0 | 40 | Ⅲ类 | Ⅲ类 | 保持 |
| | 宁 21 | 宁 21 | 36 | 97.9 | －10.7 | －56.1 | 6.0 | 10 | 10 | 10 | 6 | 86 | Ⅰ类 | Ⅲ类 | 上升 |
| 后期 | 白马中 | 西 105 | 40 | 92.2 | －10.4 | －12.2 | －6.7 | 5 | 10 | 10 | 12 | 82 | Ⅰ类 | Ⅰ类 | 保持 |
| | | 西 13 | 225 | 114.6 | 8.6 | 7.8 | 4.8 | 10 | 10 | 10 | 6 | 90 | Ⅰ类 | Ⅰ类 | 保持 |
| | | 西 16 | 100 | 85.1 | 14.7 | 14.7 | 8.6 | 5 | 5 | 5 | 0 | 65 | Ⅱ类 | Ⅰ类 | 下降 |
| | | 西 17 | 67 | 116.0 | 22.4 | 19.4 | 2.5 | 10 | 0 | 0 | 6 | 61 | Ⅱ类 | Ⅰ类 | 下降 |
| | | 西 20－10 | 58 | 95.2 | 4.8 | 3.4 | －1.1 | 10 | 10 | 10 | 12 | 92 | Ⅰ类 | Ⅰ类 | 保持 |
| | | 西 23 | 137 | 126.7 | 10.1 | 9.9 | 2.6 | 10 | 5 | 5 | 6 | 76 | Ⅰ类 | Ⅰ类 | 保持 |
| | | 西 30－35 | 109 | 120.7 | 7.3 | 4.4 | －5.2 | 10 | 10 | 10 | 12 | 92 | Ⅰ类 | Ⅰ类 | 保持 |
| | | 西 33－17 | 307 | 102.1 | 10.5 | 9.9 | 5.3 | 10 | 5 | 5 | 0 | 70 | Ⅰ类 | Ⅰ类 | 保持 |
| | | 西 40－24 | 109 | 87.6 | 13.9 | 13.6 | 1.0 | 5 | 5 | 0 | 12 | 76 | Ⅰ类 | Ⅱ类 | 上升 |

## 1.2　构造与地层划分

### 1.2.1　地层与小层划分

西峰地区晚三叠系延长组是一套以湖泊沉积为主的陆源碎屑岩系，沉积厚度约1300m，它的底部与中三叠系的纸坊组呈假整合接触，顶部受到不同程度的侵蚀，与侏罗系下统呈假整合接触，延长组共分为10个油层组(长1~10)，油层组之间或油层组内部分布着厚度小、电性特征明显的凝灰岩或碳质泥岩标志层(K1~K10)(表1-3)。

**表1-3　西峰地区延长统地层简表(据长庆油田公司研究院资料)**

<table>
<tr><th colspan="5">地质时代</th><th rowspan="2">厚度/m</th><th rowspan="2">岩性描述</th><th rowspan="2">标志层</th></tr>
<tr><th>系</th><th>统</th><th>段</th><th colspan="2">油层组</th></tr>
<tr><td rowspan="15">三叠系</td><td rowspan="14">延长统 $T_{3Y}$</td><td>第五段 $T_{3Y5}$</td><td colspan="2">长1</td><td>0~240</td><td>暗色泥岩、泥质粉砂岩、粉细砂岩不等厚互层，夹炭质泥岩及煤线</td><td>$K_9$</td></tr>
<tr><td rowspan="2">第四段 $T_{3Y4}$</td><td colspan="2">长2</td><td>125~145</td><td>灰绿色浅灰色细砂岩夹暗色泥岩</td><td>$K_8$ $K_7$</td></tr>
<tr><td colspan="2">长3</td><td>100~100</td><td>浅灰、灰褐色细砂岩夹暗色泥岩</td><td>$K_6$</td></tr>
<tr><td rowspan="7">第三段 $T_{3Y3}$</td><td colspan="2">长4+5</td><td>80~100</td><td>暗色泥质岩夹浅灰色粉细砂岩</td><td>$K_5$</td></tr>
<tr><td rowspan="3">长6</td><td>长$6_1$</td><td>35~45</td><td>浅灰色粉细砂岩夹暗色泥岩</td><td>$K_4$</td></tr>
<tr><td>长$6_2$</td><td>35~45</td><td>褐灰色块状细砂岩夹暗色泥岩</td><td>$K_3$</td></tr>
<tr><td>长$6_3$</td><td>35~40</td><td>灰黑色泥岩、泥岩粉砂岩、粉细砂岩互层，夹薄层凝灰岩</td><td>$K_2$</td></tr>
<tr><td rowspan="3">长7</td><td>长$7_1$</td><td>30~40</td><td>粉细砂岩夹暗色泥岩、碳质泥岩</td><td></td></tr>
<tr><td>长$7_2$</td><td>30~40</td><td>粉细砂岩及暗色泥岩，碳质泥岩互层</td><td></td></tr>
<tr><td>长$7_3$</td><td>30~40</td><td>暗色泥岩、碳质泥岩、油页岩夹薄层粉细砂岩，及薄层凝灰岩</td><td>$K_1$</td></tr>
<tr><td rowspan="3">第二段 $T_{3Y2}$</td><td rowspan="2">长8</td><td>长$8_1$</td><td>30~45</td><td>灰色粉细砂岩夹暗色泥岩、砂质泥岩</td><td></td></tr>
<tr><td>长$8_2$</td><td>30~45</td><td>灰、灰浅色块状细砂岩夹暗色泥岩</td><td></td></tr>
<tr><td colspan="2">长9</td><td>90~120</td><td>暗色泥岩、页岩夹灰色粉细砂岩</td><td>K10</td></tr>
<tr><td>第一段 $T_{3Y1}$</td><td colspan="2">长10</td><td>280</td><td>灰色厚层块状中细砂岩，底粗砂岩</td><td></td></tr>
<tr><td colspan="2">纸坊组 $T_{1+2}C$</td><td colspan="2"></td><td></td><td>灰紫色泥岩、砂质泥岩与紫红色中细砂岩互层</td><td></td></tr>
</table>

在地层对比的过程中，主要采用旋回对比、分级控制，不同相带区别对待的方法。盆地本部长7底部沉积了一套高电阻、高伽玛的页岩及长8顶部的低阻凝灰岩，在全区分布稳定、特征明显，可以作为区域性的标志层(K1)。在K1标志层的控制下，采用旋回对比进行油层的划分。在平面上，依据砂体侧向相变迅速、厚度变化大的特点，在厚层与薄层间采用相变对比模式，剖面上，依据新旧河道平面上交错、垂向上叠置的特点，采用劈层对比模式。如果水动力条件强到使河道内早期沉积砂体全部被冲刷再生新沉积，采用下切砂体对比模式，从而有效地识别砂体组合关系，达到提高储层描述精度的目的。

西峰地区地层对比主要标志层为长7下部的高电阻、高伽玛的页岩及长$8^1$顶部的低阻凝灰岩为主要标志层(图1-3)，采用以上对比方法进行井间对比，区域闭合。根据岩性特征、沉积旋回、电性组合特征对长6～长8油层进一步细分，分为8个小层(图1-4、图1-5)。

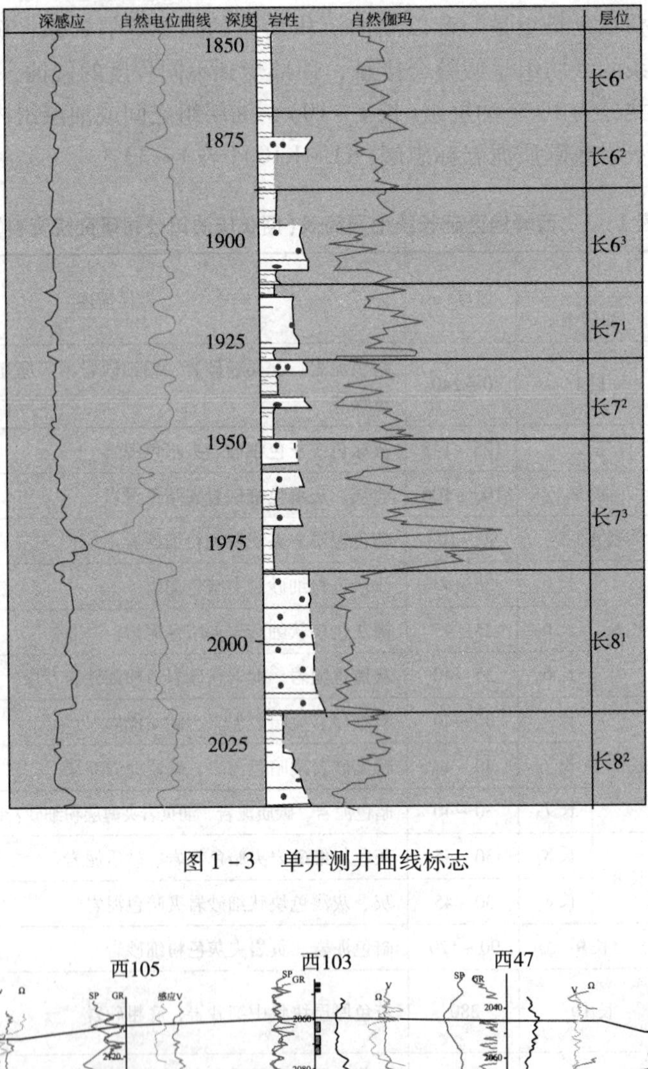


图1-3 单井测井曲线标志

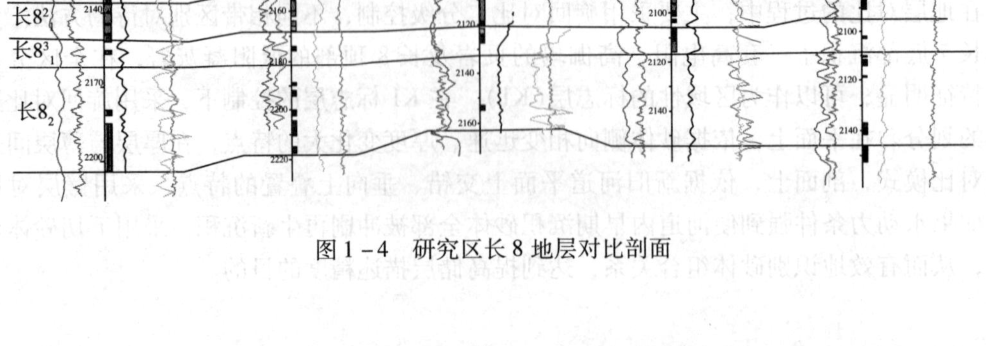

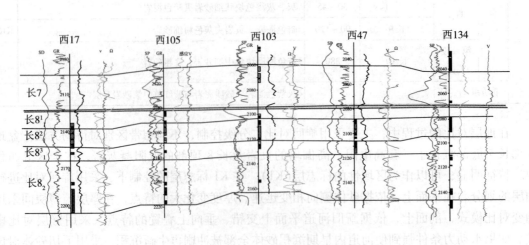


图1-4 研究区长8地层对比剖面

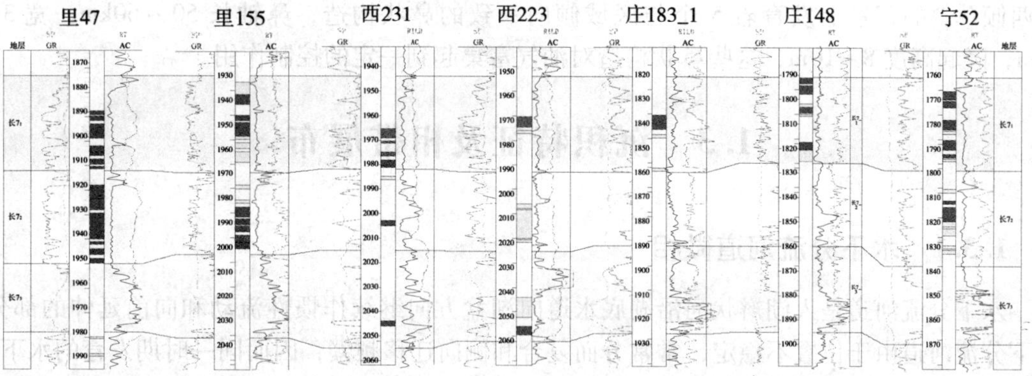


图 1－5　合水地区长 7 地层对比剖面

## 1.2.2　构造特征

从构造等值线图来看(图 1－6)，西峰油田构造比较简单，整体呈向西倾斜的单斜构造，坡度较缓，每公里下降 5～10m，虽然没有大的构造起伏，但从长 8 顶的构造图上可以看出

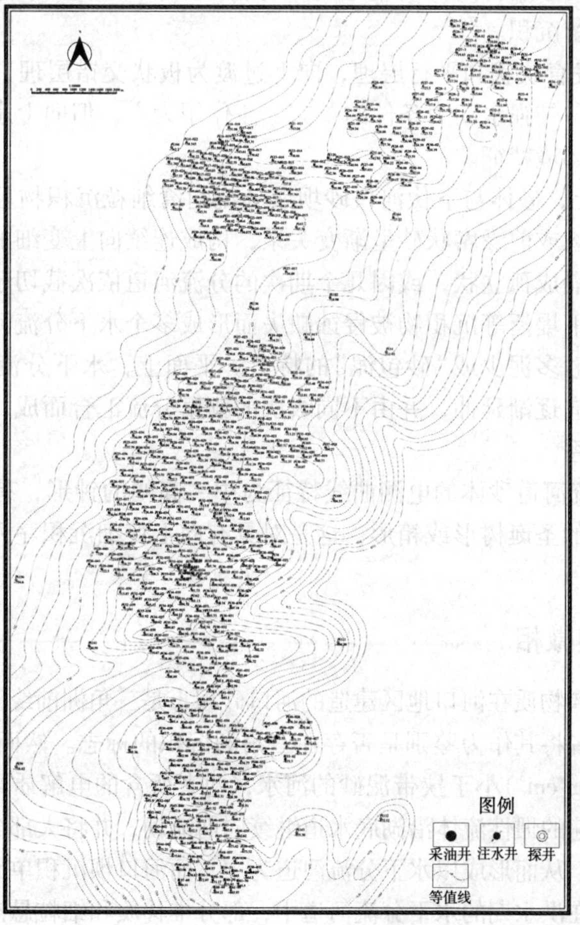


图 1－6　西峰油田长 8 顶构造图

在西倾单斜的背景上发育着5个与区域倾向一致的鼻状构造，鼻轴长50~60km，宽3~5km，隆起高度8~10m，这些鼻状构造对油气富集起到一定的控制作用。

# 1.3 沉积特征及相带展布

## 1.3.1 水下分流河道微相

水下分流河道是入湖辫状河沿湖底水道向湖盆方向继续作惯性流动和向前延伸的部分。水下分流河道由于位置不稳定，常常分而复合和侧向迁移频繁，因而同一时期发育的水下分流河道在平面上常呈宽带状和网状分布，具有成层性好和可对比性强的特点，构成辫状三角洲前缘的骨架砂体。主要识别特征如下：

(1)岩性一般为浅灰色中粒-细粒砂岩，常具有从中粒砂岩向上变为细粒砂岩、甚至粉砂岩或含泥质条带粉砂岩组成的、向上变细的沉积序列。单砂体厚度一般为2~3m，有的可达4~5m。

(2)砂岩的成分成熟度较低，结构成熟度中等。粒度概率累积曲线多为三段式，并且以发育双跳跃段为特征(图1-7)，反映了湖浪对沉积物的再改造。

(3)砂体底部常发育冲刷面，其上可见泥砾富集层，泥砾磨圆和分选差，具撕裂屑特点，属河道底部的滞留沉积。

(4)砂体中下部发育块状和平行层理，向上过渡为板状交错层理、沙纹交错层理，显示水下分流河道虽以具备较强水动力条件的单向底流作用为主，但向上水动力减弱，并叠加有湖浪改造的水下沉积环境特征。

(5)在剖面结构上，砂体与下伏河口砂坝或分流间湾细粒沉积物呈截切超覆关系，顶部与水下堤泛或分流间湾或前缘席状砂呈渐变关系，构成连续向上变细的沉积序列，砂体或被泥岩、泥质粉砂岩分隔成孤立状，或因几个期次的分流河道依次截切超覆作用，造成下伏砂体上部的河口坝或水下堤泛等沉积物被侵蚀缺失而形成多个水下分流河道砂体连续叠置，垂向剖面上总体显示出砂多泥少或“砂包泥”的特点。平面上，水下分流河道呈具备一定离散度的辐射状向湖盆方向逐渐延伸，并由不同级次的频繁分流汇合而成，构成向湖盆方向不断推进和扩大的网状水系。

(6)单个水下分流河道砂体的电测曲线特征为中-高幅的钟形，有多个砂体连续叠置的井段，则呈中-高幅的圣诞树形或箱形，这是对具有向上变细沉积序列的水下分流河道砂质沉积的响应。

## 1.3.2 河口坝微相

由河流携带的碎屑物质在河口地区建造的河口砂坝，是三角洲前缘亚相中最具特色的沉积环境，因而众多研究者将其作为鉴别是否存在三角洲沉积的标志。然而，在陆上淡水湖泊中，由于湖水的密度(1.0 g/cm$^3$)小于挟带泥砂的河水，两者所含的电解质电性也相同，因而河流入湖后仍能保持高流速的惯性流体沿湖底水道继续向前流动，并将大部分悬浮质和推移质带到河口之外的湖区沉积，从而形成以水下分流河道为主、而河口坝沉积单元相对不发育的湖泊三角洲沉积特征。即使在洪水期的水下分流河道中，部分推移质和细粒悬浮质虽可在河口外侧快速堆积，但所发育的河口砂坝规模一般不大，且往往被后期向湖延伸的水下分流河道截切或冲刷改造而保存不完整。在已有的钻井中虽然有时可见到频繁发育的河口砂坝，但是其单砂体厚度一般偏小，为1~3m，上部往往受到水下分流河道的冲刷截切而保存不全，局部缺失，很少见到由多个河口坝连续叠置构成的进积序列。单个河口砂坝的规模虽较小，但其发育频率仅次于水下分流河道，常呈残积体与水下分流河道同方向迁移展布。主要识别特征如下：

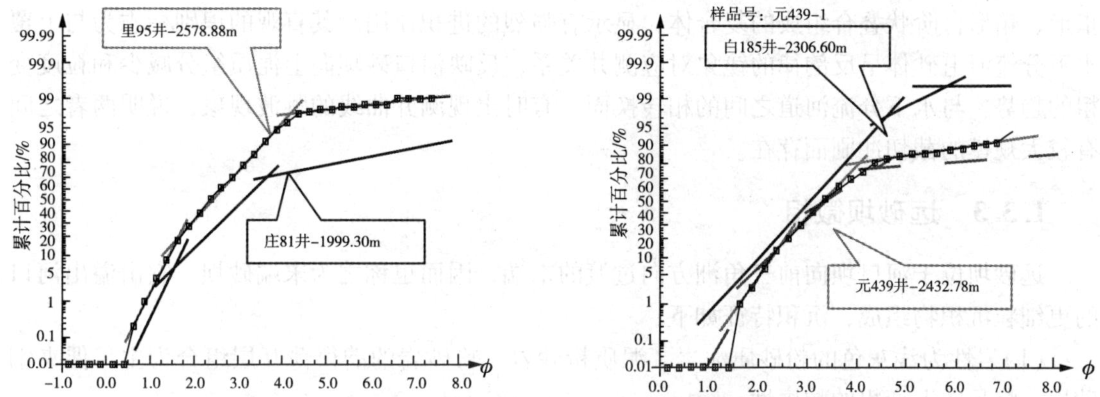


图1-7　水下分流河道砂岩的粒度概率图

(1)岩性主要为浅灰色中粒~细粒砂岩，单个砂体常具有向上粒度变粗和泥质含量减少的逆粒序性，厚度较薄，一般为2~4m不等。

(2)砂岩的成分成熟度较低，结构成熟度中等，这与其快速堆积、水动力条件变化大等因素有关。粒度概率累积曲线多为三段式或四段式，多数样品具有少量的滚动组分和明显的双跳跃组分(图1-8)，反映了原来在河道中以跳跃形式搬运的碎屑颗粒，在河口坝环境因水动力相对降低而以滚动形式搬运、沉积，以及湖浪对河口坝沉积物的再改造，跳跃组分的斜率较大，分选较好。

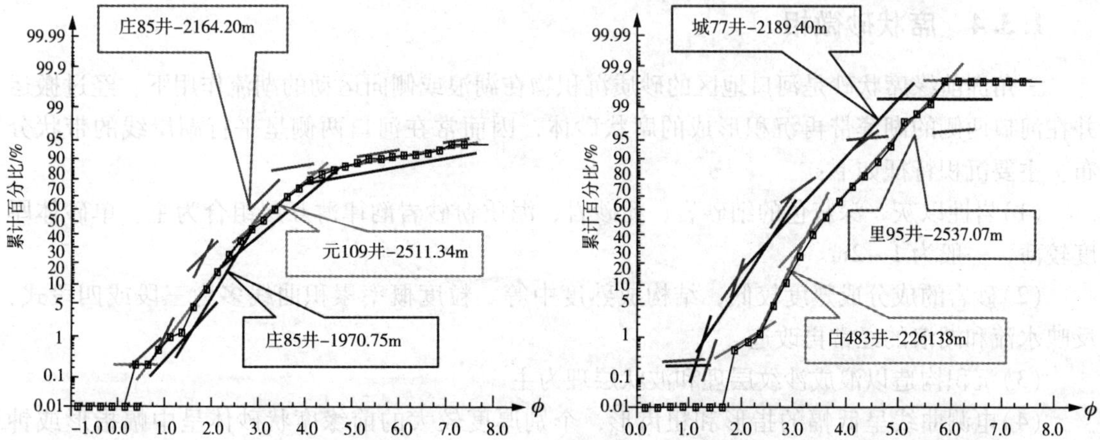


图1-8　河口坝砂岩的粒度概率图

(3)砂体下部以发育水平层理和流水沙纹层理、浪成沙纹层理为主，局部为块状层理，向上则出现槽状交错层理、板状交错层理、平行层理及块状层理等，反映水动力向上逐渐增强。

(4)在剖面结构上，位于三角洲沉积旋回的下部，往往由一个或局部由多个河口坝与远砂坝叠置组成向分流间湾或前三角洲下超的进积复合体，顶部则被向湖盆方向延伸的水下分流河道截切超覆，或者被分流间湾细粒沉积物覆盖，显示出向上变浅、变粗的沉积序列。平面上，位于水下分流河道末端的河口坝，一般呈向湖盆方向加宽的扇形或舌形堆积体。

(5)电测曲线以单个中幅漏斗形和指形为主，局部由数个幅度向上加大的齿化漏斗形或指形、箱形台阶状叠合组成的复合体，显示有强烈的进积作用。其直观的识别标志为与上覆水下分流河道砂体呈反韵律的镜象对应测井关系，反映河口砂坝向上泥质组分减少和粒度变粗的趋势。与水下分流河道之间的相转换面，有时出现测井曲线的跳波现象，说明两者之间有较大规模的截切冲刷面存在。

### 1.3.3　远砂坝微相

远砂坝位于河口坝向前三角洲方向过渡的末端，因而也称之为末端砂坝。它由溢出河口的更细粒沉积物组成，沉积特征如下：

(1)岩性为浅灰色的粉砂质泥岩、泥质粉砂岩、粉砂岩的韵律薄互层组合为主，偶夹细砂岩，略具向上变粗的粒序性。

(2)砂岩成分成熟度中-低，结构成熟度低。粒度概率累积曲线多为偏右型一段式或二段式。

(3)层理构造较发育，以水平层理、水平微波状层理、沙纹层理为主，变形层理也常见。

(4)岩石中含较多的炭屑、炭化植物茎、叶碎片、小树枝等。

(5)在剖面结构上，该微相往上与河口坝微相共同组成连续向上变粗的沉积序列超覆在深灰、黑灰色泥岩之上，两者很难截然分开，因而可以合称为河口坝+远砂坝进积复合体。

(6)单个远砂坝测井曲线呈低-中幅漏斗形，具有相对较高的自然伽玛值和低电阻率，厚度一般为0.5~2m。但由于远砂坝往往位于河口坝下部，共同组成向上连续变粗的台阶状叠置的漏斗形，两者的区别在于远砂坝有相对较高的自然伽玛值和低的电阻率，显示该微相砂质含量较低和泥质含量较高的特点。

### 1.3.4　席状砂微相

三角洲前缘席状砂是河口地区的砂质沉积物在湖浪或侧向运动的湖流作用下，经过搬运并在河口两侧的湖滨带再沉积形成的席状砂体，因而常在河口两侧呈平行湖岸线的带状分布。主要沉积特征如下：

(1)岩性以灰、深灰色的细砂岩、粉砂岩、泥质粉砂岩韵律薄互层组合为主。单砂体厚度较薄，一般为1~2m。

(2)砂岩的成分成熟度较低，结构成熟度中等。粒度概率累积曲线多为三段或四段式，反映水流和湖浪的经常再改造。

(3)沉积构造以浪成沙纹层理和波状层理为主。

(4)电测曲线呈低幅的指形和粗齿形，个别厚度较大的前缘席状砂体呈中幅指形或钟形，与向上略变粗的远砂坝的逆粒序性有所差异。

(5)在垂向剖面上，前缘席状砂常常与分流间湾泥质沉积物成不等厚薄互层，或者位于向湖推进的水下堤泛和分流间湾沉积之下，也可以位于远砂坝或河口坝砂体之上，其厚度较薄，规模也小，储集性能普遍较差。

## 1.3.5　分流间湾微相

该微相又称之为水下分流间洼地微相，主要指位于水下分流河道之间或者河口坝之间的、向下游方向开口并与浅湖相通、向上游方向收敛的小型水下洼地环境。一般以接受洪水期溢出水下分流河道和相对远源的悬浮泥砂均匀沉积为主，常形成一系列小面积的尖端指向上游的泥质楔形体。其沉积特征如下：

(1)岩性为深灰、黑灰色泥岩、页岩和粉砂质泥岩的韵律薄互层组合，厚度变化大。

(2)沉积构造主要为水平层理和波状、纹层状层理，次为沙纹层理，显示该微相主要处于安静的低能环境，但有间歇的底流和湖浪改造作用。

(3)含丰富的炭化植物茎干、碎小叶片等化石，且为旱地、近水湿地及水生多属种混合。据植物化石往往呈碎片状沿层面密集分布和局部构成煤线的特点，显示植物碎片的富集作用大部分与洪水期由外部搬运而来有关，并非是环境沼泽化植物。

(4)剖面结构上，常与水下分流河道、河口坝、前缘席状砂相邻发育，组成向上变细的沉积组合，顶部或连续过渡为浅湖或前三角洲沉积或被水下分流河道截切。

(5)电测曲线为低幅的微齿形或齿化平直形(图1－9)。

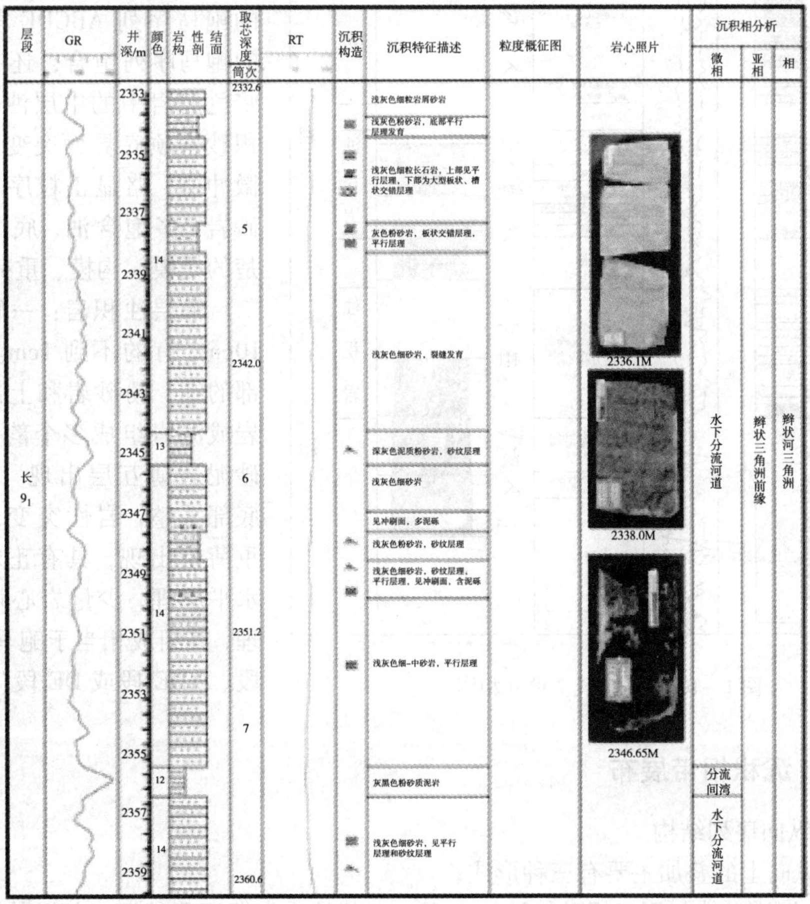


图1－9　元435长9单井相图

### 1.3.6 浊积岩

结合岩石类型、沉积构造、结构特征，研究区长7可分为三种类型的浊积岩，即薄层浊积岩、中层浊积岩和厚层浊积岩。它们具有以下特征：

厚层浊积岩：砂层厚度一般大于0.5 m，有的可达10m以上。厚层浊积岩通常不具任何沉积构造，呈块状，泥岩夹层极薄或缺失，经常出现多个递变层的重复出现，其间有微冲刷现象，Walker R G（1979）称之为叠覆冲刷砂岩，他认为块状砂岩主要形成于沟道环境，不像典型浊积岩那样呈层状稳定分布。厚层浊积岩中每个递变层类似于鲍马序列的A段，可用鲍马序列“A，A，A，A”序描述。

中层浊积岩：厚度几厘米到30cm，一般常见十几厘米的中层浊积岩，一种通常可见到较完整的鲍马序列ABCDE段或不完整的鲍马序列组合，还有一种夹于暗色泥岩中的中层浊积岩，该浊积砂岩顶底界面突变，底部可见微冲刷，略显正粒序。砂岩为细砂岩，多饱含油，底面具有较清楚的槽模、沟模、重荷模。

薄层浊积岩：一般厚度小于10cm，有的不到1cm。通常由下部的细）粉砂岩和上部粉砂质泥岩或泥岩组成多个韵律层，常以砂泥岩薄互层出现。细）粉砂岩底部平整，岩性突变，常有微型重荷模出现，具有正粒序，上部水平层理，少量岩心可见沙纹层理，其组成相当于鲍马序列的AB段、ADE段或DE段(图1－10)。

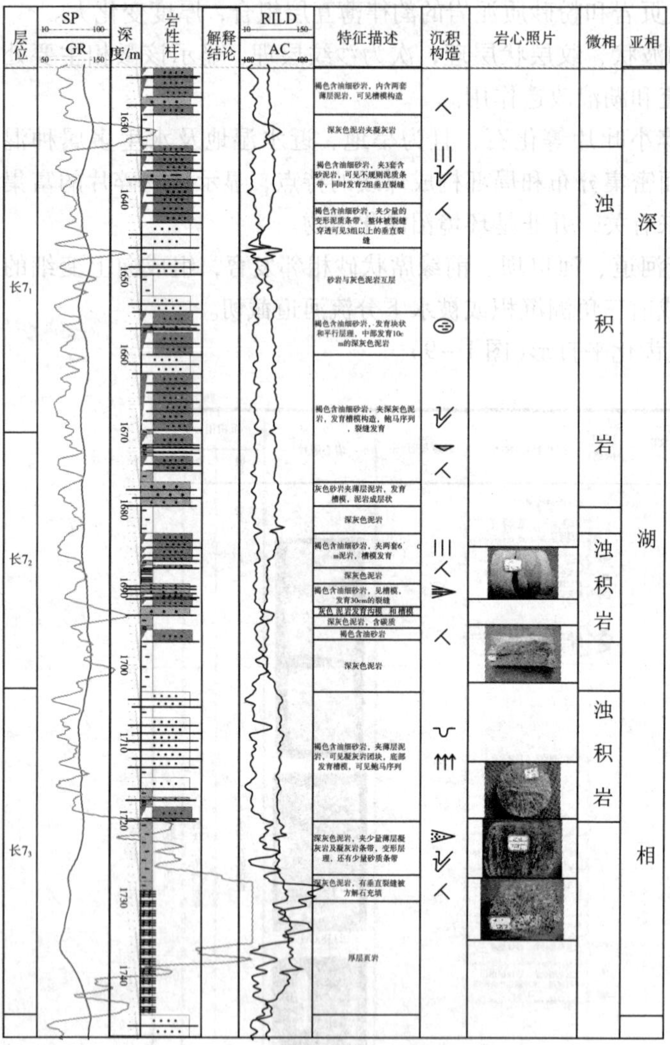


图1－10 宁37长7单井相图

### 1.3.7 沉积相带展布

1. 砂体纵向序列结构

砂体在纵向上的叠加主要有三种形式；

(1)分流河道砂体与河口坝砂体迭加出现：下部常为先期沉积的河口坝砂体，被后来的水下分流河道砂体所切割，上部迭加着水下分流河道的正粒序砂体。由于上部河道砂体对下伏河口坝砂体的切割，常使河口坝砂体保存不完整或在主河道部位消失而表现为河道沉积特征(图1－11)，而在河道的两侧常保留不完整的残留河口坝边缘部分，并与水下天然堤组成河道砂体的侧翼。

(2)多个河口坝砂体相互叠加：在河口部位发育多期水流形成的河口坝砂体，由于后期河口坝对先期河口坝的冲蚀破坏作用，常使先期河口坝保存不完整，形成多个残留河口坝垂叠加砂体(图1－12)。

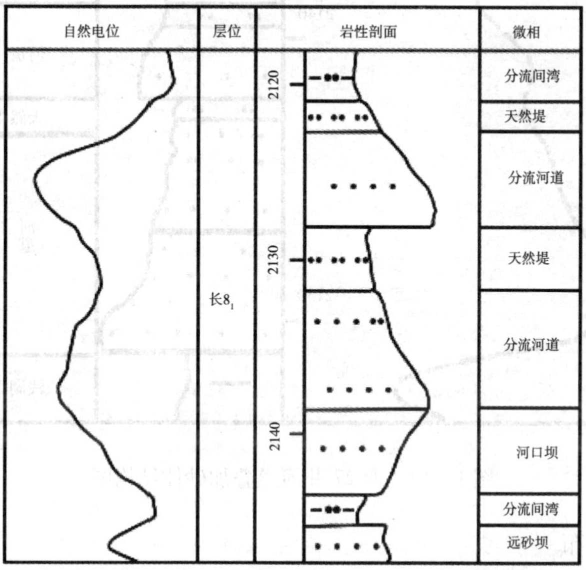


图1－11　西13河道、河口坝叠加砂体剖面结构图

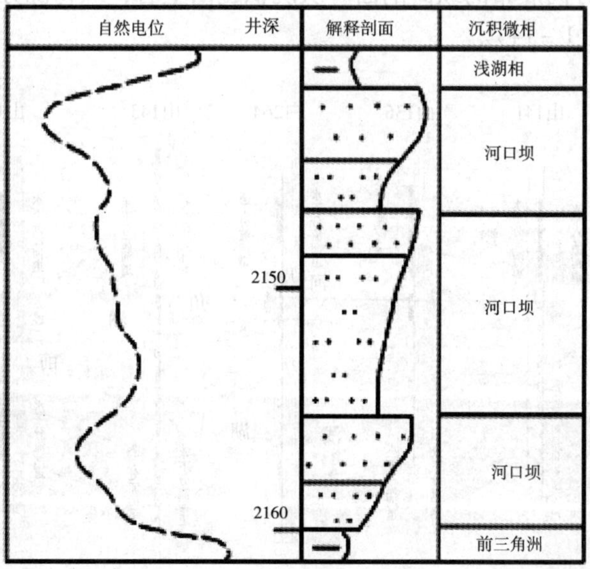


图1－12　西29－37井河口坝迭加砂体结构图

(3)多个河道砂体相互叠加：在水下分流河道发育的地区，常出现多个河道砂体相互叠加，由于河道砂体的相互叠加，形成河道砂体发育带(图 1－13)。

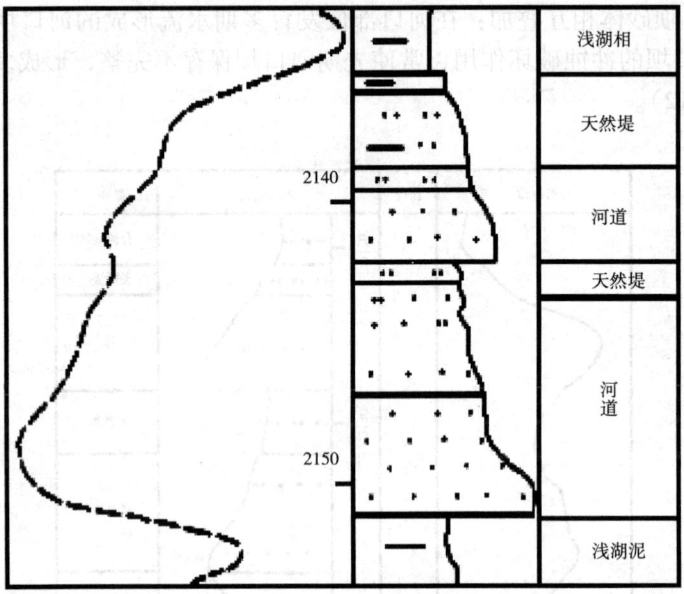


图 1－13　西 27 井河道叠加砂体结构图

2. 沉积相剖面展布

沉积相剖面上的分布是在单井沉积相分析的基础上，通过沉积时间单元对比，相序分析，建立的多井连接沉积剖面。从沉积剖面上可以看出沉积微相在横向上的相序变化及起其展布特征。

剖面 1 是顺河道方向展布的纵向剖面。从沉积旋回上看，顺物源方向砂体连通性好，有利微相发育范围宽(图 1－14)。

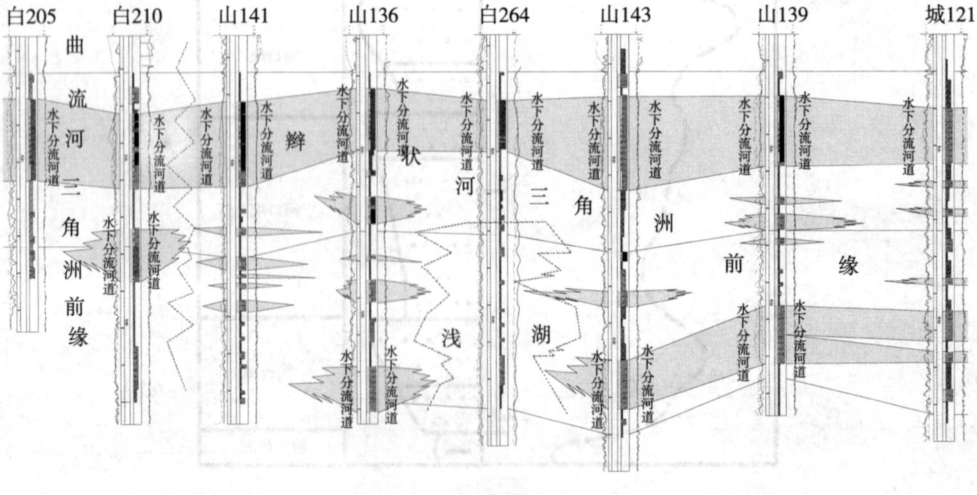


图 1－14　顺物源剖面

剖面 2 是垂直河道分布的横向剖面，从剖面上可以看到砂体连通性明显变差，有利微相被分流间湾等微相分割，导致透镜状砂体发育(图 1－15)。

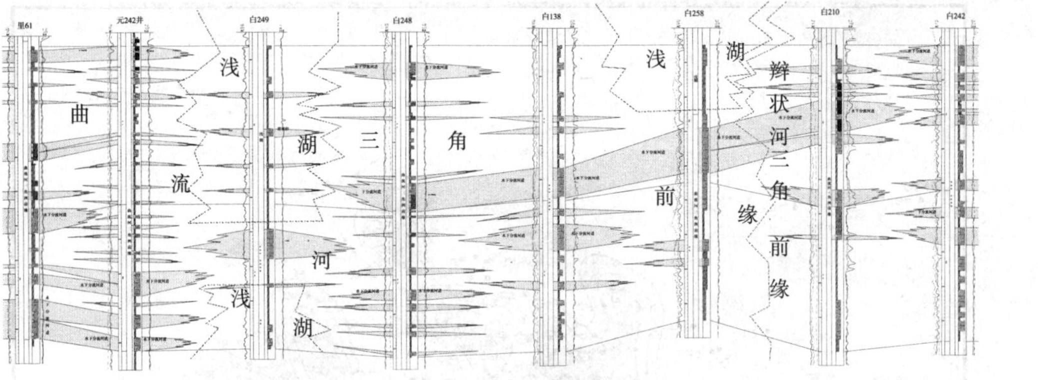


图 1－15　垂直物源剖面

3. 沉积相平面展布

长 $8_1$ 属浅湖沉积环境，以三角洲沉积体系中的前缘亚相沉积为主，发育水下分流河道、河口坝、天然堤及前缘席状砂沉积微相，水下河道发育区主要为水下分流河道与河口坝砂的迭加体构成。由小层沉积微相展布图可以看出，由长 $8_1^3$、长 $8_1^2$、长 $8_1^1$ 是一个三角洲前缘的形成、兴旺、衰退的过程。也是沉积物供应由贫到富再到贫的过程。长 $8_1^2$ 时期是三角洲前缘最发育的时期，也是水下分流河道及河口坝砂体最发育的时期(图 1－16)。

长 7 沉积期是鄂尔多斯盆地延长期湖盆发育的鼎盛时期，气候温暖潮湿，湖盆范围最广，坳陷最深，暗色泥岩最大厚度 120m，一般 70～80m，湖水环境最为安静，泥岩中有机质丰富，母质类型以腐殖—腐泥型为主，为一套优质的源岩，但不同地区、不同时间段存在明显差异。长 $7_3$ 沉积期鄂尔多斯盆地湖盆最大扩张期，半深湖—深湖相沉积面积最大。研究区发育广泛的半深湖－深湖沉积，砂体规模小，浊积岩不发育，仅零星分布，砂体厚度 5～20m。研究区大部分地区主要沉积了具有高阻、高伽马、高时差、低电位、低密度特征的一套油页岩和高阻泥岩，其中油页岩及其底部凝灰岩测井响应的特征组合是盆地延长组地层对比的最主要标志层，往往由厚层深灰、灰黑色泥岩或碳质泥岩与灰绿色、深灰色泥质粉砂岩、粉砂质泥岩、粉、细砂岩的薄互层、韵律层组成，反映深水沉积特征，这套以泥质为主的深水沉积俗称“张家滩页岩”，为鄂尔多斯盆地中生界主力烃源岩。长 $7_2$ 沉积特征是在长 $7_3$ 的基础上进一步演化而成的，分布特征继承了长 $7_3$ 期的格局，盆地湖水面积有减少趋势，显示湖侵作用逐渐减弱。但研究区仍处于湖盆中心地带，属于半深湖—深湖相，但半深湖—深湖浊积砂体十分发育，平行于湖岸线展布，砂体厚度 5～25m，砂地比 10%～60%；从平面上看，研究区南部、西南部浊积砂体规模大，延伸距离长，而在中东北地区浊积岩不发育，主要为暗色泥岩。长 $7_1$ 沉积特征在长 $7_2$ 期的格局上，盆地内总体上湖水面积进一步减少，但三角洲前缘亚相尚未控制研究区内的沉积，依然是以大套的深湖浊积砂体沉积为主，但砂体的展布范围明显发生了向东北迁移，浊积岩在研究区东部一带最厚，且砂体的宽度较长 $7_2$ 大，砂体厚度 5～30m，砂地比 10%～50%(图 1－17)。

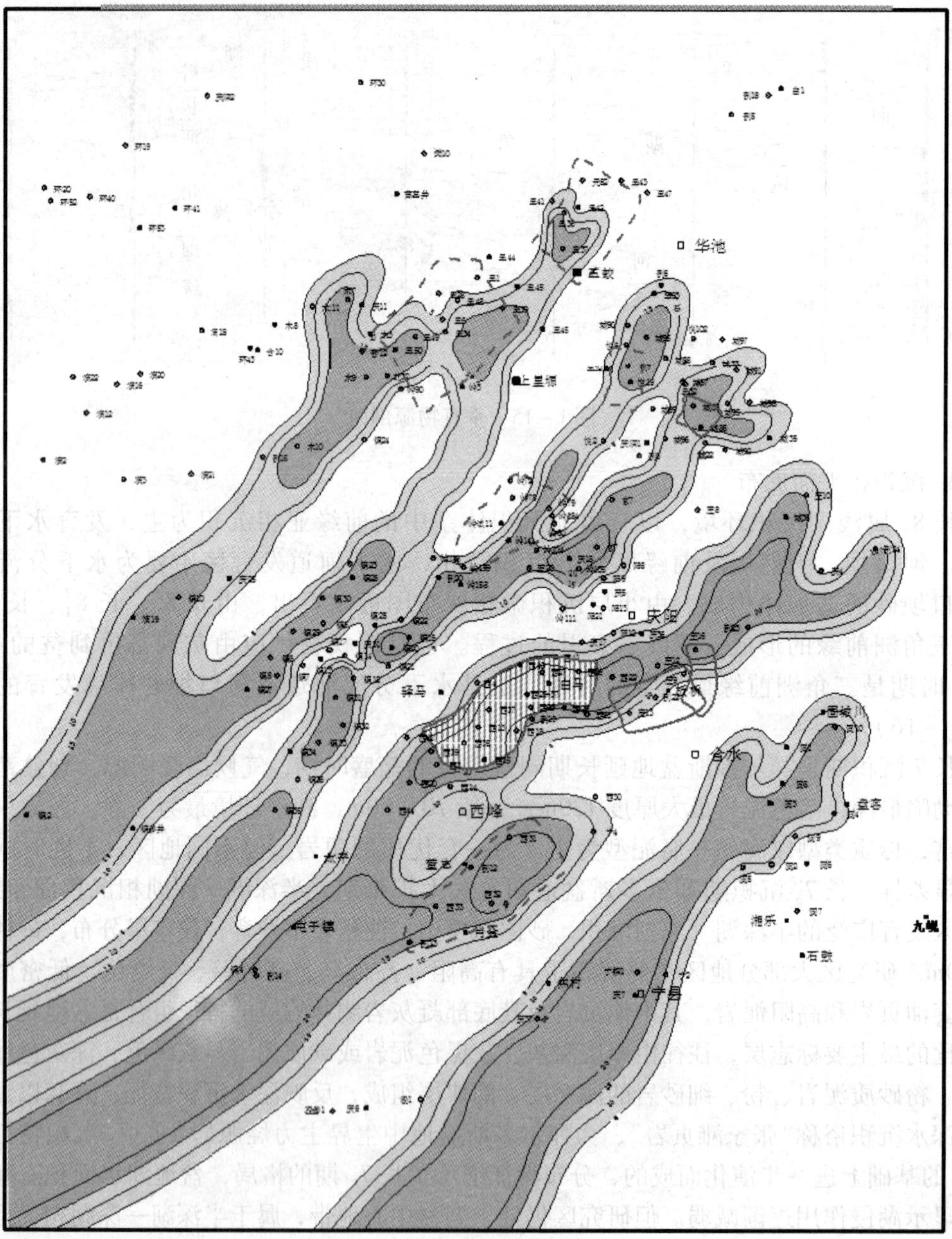


图 1－16　西峰地区延长统长 8 油层组沉积相图

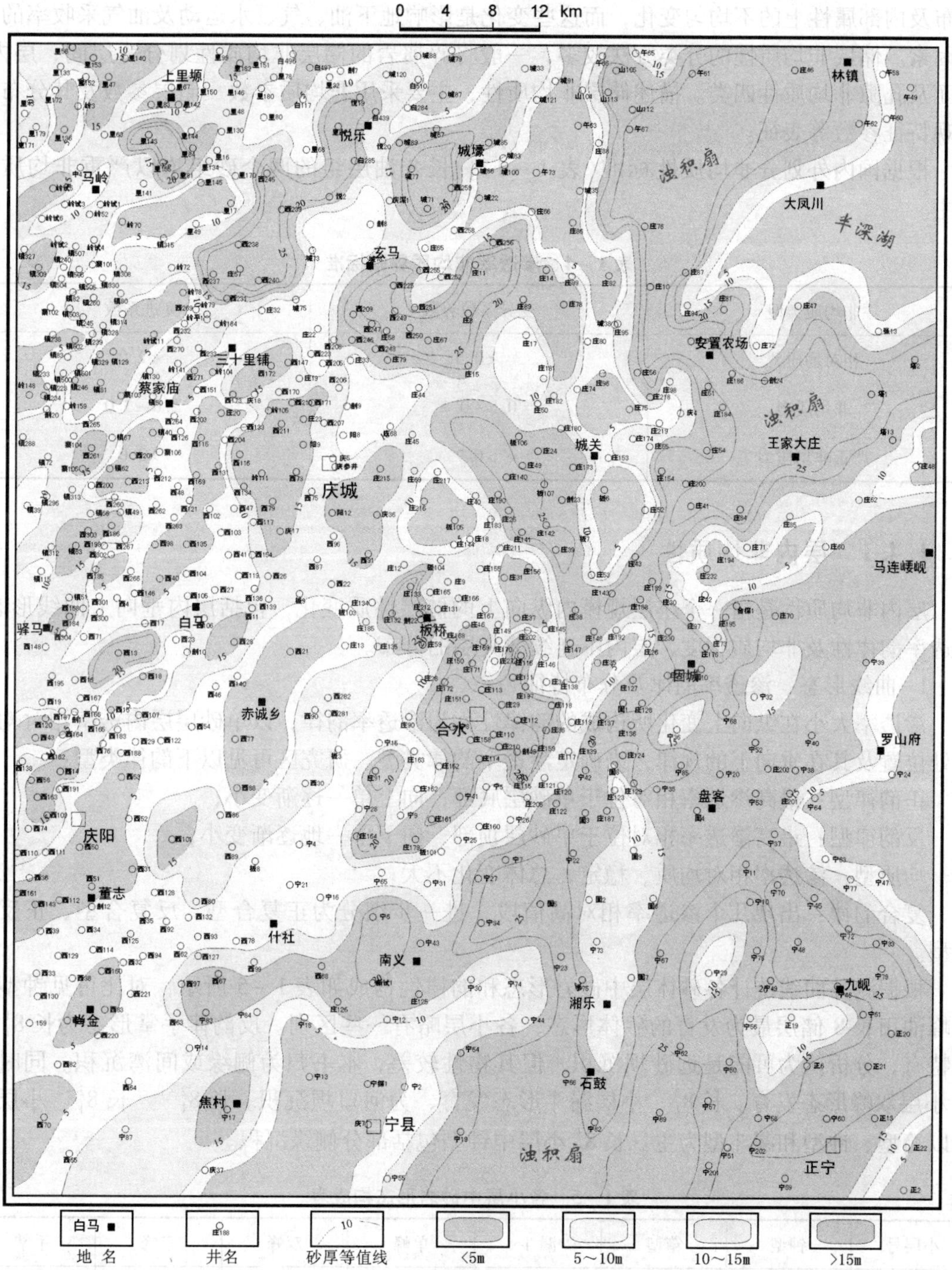


图1－17　合水地区长$7_1$油层组沉积相图

## 1.4　储层非均质性

储层非均质性是指储层在形成过程中受沉积环境、成岩作用和构造作用的影响，在空间分布及内部属性上的不均匀变化，而这些变化是影响地下油、气、水运动及油气采收率的主要因素。储层非均质性的分类方法较多，一般将碎屑岩的储层非均质性划分为层间、层内、平面及孔隙非均质性四类。描述储层非均质性，主要采用非均质参数、储层参数及其分布和微观特征参数等表征。

根据国内外划分非均质性标准(表 1－4)，长 8 油层组的两个砂组均以严重非均质型为主。

**表 1－4　渗透率非均质界限标准**

| 非均质类型 | 变异系数界限 | 突进系数 |
|---|---|---|
| 相对均质型 | <0.5 | <2.0 |
| 非均质型 | 0.5～0.7 | 2.0～3.0 |
| 严重非均质型 | >0.7 | >3.0 |

### 1.4.1　层内非均质性

层内非均质性是指一个小层规模内纵向上的储层性质变化，包括层内垂向上曲线形态、渗透率韵律性及非均质程度、层内不连续薄夹层的分布。

1. 曲线形态、渗透率韵律及分布特征

渗透率大小在纵向上变化所构成的韵律性称为渗透率韵律，以单砂层层内透率相对均质所处位置及其在垂向上的规律，来确定渗透率韵律类型。研究区可见以下韵律类型：

正韵律型：最高渗透率相对位于单砂层底部，向上单一逐渐变小；

反韵律型：最高渗透率相对位于单砂层顶部，向下单一地逐渐变小；

均质型：渗透率相对均质、稳定，总体变化不大；

复合韵律：出现几个渗透率相对高值段，进一步细分为正复合型、反复合型、正反复合型。

根据测井曲线统计各砂体层中砂岩形态和韵律性构成如表 1－5 所示，对比可见钟型是西峰油田长 8 储层最为发育的砂体形态，各小层略有一些区别。反韵律手掌形态为长 $8_1^1$ 小层特有，分析认为可能是远砂坝沉积，但其物性较差，本书归为侧缘或间湾沉积。同时长 $8_1^1$ 小层双峰形态发育。长 $8_1^{2-2}$ 小层漏斗形态发育，为河口坝沉积。长 $8_1^{2-1}$、长 $8_1^{2-2}$ 小层主要以箱型、钟型和漏斗型为主。长 $8_1^3$ 小层中钟型包括部分侧缘沉积。

**表 1－5　各小层中砂岩形态构成表**

| 小层号 | 钟型 | 箱型 | 漏斗 | 单峰 | 双峰 | 三峰 | 手掌 |
|---|---|---|---|---|---|---|---|
| 长 $8_1^1$ | 0.287 | 0.058 | 0.000 | 0.015 | 0.394 | 0.07 | 0.185 |
| 长 $8_1^{2-1}$ | 0.79 | 0.160 | 0.009 | 0.014 | 0.028 | 0.000 | 0.000 |
| 长 $8_1^{2-2}$ | 0.384 | 0.39 | 0.186 | 0.023 | 0.014 | 0.000 | 0.000 |
| 长 $8_1^3$ | 0.556 | 0.111 | 0.064 | 0.077 | 0.143 | 0.05 | 0.000 |

从表 1-6 可以看出：长 $8_1^1$、长 $8_1^3$ 小层以正韵律和复合韵律为主，$8_1^{2-1}$、$8_1^{2-2}$ 小层以正韵律和均质韵律为主。

**表 1-6　各小层中砂岩韵律性构成表**

| 小层号 | 正韵律 | 反韵律 | 均质韵律 | 复合韵律 |
|---|---|---|---|---|
| 长 $8_1^1$ | 0.346 | 0.195 | 0.051 | 0.408 |
| 长 $8_1^{2-1}$ | 0.734 | 0.016 | 0.157 | 0.093 |
| 长 $8_1^{2-2}$ | 0.376 | 0.192 | 0.383 | 0.049 |
| 长 $8_1^3$ | 0.596 | 0.083 | 0.106 | 0.215 |

2. 夹层类型及分布特征

夹层类型：根据岩心观察及电测资料分析，本区夹层发育普遍，可分为物性夹层和泥质夹层两种基本类型：

泥岩夹层：夹层由泥岩组成，是河道切割或垂向叠置形成的间隙残留泥岩，厚度一般小于2m，不具渗透性，在电测曲线上反映为自然伽马值高，自然电位明显回返，微电极曲线无幅度差。

钙质夹层：由河道切割叠置后在河道顶底部位形成的钙质胶结带，在测井曲线上主要表现为声波值变低，电阻值升高。

各小层夹层分布参数统计见表 1-7，长 $8_1^{2-1}$ 小层夹层发育频率最高，其次为长 $8_1^{2-2}$ 小层，发育程度最差的为长 $8_1^1$ 小层。

**表 1-7　各砂体层中砂岩的夹层构成表**

| 小层号 | 无夹层 | 夹层 | 有夹层井<br>平均夹层个数 | 有夹层井<br>平均夹层厚度 |
|---|---|---|---|---|
| 长 $8_1^1$ | 0.829 | 0.171 | 1.15 | 0.87 |
| 长 $8_1^{2-1}$ | 0.354 | 0.646 | 1.58 | 0.78 |
| 长 $8_1^{2-2}$ | 0.456 | 0.544 | 1.62 | 0.73 |
| 长 $8_1^3$ | 0.772 | 0.228 | 1.48 | 1.21 |

夹层分布特征

受沉积环境控制，夹层在横向上分布不稳定，具有随机性，很难横向追踪，在砂岩中多呈透镜状分布。各小层内部夹层的厚度和个数展布图中可以看出(图 1-18、图 1-19、图 1-20、图 1-21)，分布主要沿主河道走向。

3. 层内非均性评价

以岩心物性资料为基础，统计单砂体层内的非均质参数结果如表 1-8。可以看出，长 $8_1^{2-1}$、长 $8_1^{2-2}$ 小层非均质性强于长 $8_1^1$ 和长 $8_1^3$ 小层，但各小层层内渗透率均属于严重非均质，表明微观孔隙结构特征十分复杂、层内渗透率变化较大。

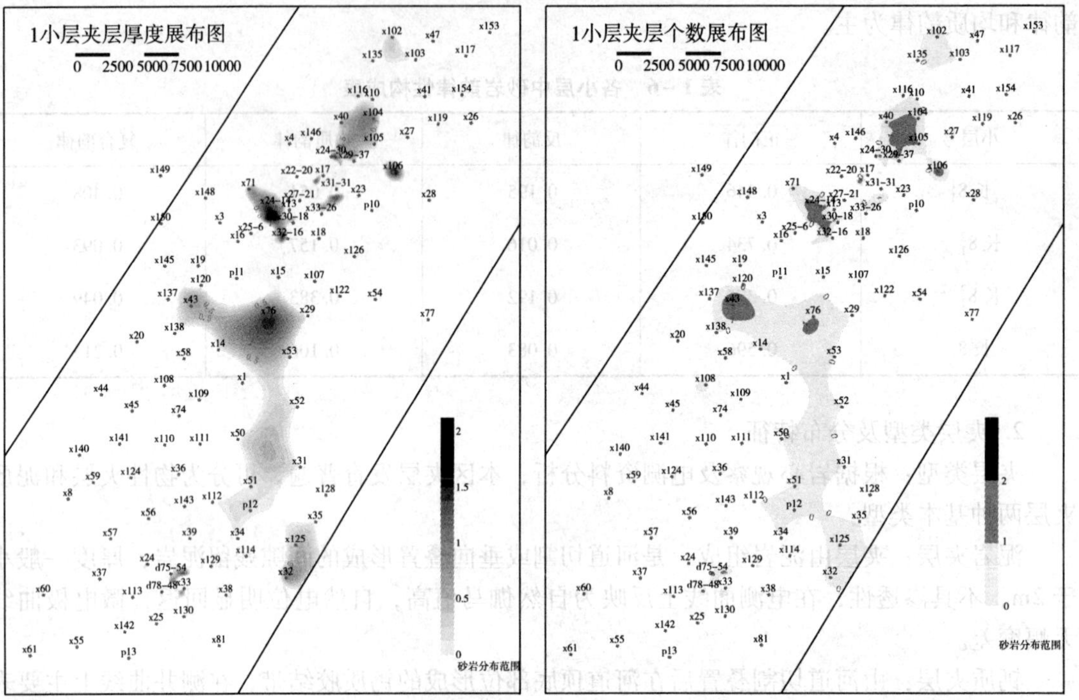


图 1-18 长 $8_1^1$ 小层层内夹层厚度及个数展布图

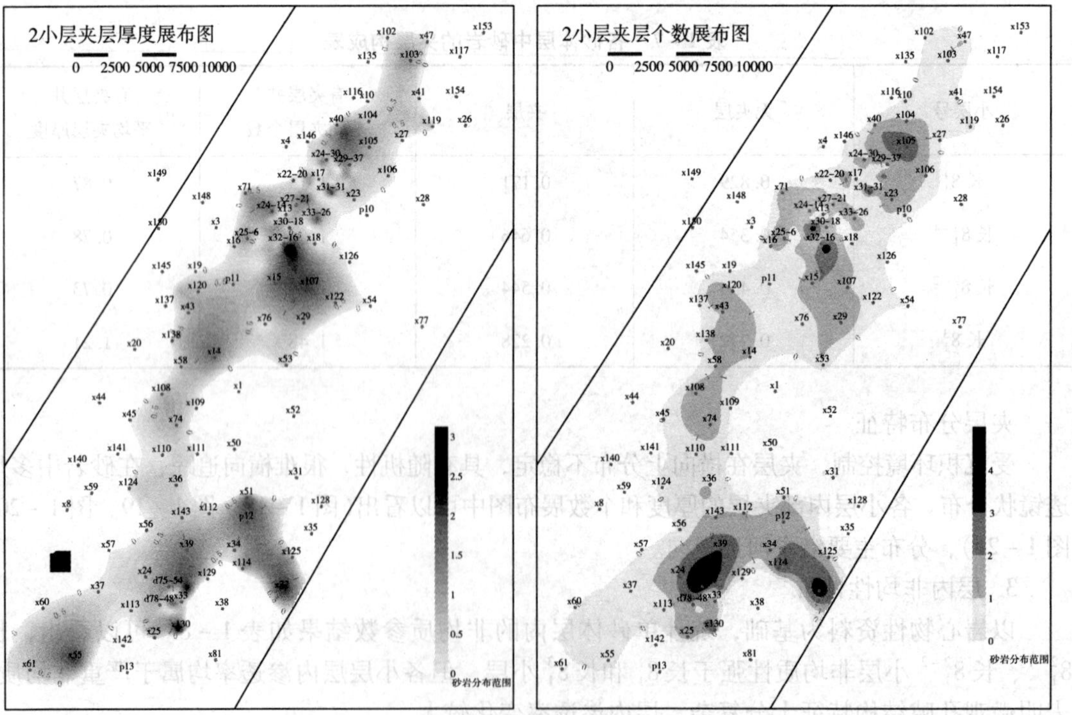


图 1-19 长 $8_1^{2-1}$ 小层层内夹层厚度及个数展布图

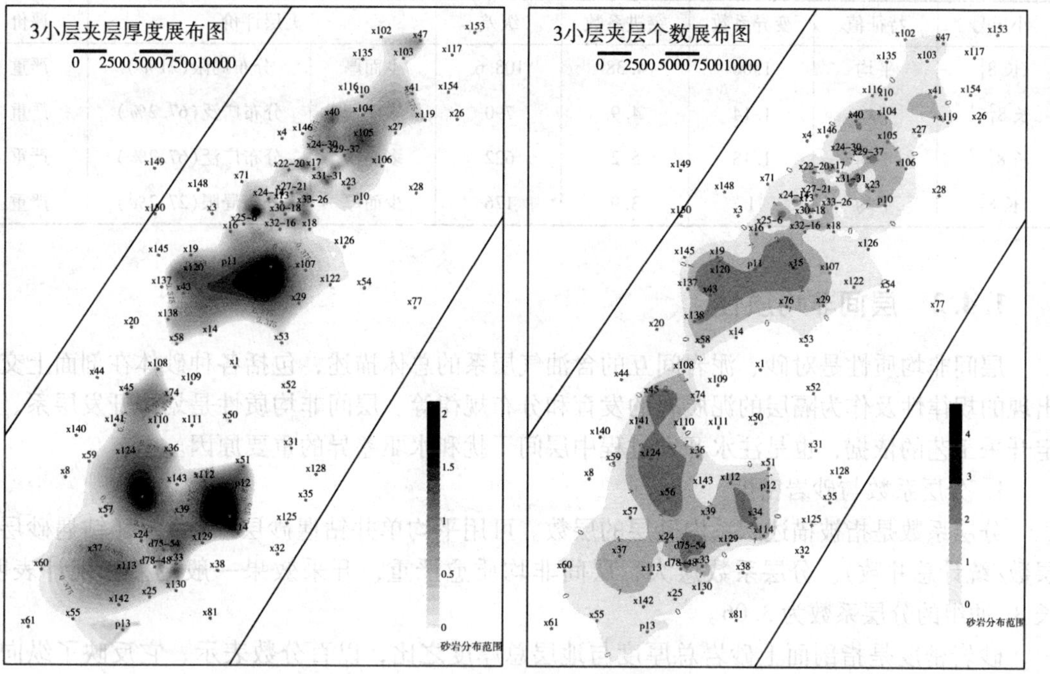


图 1-20　长 $8_1^{2-2}$ 小层层内夹层厚度及个数展布图

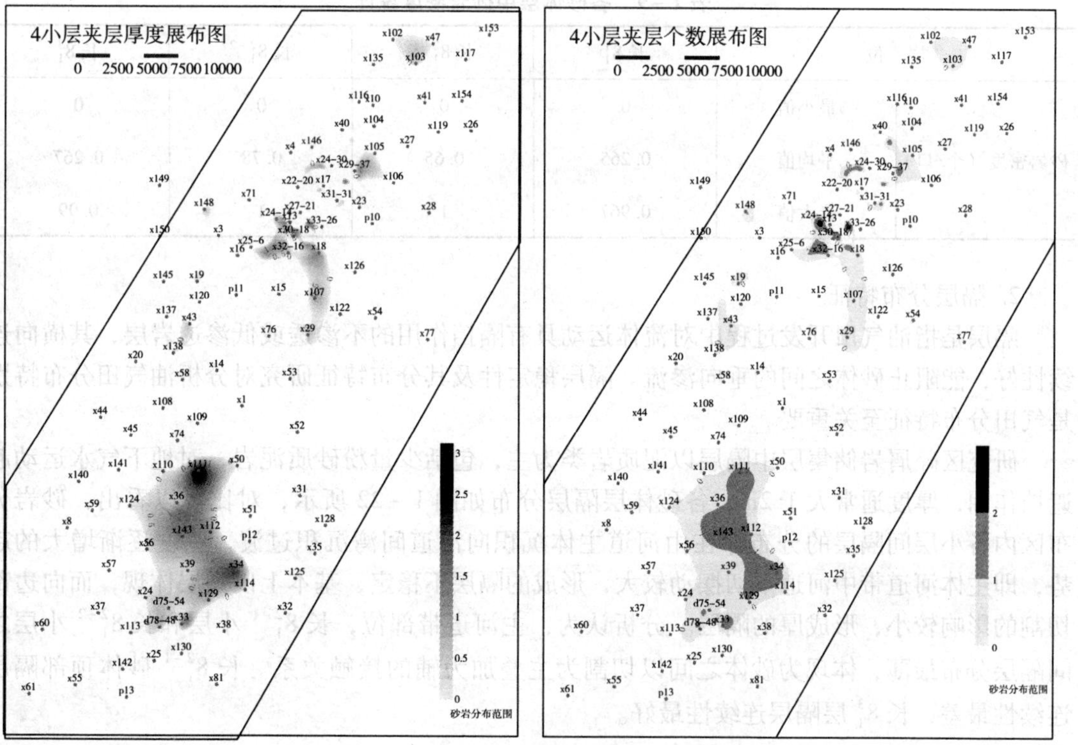


图 1-21　长 $8_1^3$ 小层层内夹层厚度及个数展布图

**表 1-8 各小层中砂岩非均质性评价**

| 小层号 | 特征值 | 变异系数 | 突进系数 | 级差 | 夹层评价 | | 评价 |
|---|---|---|---|---|---|---|---|
| 长 $8_1^1$ | 平均 | 1.06 | 4.38 | 108.6 | 少而厚 | 分布局限(21%) | 严重 |
| 长 $8_1^{2-1}$ | 平均 | 1.14 | 4.9 | 790 | 多而薄 | 分布广泛(67.2%) | 严重 |
| 长 $8_1^{2-2}$ | 平均 | 1.18 | 5.2 | 622 | 多而薄 | 分布广泛(67.2%) | 严重 |
| 长 $8_1^3$ | 平均 | 1 | 3.9 | 176 | 少而厚 | 分布局限(27.2%) | 严重 |

## 1.4.2 层间非均质性

层间非均质性是对砂、泥岩间互的含油气层系的总体描述，包括各种砂体在剖面上交互出现的规律性及作为隔层的泥质岩的发育和分布规律等。层间非均质性是划分开发层系、决定开采工艺的依据，也是注水开发过程中层间干扰和水驱差异的重要原因。

1. 分层系数与砂岩密度

分层系数是指被描述层系内砂层的层数。可用平均单井钻遇砂层层数表示(钻遇砂层总层数/统计总井数)。分层系数愈大，层间非均质愈严重，开采效果一般越差。统计表明，长 $8_1$ 油组的分层系数为 3.06。

砂岩密度是指剖面上砂岩总厚度与地层总厚度之比，以百分数表示，它反映了纵向上各单层砂岩发育程度的差异。统计表明：本区长 $8_1$ 油组小层在纵向上的分布存在差异性(表1-9)，长 $8_1^{2-1}$、长 $8_1^{2-2}$ 小层发育好于长 $8_1^1$ 和长 $8_1^3$ 小层。

**表 1-9 各砂体层中砂岩密度统计**

| 层位 | | 长 $8_1^1$ | 长 $8_1^{2-1}$ | 长 $8_1^{2-2}$ | 长 $8_1^3$ |
|---|---|---|---|---|---|
| 砂岩密度/(个/口) | 最小值 | 0 | 0 | 0 | 0 |
| | 平均值 | 0.265 | 0.65 | 0.78 | 0.267 |
| | 最大值 | 0.967 | 1 | 1 | 0.99 |

2. 隔层分布特征

隔层是指油气田开发过程中对流体运动具有隔挡作用的不渗透或低渗透岩层，其横向连续性好，能阻止砂体之间的垂向渗流。隔层稳定性及其分布特征研究对分析油气田分布特别是气田分布特征至关重要。

研究区碎屑岩储集层中隔层以泥质岩类为主，包括少量粉砂质泥岩，对地下气水运动起遮挡作用，厚度通常大于 2m。各砂体层隔层分布如图 1-22 所示，对比可以看出，砂岩分布区内各小层间隔层的分布存在由河道主体沉积向河道间湾沉积过渡，厚度逐渐增大的趋势，即主体河道带中河道下切摆动较大，形成的隔层不稳定，基本上以夹层体现，而向边部切割的影响较小，形成厚的隔层。分析认为，主河道带部位，长 $8_1^{2-1}$ 小层和长 $8_1^{2-2}$ 小层之间隔层分布最薄，体现为砂体之间以切割为主叠加为辅的接触关系。长 $8_1^{2-1}$ 砂体顶部隔层连续性最差，长 $8_1^3$ 层隔层连续性最好。

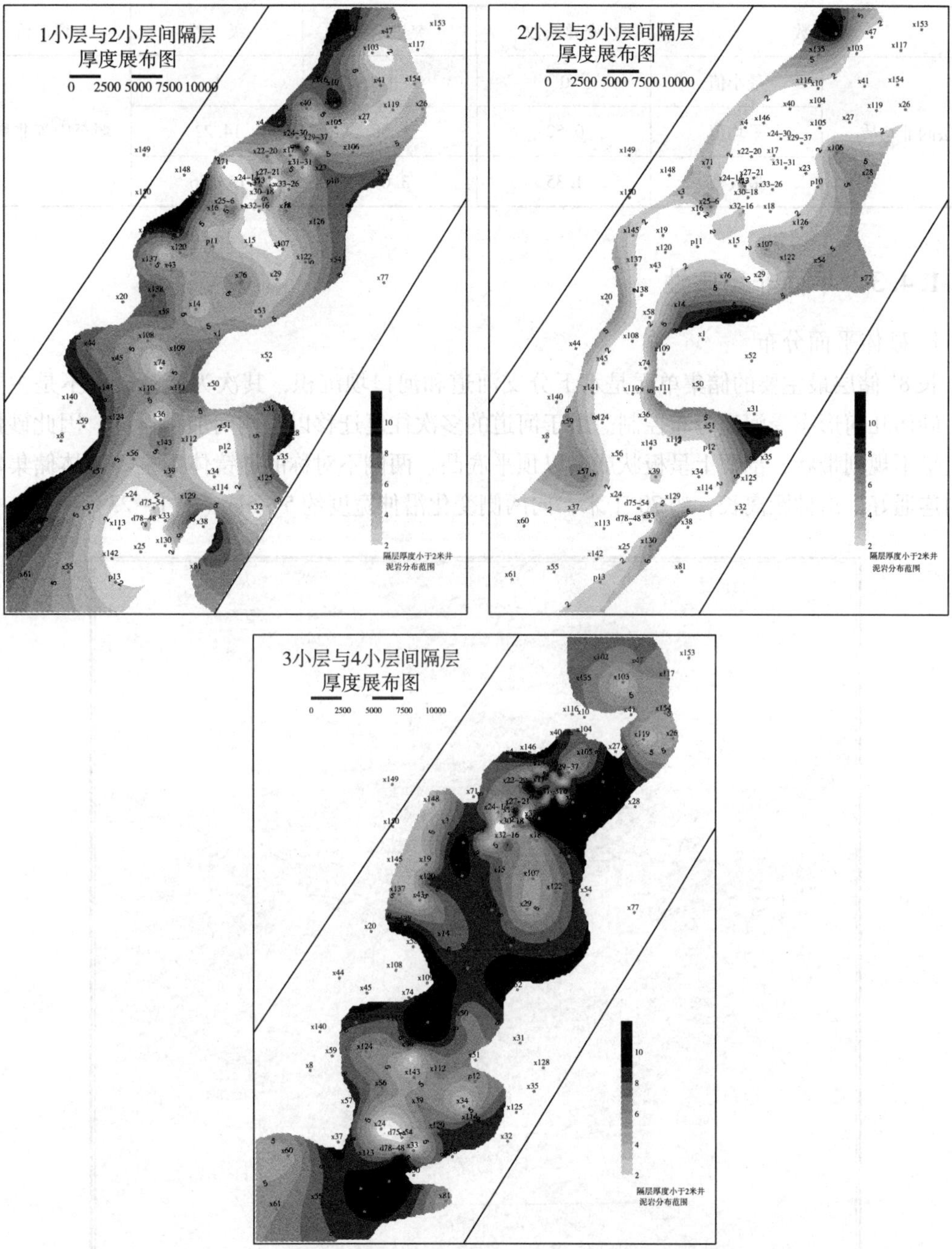


图 1－22　各小层间隔层厚度展布图

3. 层间非均质评价

在一套储集层内，由于砂体沉积环境和成岩变化的差异，可能导致不同砂体渗透率较大差异。差异越大，采收率越低，开发效果越差。进一步的统计结果如表 1－10 所示，可见层间非均质性不严重。

**表 1－10　层间非均质性统计**

| 参　数 | | 变异系数 | 突进系数 | 级　差 | 评　价 |
|---|---|---|---|---|---|
| 层间非均质 | 最小值 | 0 | 1 | 1 | 弱至中等非均质 |
| | 平均值 | 0.52 | 1.68 | 14.22 | |
| | 最大值 | 1.35 | 3.07 | 155.86 | |

## 1.4.3　平面非均质性

1. 砂体平面分布

长 $8^1$ 储层最主要的储集单元是水下分支河道和河口坝沉积，其次为侧缘砂，不是主要储层。砂体几何形态受河道分布控制。由于河道的多次往复迁移以及侧向加积作用，因此砂体平面上呈不规则带状，剖面上呈板状或多以顶平底凸、两侧不对称的透镜体为主。主体储集体南北向连通好，沿伸距离长，约 70 千米，向两侧变化沿伸宽度约 5～6km（图 1－23）。

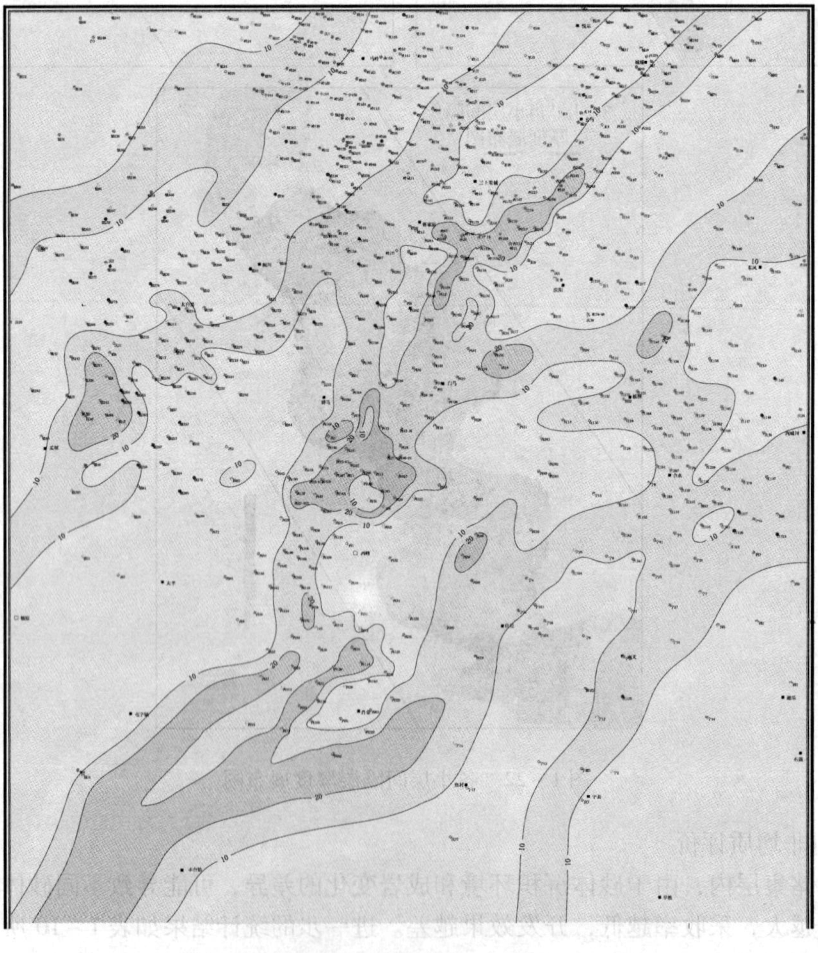

图 1－23　西峰油田长 $8^1$ 储层砂体厚度等值线图

2. 物性平面分布

孔隙度、渗透率的平面分布明显受沉积相控制，与砂体的发育程度和沉积相带的展布有关。同时可以看出，孔隙度在南北向变化不大，而渗透率南北向(白马区、董志区)明显存在差异，白马区渗透率明显好于董志区(图1－24)。

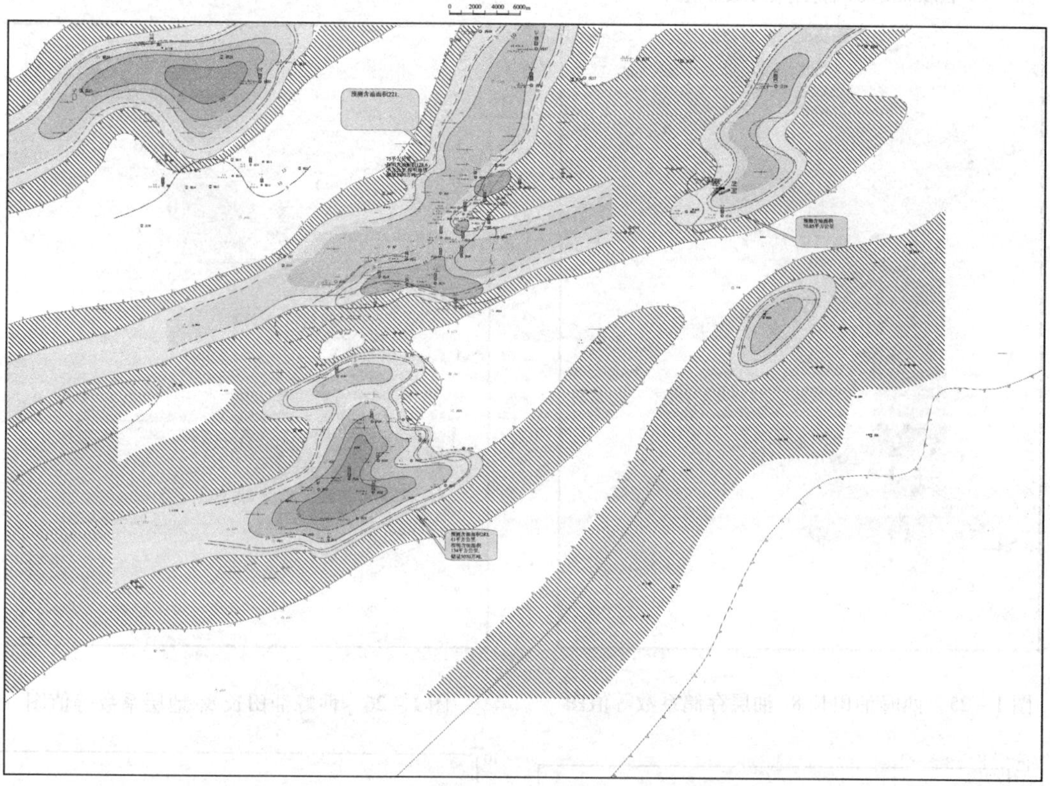

图1－24　西峰油田长8储层渗透率平面等值线图

# 1.5　影响储层品质的主要因素

## 1.5.1　沉积微相对储层物性的影响

沉积环境是影响储层储集性能的地质基础。由于沉积条件的不同(如水流的强度和方向、盆地中水的深浅与进退、碎屑物供给量的大小)造成了沉积物颗粒的大小、排列方向、层理构造和砂体空间几何形态的不同，即不同的沉积相中砂体的分布不同，不同沉积微相砂岩储集性能之间存在明显的差异。

储层物性的平面变化主要受沉积相的控制，不同沉积沉积微相对应不同的砂岩粒度组成，导致不同的存储系数、地层系数和物性特征(图1－25、图1－26)。储集砂岩的粒径大小对储层物性的影响与沉积环境对储层物性的制约具有较好的一致性，砂岩粒度的大小与储层物性存在明显的正相关性，砂岩粒度越细，往往杂基含量越高，孔隙度和渗透率具有随粒径减小和杂基含量增高而迅速降低的变化特点。不同相带储层物性统计结果表明，主要分流河道的物性最好(一般在大于 1mD)，但也多属低渗透性，河道边缘砂多属特低渗透性(一般小于 0.3mD)，河口坝微相渗透性介于河道与侧翼之间，河间薄层砂体和前缘席状砂也多属特低渗透性，一般不具备储油能力。可见水下分流河道与河口坝砂体是主要的有利储层(图 1－27)。

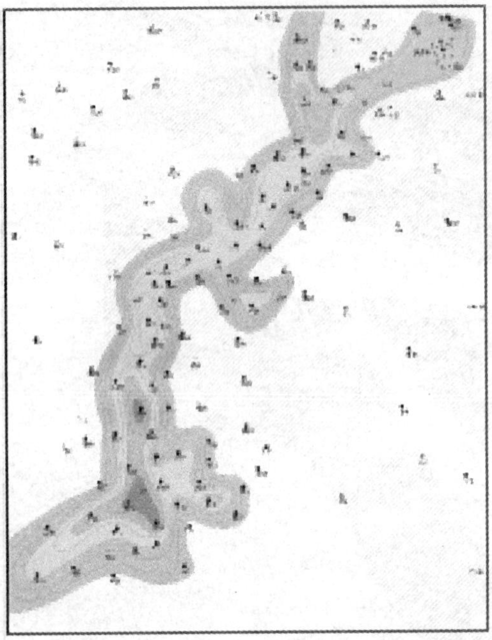


图 1－25　西峰油田长 $8_1$ 油层存储系数等值图

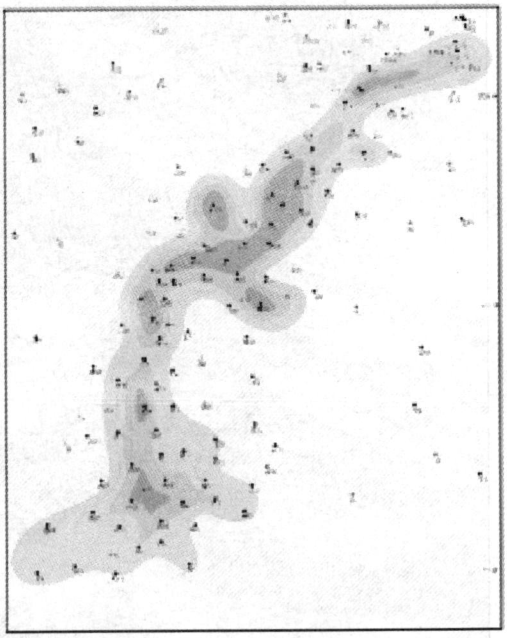


图 1－26　西峰油田长 $8_1$ 地层系数等值图

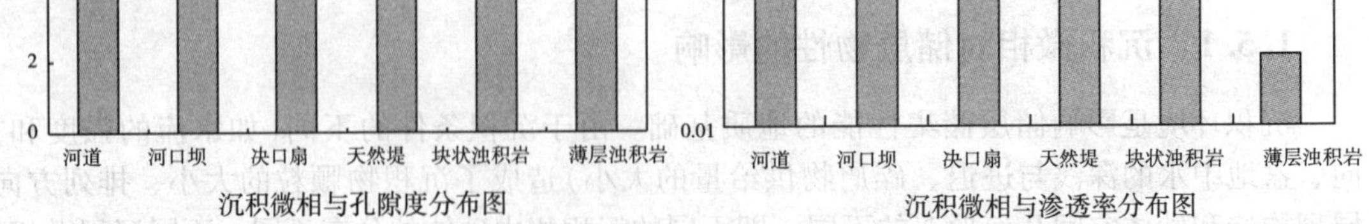

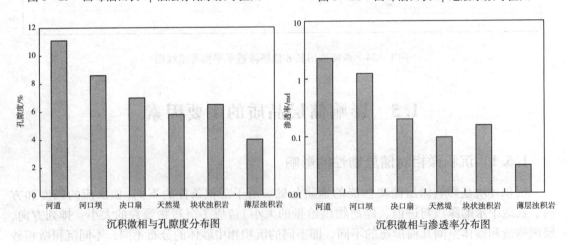


图 1－27　不同沉积微相的物性分布

## 1.5.2　成岩作用的影响

1．压实作用

压实作用是早成岩期沉积物在负荷压力作用下孔隙水排出，孔隙体积缩小和孔隙度降低的过程。压实作用与碎屑岩储集层的矿物成分和结构有关。早期成岩阶段发生的机械压实作用导致了砂岩颗粒间的紧密排列、排出粒间水、位移及再分配、致使孔隙度减少、密度增加，云母类及塑性岩屑发生膨胀及塑性变形，是造成研究区砂岩原生孔隙大量丧失的主要原因。研究区砂岩中的主要造岩矿物长石、岩屑是机械压实作用发生的主要前提，而云母及塑性颗粒的弯曲变形及假杂基化，则说明经历了中等～较强的压实作用(图1－28)。

在压实作用改造下，碎屑岩的原生粒间孔隙大幅度缩小甚至消失，碎屑岩物性变差导致原生粒间孔隙缩小后形成缩小粒间孔隙或缝状粒间孔隙。在该碎屑岩的碎屑组分中，岩屑的含量较高，颗粒接触关系以点线状为主，碎屑组分中半塑性—塑性岩屑的含量变化很大，导致碎屑岩压实作用的强度很不均一；在缩小粒间孔隙较发育的碎屑岩中，塑性半塑性岩屑含量较低，压实作用相对较弱，而在半塑性—塑性岩屑含量较高的碎屑岩中压实作用较强，原生孔隙结构遭到严重破坏，缩小粒间孔隙很不发育。因此，压实作用的不均一性，加剧了碎屑沉积物中原生孔隙分布的非均质性。

根据薄片观察，随着压实作用的增强，颗粒间由点接触变为线接触、凹凸接触、镶嵌接触。研究区压实作用较强，以线接触为主，部分凹凸接触和镶嵌接触，使原始孔隙度大大降低。

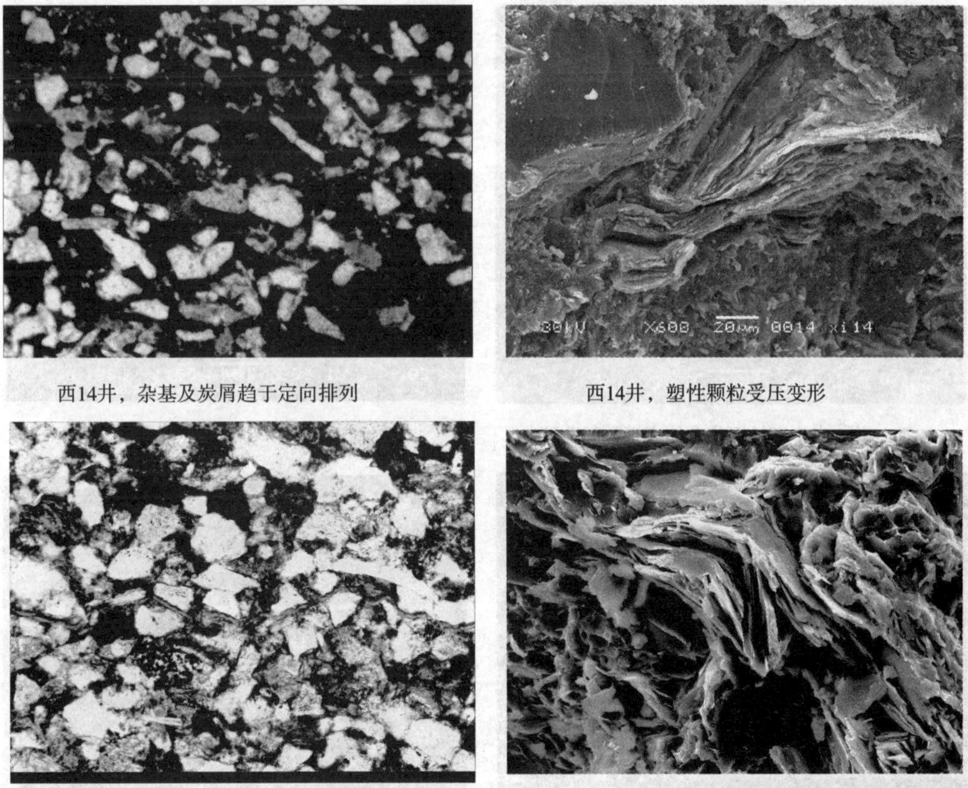

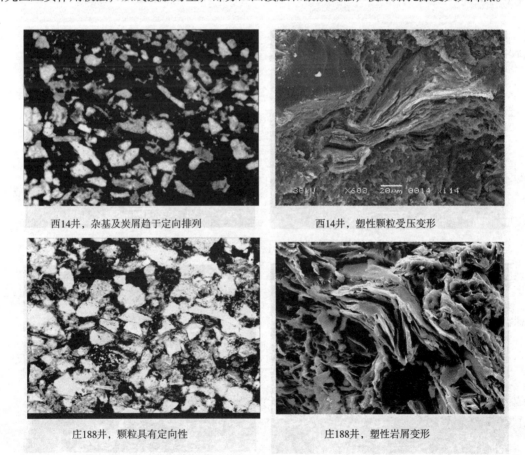

西14井，杂基及炭屑趋于定向排列　　西14井，塑性颗粒受压变形

庄188井，颗粒具有定向性　　庄188井，塑性岩屑变形

图1－28　典型铸体薄片和扫描电镜照片

2. 胶结作用

胶结作用是指孔隙流体中某种物质含量达到过饱和而在孔隙中发生沉淀，致使岩石固结

的作用。随着温度和压力的增高，孔隙水在颗粒间的反应也在加剧，孔隙水中过饱和的矿物质发生沉淀生成自生矿物，充填于颗粒之间的孔隙空间，进一步降低原生粒间孔，但同时也增加了骨架颗粒的强度有利于残余原生粒间孔的保存。

(1)自生黏土矿物胶结。通过薄片观察和扫描电镜分发现，研究区胶结物主要包括黏土矿物胶结物、硅质胶结物、钙质胶结物、其中X－衍射分析表明，长7油层组黏土矿物胶结物以伊利石为主，含部分伊－蒙混层、高岭石和绿泥石(图1－29)。

高岭石主要赋存状态是作为孔隙充填方式产出，主要发生在晚成岩A期，它的形成与长石的分解溶蚀有关；尽管高岭石的集合体充填于孔隙中，减少了原始粒间孔隙度，但是自生高岭石矿物与长石的溶蚀孔隙有明显的共生关系，高岭石的大量发育，常常意味着大量次生溶蚀型孔隙的产生。

伊利石常呈片状集合体、发丝和带状集合体充填或附着于颗粒表面，电镜下可见钾长石、杂基等伊利石化的现象(图1－29)。

绿泥石绿泥石在扫描电镜下可见两种集合体的形式：一种是呈片状集合体交织生长，附着于颗粒表面构成栉壳式薄膜；一种是呈绒球状集合体充填于粒间孔隙中(图1－29)。

西15井，自生高岭石集合体充填粒间孔隙

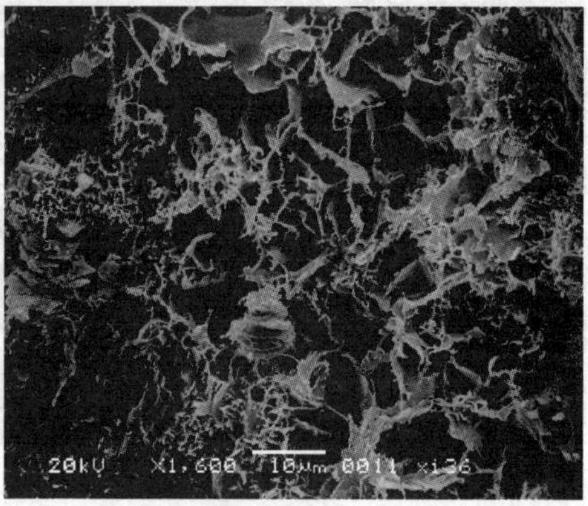

西36井，伊利石片状集合体

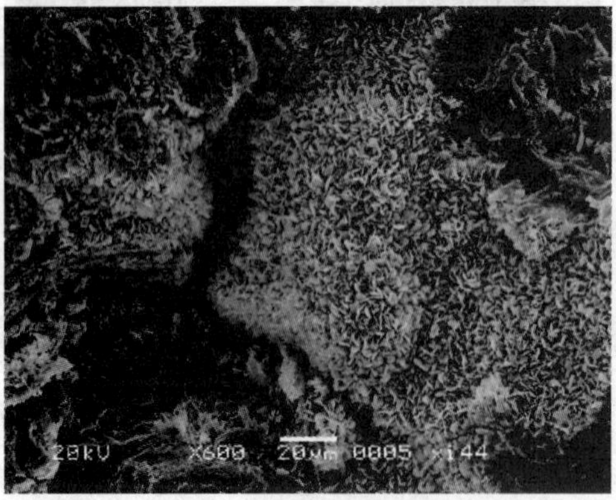

西44井，绿泥石衬垫

西31-31井，绿泥石呈绒球状充填粒间孔隙

图1－29　典型扫描电镜照片

自生黏土矿物对储集层物性的影响既有建设性的也有破坏性的，黏土膜可以保护残余粒间孔，但是孔隙式充填的自生黏土矿物常常挤占有效孔隙空间，降低储集层的物性，造成了储层的孔、渗的非均质性，由于研究区主要为伊利石，其对储层的保护作用十分有限，主要是堵塞孔隙和喉道，降低储层物性。

(2)碳酸盐矿物胶结。研究区方解石、铁方解石、白云石等碳酸盐矿物的胶结都有出现，其中方解石、铁方解石相对较多，胶结物总量一般较低，个别层段可达20%以上。方解石多为细晶粒状胶结，在部分层位也见形成连片嵌晶式胶结(图1－30)；有时混有黏土在砂粒外围形成方解石与黏土的环状薄膜，还有大块方解石的斑晶胶结。白云石常呈菱形自形晶体，分散充填于孔隙中。主要在砂体顶部或底部形成致密层，大量的碳酸盐胶结物使储层层内非均质性增强。各种类型的碳酸盐胶结物均对储层的孔渗性有一定影响，结果是孔隙进一步缩小。

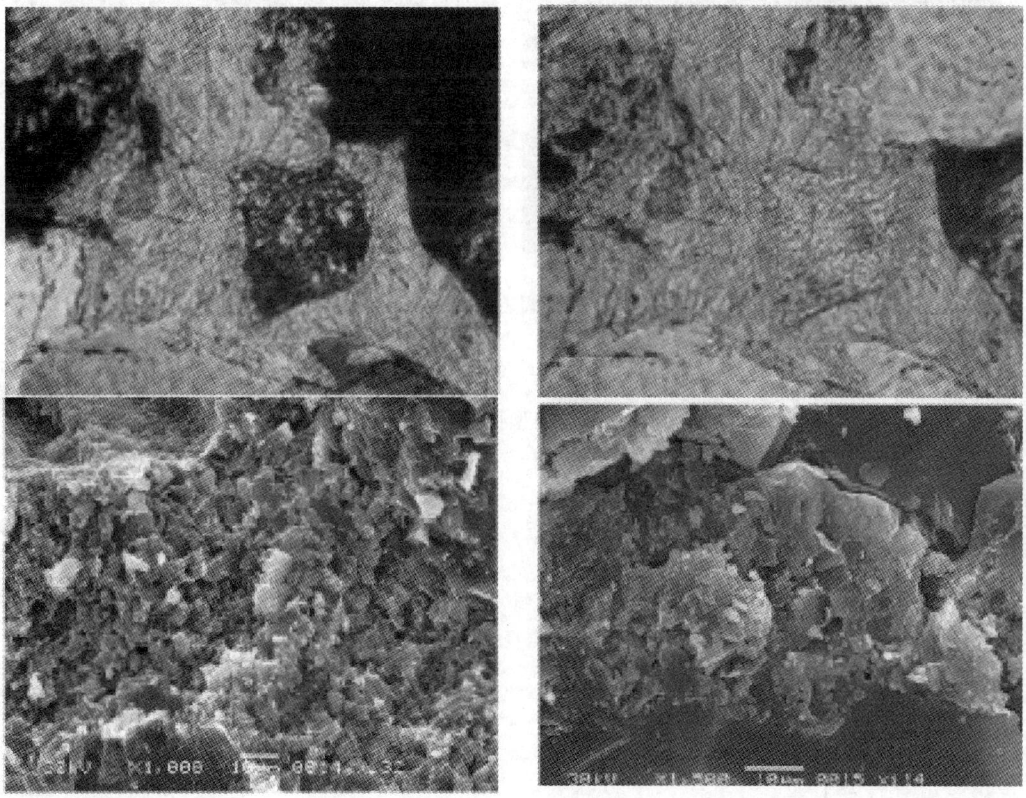

图1－30　典型铸体薄片和扫描电镜照片

(3)硅质胶结。研究区长7、长8、长9储层中石英的自生加大和压溶再生长现象较为普遍。在压溶作用强烈的局部地区，碎屑颗粒之间可形成不规则的石英胶结物。多数石英加大边沿C轴的柱面和锥面优先生长，或增生为自生锥柱状晶体，少数加大石英与碎屑石英为非黏聚生长，从而表现出不一致消失特征。有的碎屑表面虽有薄的黏土环边，但硅质可在黏土质点间沉淀并外延增生，这样形成的加大边内部较污浊，边界也不规则。在次生溶蚀孔隙内常有大量的次生石英晶体出现，晶形完好。在扫描电镜下，普见石英次生加大和微晶石英在黏土环边上的外延增生充填粒间孔隙的特征(图1-31)。

由于石英表面存在黏土环边，常导致石英加大边不连续。当颗粒周围孔隙空间充分时石英趋于表现自形的外貌，这一般是早期石英增生的特点。石英颗粒的强烈增生可形成颗粒间的线接触或缝合接触(图1-31)。石英自生加大，常形成石英自形晶面，或相互交错连接的镶嵌结构。石英的沉淀需要一定温度的酸性介质条件，而在碱性介质条件下则易被溶解、搬运。一般细粒比粗粒的自生加大发育。在薄片中普遍见到石英的次生加大现象，且有宽有窄。在电镜下也观察到碎屑颗粒因增生而趋于恢复自形，常见石英自形晶和晶簇充填孔隙中。研究区由于绿泥石黏土环边的存在，石英加大受到了很大的限制，孔隙衬垫绿泥石含量与自生石英胶结物含量存在消长关系(图1-32)。绿泥石黏土环边的形成对石英加大起了阻碍和抑制作用，石英的次生加大随着绿泥石环边衬垫的增加而减少。

西31-31井，石英次生加大与石英自形晶

西15井，石英次生加大

图1-31 典型扫描电镜照片

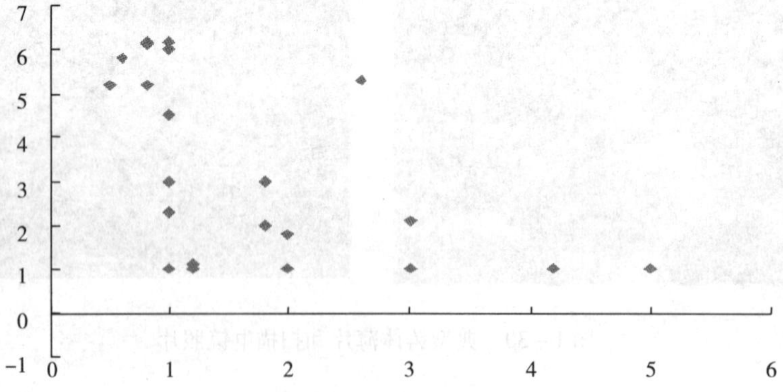


图1-32 孔隙衬垫绿泥石含量与自生石英含量关系

(4)自生沸石胶结。根据研究区样品扫描电镜和薄片鉴定分析，偶尔见到晶形完好的自生沸石(图1-33)，并且自生沸石常与方解石共生。认为这与碳酸离子的浓度有关。沸石形成的有利条件为高pH值，富含$SiO_2$及$Ca^{2+}$、$Na^+$、$K^+$的高矿化度孔隙水及适当的$CO_2$分

压。当碳酸离子的浓度相对较低时，可能易形成沸石，而当碳酸离子的浓度相对较高时，则首先形成方解石等碳酸盐矿物。浊沸石胶结作用在研究区比较发育，浊沸石的形成充填了大量粒间孔隙，但是由于浊沸石形成时间较早，增加了砂岩的抗压实能力，有利于喉道的保留，也为后期的溶蚀提供的了物质基础。

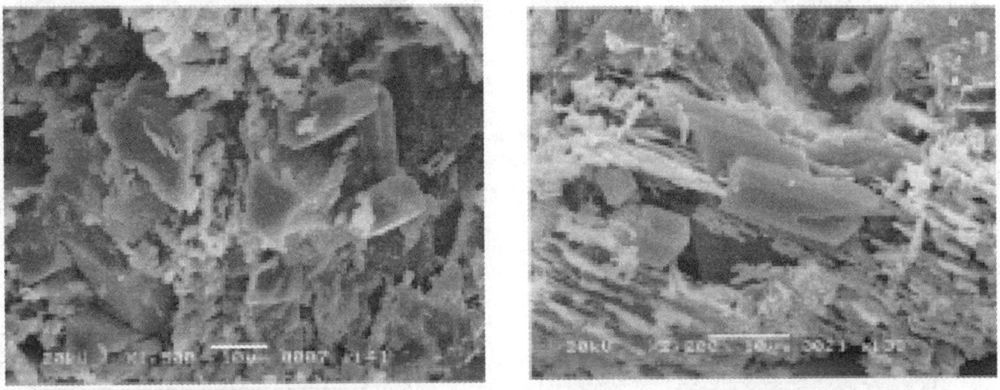

西41井，沸石晶体　　　　西39井，沸石晶体

图1－33　典型扫描电镜照片

(5)胶结物对物性的影响。西峰油田特低渗透油藏的胶结矿物主要有黏土质、次生硅质、长石质及碳酸盐。胶结矿物含量的多少对储层物性有着明显的影响，孔隙度、渗透率随着这些矿物含量的升高而降低(图1－34、图1－35、图1－36、图1－37、图1－38、图1－39、图1－40)。特别是碳酸盐胶结，其含量的多少对储层性质影响较大。某些碳酸盐胶结物虽然在一定程度上抑制了后期压实压溶作用，也为形成次生孔隙提供了易溶物质。但如果含量很高，特别是在储层中形成基底式胶结结构，则完全封堵了孔隙和喉道，不利于后期酸性孔隙水的混和对储层的改造，从而形成低孔、特低渗型储层。

从长8储层碳酸盐含量与孔隙度关系来看，两者是较为明显的负相关关系(图1－41)。碳酸盐含量介于4.1%～11%，在砂体集中发育区碳酸盐含量相对偏低。在白马区碳酸岩含量4%～10%，砂岩主体带碳酸岩含量4%～7%。董志区碳酸盐岩含量6%～10%，砂岩主体带碳酸岩含量6%～8%。这也是造成白马区与董志区油层物性差别的一个因素。

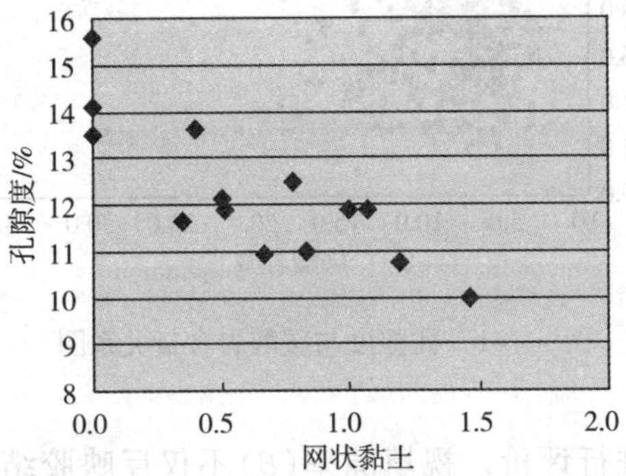


图1－34　孔隙度与网状黏土含量关系

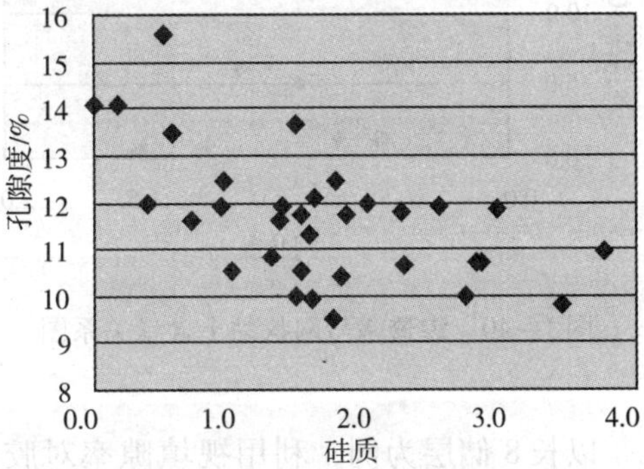


图1－35　孔隙度与次生硅质含量关系

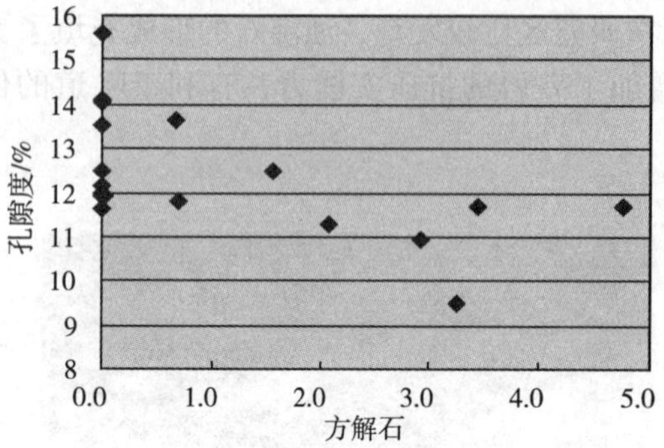


图 1－36　孔隙度与方解石含量关系

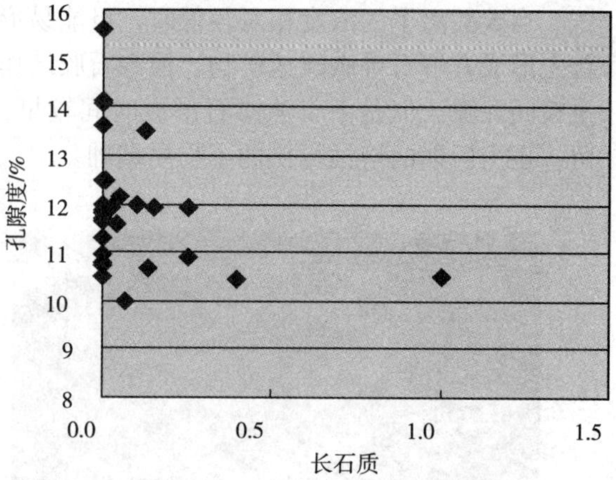


图 1－37　孔隙度与次生长石质含量关系

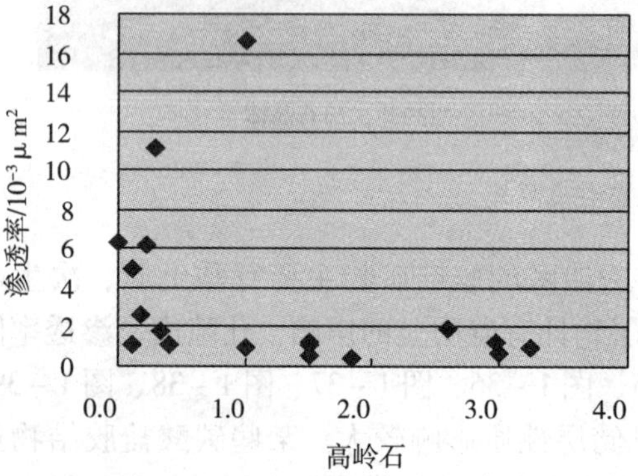


图 1－38　渗透率与高岭石含量关系

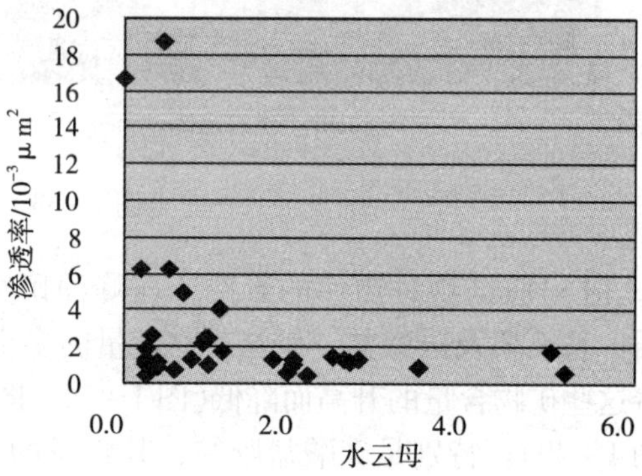


图 1－39　渗透率与水云母含量关系

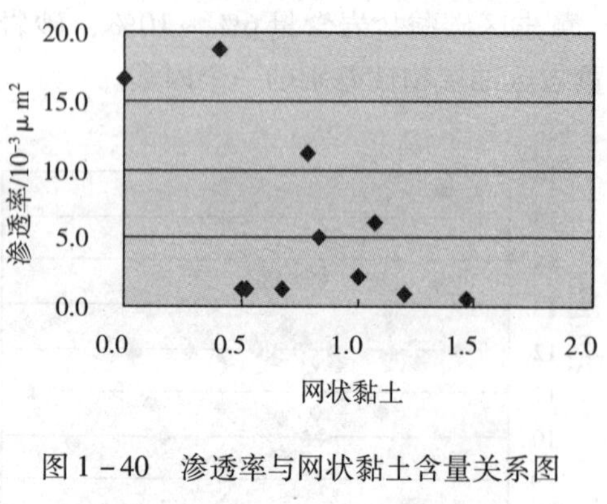


图 1－40　渗透率与网状黏土含量关系图

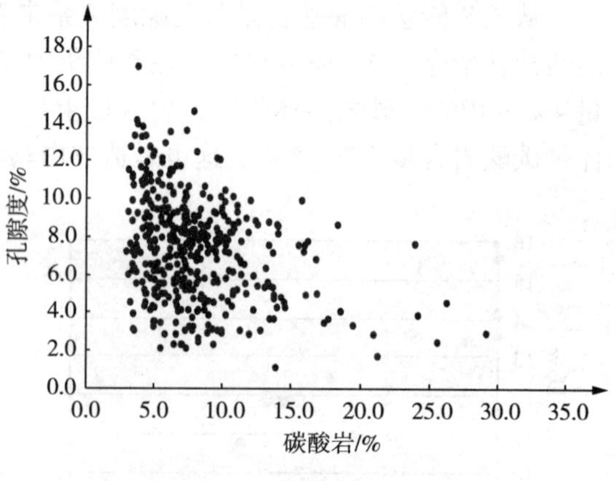


图 1－41　孔隙度与碳酸岩含量关系图

以长 8 储层为例，利用视填隙率对胶结程度进行评价，视填隙率($\beta$)不仅反映胶结作用、矿物充填作用等对孔隙空间保存的影响，同时也反映了溶解作用对原生孔隙空间的改造

(如本区长石、岩屑、杂基与碳酸盐胶结物的溶蚀作用)；还反映了在一定的粒间体积中，填隙物体积与粒间孔隙体积的分配比例关系。

$$视填隙率(\beta)=\frac{填隙物体积}{填隙物体积+粒间孔体积}\times 100\%$$

填隙物体积 = 胶结物体积 + 杂基体积

一般认为，当 $\beta>60\%$ 时，为强胶结；当 $\beta$ 介于 60% ~30% 之间时，为中等胶结；当 $\beta<30\%$ 时，为弱胶结。西峰油田长 8 储层填隙物含量为 11.78% ~13.65%，以胶结物为主，含量平均 12.1%。胶结类型主要有孔隙式胶结、薄膜式胶结等。统计结果如图 1-42。可以看出，视填隙率分布范围在 0.35 ~1.0 之间，均值为 0.734，表明本区以强胶结作用为主。

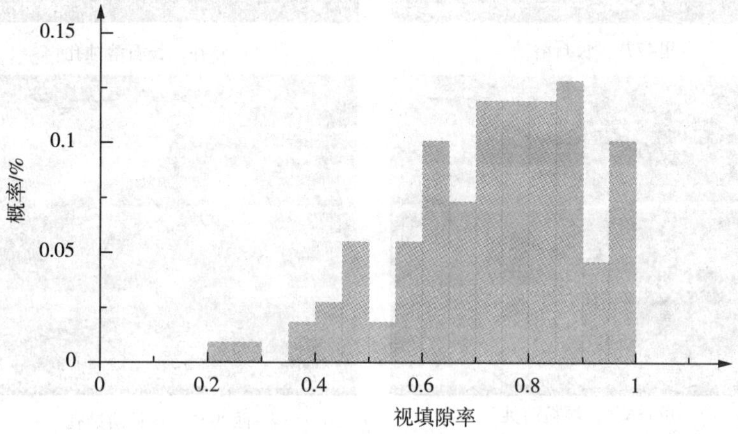


图 1-42　视填隙率频率直方图

3. 溶解作用

溶蚀作用对孔隙建设性意义主要是发生在深埋期的、与烃源岩中有机质成熟期相匹配的溶蚀作用。沉积物中腐殖型或混合型干酪根裂解去竣基作用，降低了孔隙水中的 pH 值，这种酸性水进入砂层中并使砂岩中酸敏性组分发生溶解而形成次生孔隙。其中，对次生孔隙贡献最大的是长石、岩屑颗粒的溶解。在酸性介质条件下，长石碎屑及浊沸石易沿解理或压实作用所造成的颗粒破裂缝发生强烈溶解，而泥质岩岩屑等不稳定组分沿岩屑内部组分间发生了部分的溶解，形成粒内溶孔(图 1-43)。长石、岩屑溶孔是延长组储集层主要的孔隙类型之一。碳酸盐胶结物溶蚀较微弱，对储层物性的改善作用不大。研究区储集岩的碎屑颗粒、胶结物等都发现有不同程度的溶蚀，扫描电镜和薄片中常见溶蚀微孔隙。但是研究区储层的溶解、溶蚀作用远没有胶结作用强烈，这也是西峰油田特低渗透储层虽属于三角洲前缘沉积，岩石结构、颗粒的分选以及支撑结构较好，但储层的孔渗性和孔隙结构却远不及其他三角洲前缘相储层的孔隙结构，而出现低孔、特低渗的根本原因所在。

4. 孔隙演化模式

根据薄片镜下记点统计，西峰油田长 8 储层原始地层孔隙度定为 35%，经压实作用后，原始孔隙损失 7.2% ~23.4%，平均损失 15.1%；晚成岩期的压溶和充填作用又使孔隙损失 6% ~12%，晚成岩期有机质脱羧基作用的溶蚀，形成次生孔隙，平均增加孔隙 1.9%，最高可达 4.0% ~4.5%，使砂岩的总体孔隙平均达到 7.0% ~11.4%。

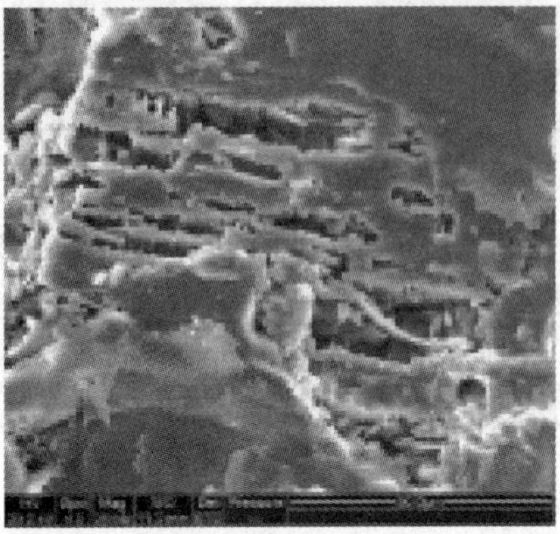

里47井，长石溶蚀

里155井，长石溶蚀孔

里155井，颗粒溶蚀

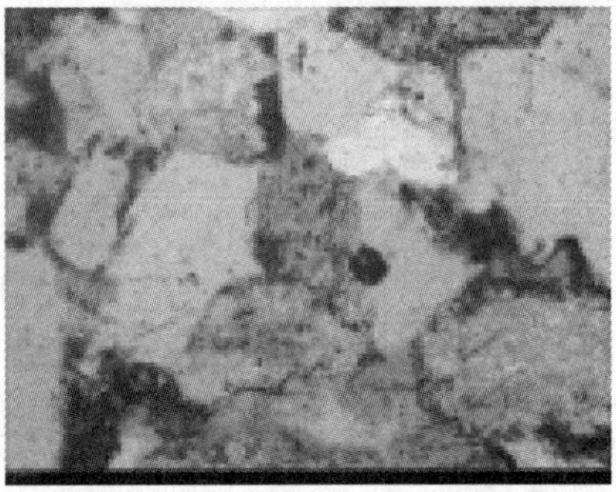

西99井，颗粒溶蚀孔

图 1－43　典型铸体薄片和扫描电镜照片

西峰油田合水地区长 7 储层原生粒间孔隙丧失的主要原因是压实作用和胶结作用，后期溶蚀作用对储层改造十分重要。在地层的埋藏演化过程中，储层的孔隙度是在不断地变化的，现今的孔隙度是这种变化的最终结果。依据研究区的砂岩粒度分析和薄片鉴定结果，依据常用孔隙演化恢复方法，对研究区的孔隙演化做了计算，压实导致近 21% 的原生孔隙散失，而胶结(包括杂基的充填)又导致 13.7% 的原生孔隙损失，因此原生孔隙所剩无几，主要以溶蚀孔隙为主，油气充注时期，储层评价孔隙度为 11.4% ~12.2%。

# 第二章　西峰油田特低渗透油藏微观特征

## 2.1　储层岩石学特征

岩心和薄片观察分析表明，西峰油田长8储层岩石以细～中粒岩屑长石砂岩及中－细粒岩屑长石砂岩为主，并具少量细粒长石岩屑砂岩。骨架颗粒的成分主要是石英、长石和岩屑。填隙物成分主要为黏土，即伊利石、绿泥石、方解石和硅质等。西峰油田合水地区长7储集砂岩主要岩性为一套灰色、灰褐色砂岩。岩石类型以岩屑长石砂岩为主，其次为长石岩屑砂岩(图2－1)，长7各个小层岩石类型无明显差异。同时，通过对不同区的砂岩类型分布来看(图2－1)，城关地区长7砂岩存在部分长石含量很高的样品，属于长石砂岩的范畴，由于城关地区位于研究区东北部(图2－1)，表明该区可能受到东北物源的影响。华庆地区长9储集砂岩主要岩性为一套灰色、灰绿色砂岩，岩石类型主要为岩屑长石砂岩，其次为长石岩屑砂岩和长石砂岩(图2－1)，长$9_2$的长石含量相对较长$9_1$高。

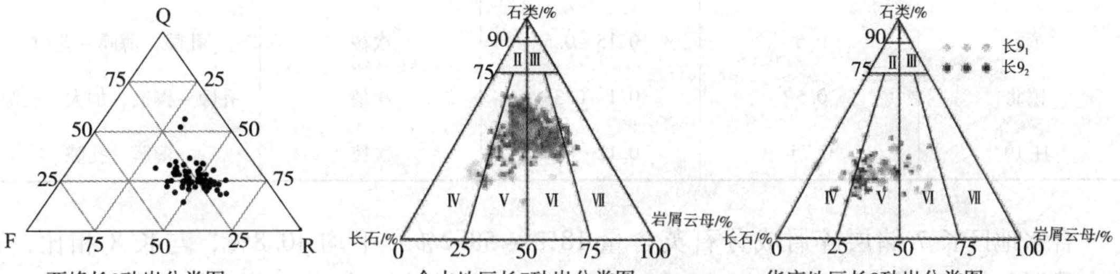


图2－1　砂岩分类图

### 2.1.1　储层骨架颗粒特征

表2－1和表2－2分别为西峰油田长8储层岩石成分和结构特征的显微镜下统计表。从表中可以看到，白马区石英的含量范围为22.8%～34.4%，平均为27.94%；长石的含量范围为25%～31.8%，平均为28.6%；岩屑的含量范围为25%～37%，平均为29.97%。董志区石英的含量范围为29%～35%，平均为33.2%；长石的含量范围为39%～42%，平均为39.8%；岩屑的含量范围为15.5%～21.5%，平均为18.75%。镇北区石英的含量范围为29.5%～31.5%，平均为29.55%；长石的含量范围为32%～37%，平均为35.45%；岩屑的含量范围为23.5%～26.5%，平均为24.5%。庄19区石英的含量范围为27%～30%，平均为28.65%；长石的含量范围为30%～34%，平均为31.85%；岩屑的含量范围为18%～

23.5%，平均为20.85%。长石碎屑的主要成分为微斜长石，岩石碎屑的主要成分为火成岩屑和变质岩屑。从各区的粒度分布来看，白马区最大粒径0.6 mm，主要粒径范围为0.08～0.4 mm；董志区最大粒径0.6 mm，主要粒径范围为0.15～0.5mm；镇北区最大粒径0.5 mm，主要粒径范围为0.1～0.35 mm；庄19区最大粒径0.75 mm，主要粒径范围为0.12～0.5 mm。

岩石骨架颗粒分选性中等—较好，磨圆度均为次棱状，结构成熟度中等到较高，胶结类型以薄膜－孔隙型和孔隙－薄膜型为主。碎屑定向分布、岩屑变形普遍，黏土膜及微孔均被重油浸染，绿泥石膜发育，岩屑强烈变形，石英加大常见。

**表2－1　西峰油田长8储层岩性成分对比**

| 油　区 | 石英/% | 长石/% | 岩屑/% | 伊利石/% | 绿泥石/% | 方解石/% | 硅质/% |
|---|---|---|---|---|---|---|---|
| 白马 | 22.8～34.4 | 25～31.8 | 25～37 | 0.2～12.4 | 0.4～10.8 | 0.2～5 | 0.4～3 |
| 董志 | 29～35 | 38～42 | 15.5～21.5 | 0.2～2 | 1～10 | 0.5～2.1 | 0.3～1.5 |
| 镇北 | 29.5～31.5 | 32～37 | 23.5～26.5 | 2.5～4 | 0.5～1 | 1～2 | 1～3 |
| 庄19 | 27～30 | 30～34 | 18～23.5 | 0.5～1.5 | 8～10 | 1～8.5 | 0.5～1 |

**表2－2　西峰油田长8储层结构特征统计**

| 油　区 | 最大粒径/mm | 主要粒径/mm | 磨圆度 | 胶结类型 |
|---|---|---|---|---|
| 白马 | 0.6 | 0.08～0.4 | 次棱 | 孔隙－薄膜 |
| 董志 | 0.6 | 0.15～0.5 | 次棱 | 孔隙，薄膜－孔隙 |
| 镇北 | 0.5 | 0.1～0.35 | 次棱 | 孔隙－镶嵌，加大－孔隙 |
| 庄19 | 0.75 | 0.12～0.5 | 次棱 | 薄膜－孔隙 |

合水地区长7储层碎屑成分石英含量18%～58.2%，平均40.8%，与长8相比，石英含量明显偏高。长石含量8%～47%，平均21.0%，与长8相比，长石含量明显偏低。岩屑含量12%～38%，平均为23.7%。岩屑类型以灰岩、白云岩岩屑和变质岩岩屑为主。粒度分析结果表明，合水地区长7砂岩碎屑颗粒粒级主要为细砂和极细砂，只有少量的中砂（图2－2），而从粒度中值来看，研究区粒度中值（$\phi$值）主要为3～4（0.0625～0.125mm），其中3.5～4的砂岩超过50%（图2－3），从与长8的粒度对比来看，均是细砂岩，但粒度中值要小的多，主要为极细砂岩，如果按照传统细砂岩的划分方法，不能将合水地区长7砂岩的粒度与其它油层组区分，从而难以分析其特征，为此，我们将图像粒度分析数据进行聚类分析，同时参考砂岩结构的明显方法，对研究区的岩石结构类型进行了细分（表3－2），划分结果表明，研究区主要为极细－细砂岩，其次为极细砂质细砂岩和含粉砂细砂质极细砂岩。砂岩的分选性可根据标准偏差确定，一般标准偏差小于0.35为分选极好，0.35～0.5为好，0.5～0.71为较好，0.71～1为中等，1～2为较差，2～4为差，大于4为极差，研究区砂岩标准偏差主要为1～2之间，因此研究区分选中等－较差。颗粒磨圆也较差，主要为次棱角状，因此研究区长7砂岩具有低结构成熟度的特点。

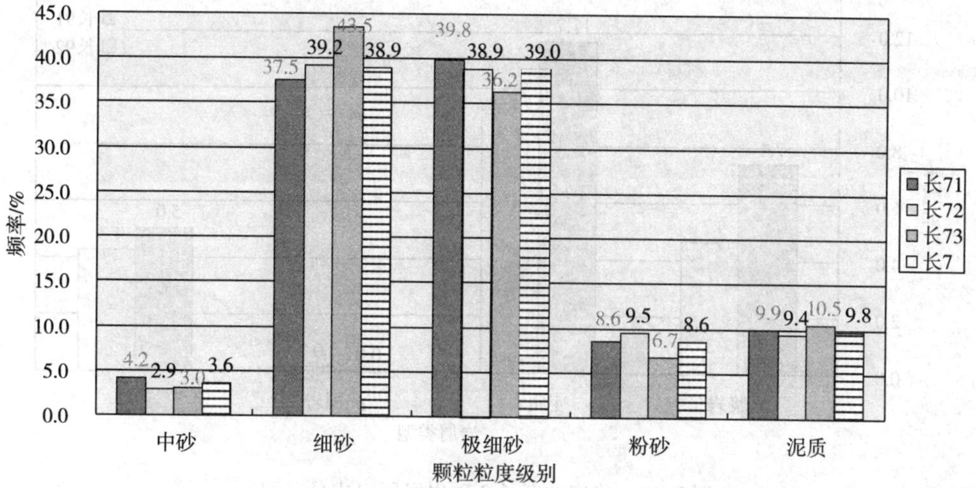


图 2－2　合水地区长 7 图像粒度分析不同粒级颗粒分布直方图

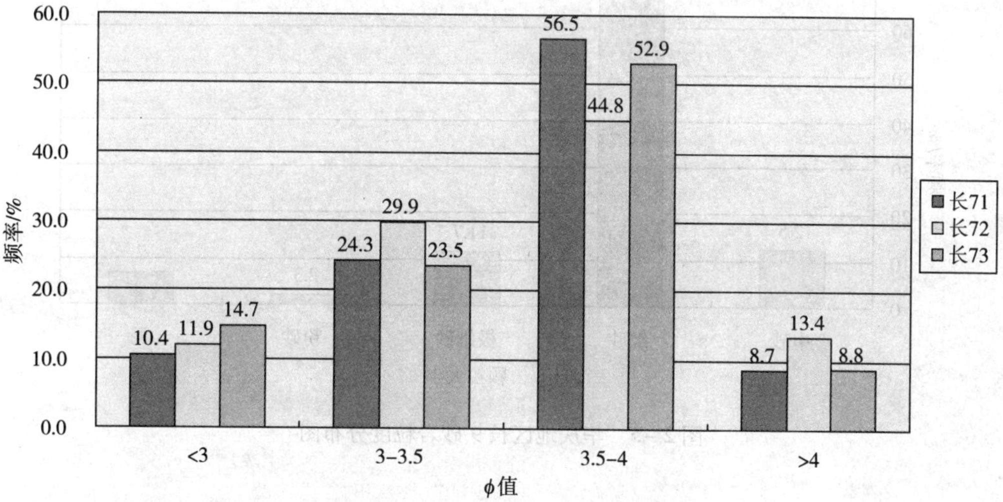


图 2－3　合水地区长 7 图像粒度分析粒度中值分布直方图

西峰油田华庆地区长 $9_1$ 碎屑成分石英含量 19.6%～58%，平均 28.5%；长 $9_2$ 碎屑石英含量为 14.2%～37%，平均 25.5%。长 $9_1$ 长石含量 12.5%～48.8%，平均 35.6%；长 $9_2$ 长石含量相对更高一些，为 13%～60%，平均 42.6%。长 $9_1$ 岩屑含量 11%～43.9%，平均 24.3%；长 $9_2$ 岩屑含量相对较少，为 10.5%～35.8%，平均 19.4%（图 2－4）。岩屑类型均已变质岩和岩浆岩为主，具体包括喷出岩、石英岩千枚岩、板岩、高变岩及变质岩砂岩等。华庆地区长 9 砂岩主要为中细砂岩（图 2－5），其次为细砂岩，且长 $9_2$ 的砂岩相对更粗一些。分选中等，呈次棱角状，发育薄膜－孔隙式胶结。

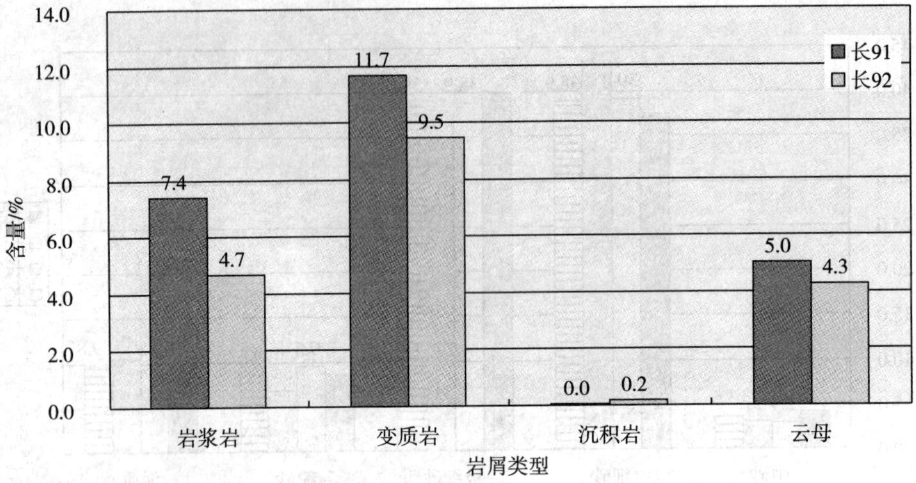


图 2-4 华庆地区长 9 砂岩岩屑组成分布图

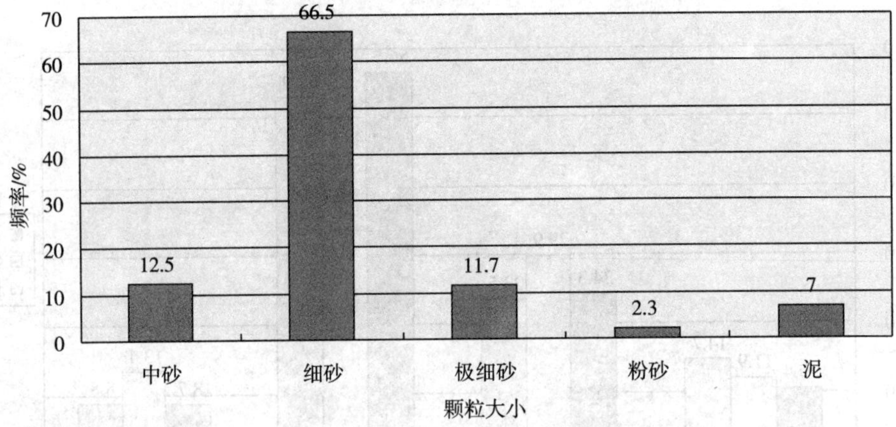


图 2-5 华庆地区长 9 砂岩粒度分布图

## 2.1.2 填隙物特征

西峰油田长 8 储层填隙物成分主要为绿泥石、伊利石、方解石、硅质等(图 2-6)。白马区伊利石的含量范围为 0.2% ~12.4%，平均为 2.86%；绿泥石的含量范围为 0.4% ~10.8%，平均为 4.77%；方解石的含量范围为 0.2% ~5%，平均为 2.2%；硅质含量范围为 0.4% ~3%，平均为 1.43%。董志区伊利石的含量范围为 0.2% ~2%，平均为 1% ~1.14%；绿泥石的含量范围为 1% ~10%，平均为 5.25%；方解石的含量范围为 0.5% ~2.1%，平均为 1.3%；硅质含量范围为 0.3% ~1.5%，平均为 0.85%。镇北区伊利石的含量范围为 2.5% ~4%，平均为 1.5%；绿泥石的含量范围为 0.5% ~1%，平均为 0.765%；方解石的含量范围为 1% ~2%，平均为 1.45%；硅质含量范围为 1% ~3%，平均为

1.83%。庄19区伊利石的含量范围为0.5%～1.5%，平均为0.95%；绿泥石的含量范围为8%～10%，平均为8.95%；方解石的含量范围为1%～8.5%，平均为4.65%；硅质含量范围为0.5%～1%，平均为0.76%。方解石充填孔隙，呈斑状分布。从镜下统计数据来看，庄19区和董志区绿泥石含量较高，镇北区伊利石含量较高，白马区在西23井伊利石含量较高，西23－19井绿泥石的含量则较高。白马油区黏土填隙物为伊利石和绿泥石及少量伊蒙混层矿物，无高岭石；西25－29井、西31－31井及西26－25井均表现出绿泥石含量远大于伊利石的现象。在镇北、庄9及庄19油区，填隙物中既有伊利石和绿泥石也有高岭石，总的特征是高岭石的含量比绿泥石和伊利石低，庄20表现出随深度的增加，绿泥石和伊利石的含量增加，高岭石的含量减少的现象。

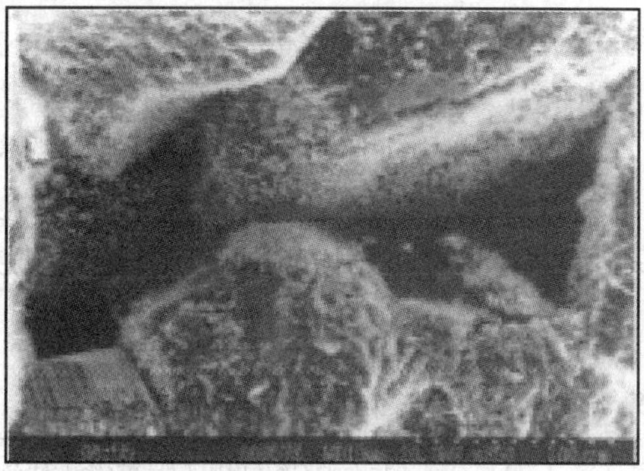

董75-54残余粒间孔形态及绿泥石薄膜

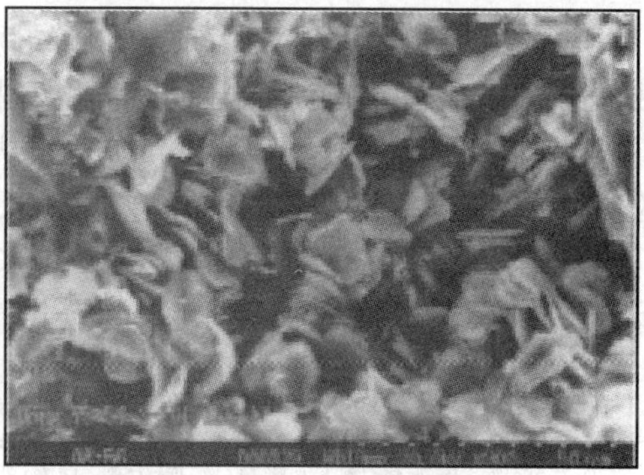

董75-54孔隙中自生高岭石形态

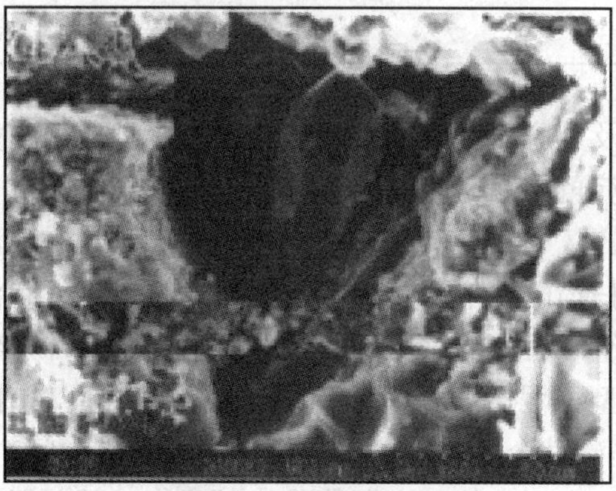

西129石英加大充填残余粒间孔喉

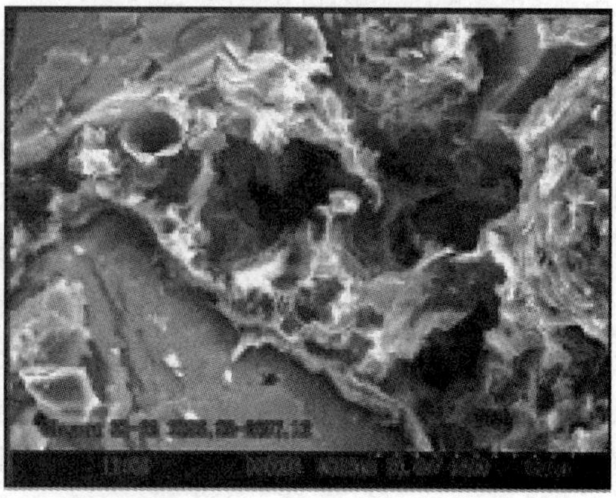

庄61-23黏土矿物呈丝状充填孔隙

图2－6　研究区典型的电镜扫描照片

合水地区长7储层填隙物的类型多、含量变化大，从10%～30%，主要包括黏土矿物胶结物(伊利石、绿泥石)、碳酸盐类胶结物(铁方解石、铁白云石)、硅质胶结物(表2－3)。总填隙物含量从下到上具有轻微增加的趋势，特别铁白云石含量以长$7_1$相对最高。不同区域上也有一定的差异，以董志、庆城地区铁白云石含量相对最高，而城关铁白云石含量相对最低(图3－13)。而与长8相比，最大的特征就是水云母含量异常高，铁白云石含量也高，而绿泥石含量低。黏土矿物主要为伊利石(水云母)、伊－蒙混层、绿泥石、高岭石。研究区碳酸盐胶结物主要是铁方解石、铁白云石(图2－7)。

**表2-3 合水地区长7填隙物含量统计表**

| 区 块 | 水云母/% | 绿泥石/% | 铁方解石/% | 铁白云石/% | 长英质/% | 填隙物总量/% |
|---|---|---|---|---|---|---|
| 上里塬 | 9.1 | 0.3 | 1.3 | 1.7 | 1.4 | 13.8 |
| 庆城 | 9.7 | 0.6 | 0.7 | 2.5 | 1.1 | 14.7 |
| 董志 | 8.3 | 0.4 | 0.8 | 2.4 | 0.8 | 12.7 |
| 城关 | 9.9 | 0.0 | 1.3 | 0.6 | 1.2 | 13.0 |
| 宁县 | 9.0 | 0.6 | 1.3 | 1.4 | 1.4 | 13.7 |
| 正宁 | 8.1 | 0.3 | 1.6 | 1.6 | 1.2 | 12.9 |

华庆长9储层填隙物主要由杂基和胶结物两部分组成。杂基是分布于碎屑颗粒之间，以机械方式(悬移载荷)与碎屑颗粒同时沉积下来，粒径小于0.03mm的细小沉积物；胶结物是碎屑岩在沉积、成岩阶段，以化学沉淀方式从胶体或真溶液中沉淀出来，充填在碎屑颗粒之间的各种自生矿物。根据岩石薄片鉴定分析，研究区胶结种类较多，主要为绿泥石、浊沸石、铁方解石、方解石、硅质和水云母，其长$9_1$和长$9_2$具有明显的区别，其中长$9_2$浊沸石相对更为发育(表2-4)。

**表2-4 华庆地区长9填隙物含量统计表**

| 层位 | 水云母/% | 绿泥石/% | 方解石/% | 铁方解石/% | 浊沸石/% | 硅质/% | 长石质/% | 填隙物总量/% | 样品/个 |
|---|---|---|---|---|---|---|---|---|---|
| 长$9_1$ | 1.9 | 4.7 | 1.1 | 1.1 | 0.8 | 2 | 0.1 | 11.9 | 33 |
| 长$9_2$ | 0.7 | 4.3 | 1.2 | 0.2 | 3.7 | 2 | 0.2 | 12.2 | 54 |

伊利石又称水云母，是介于云母、高岭石及蒙脱石之间的中间矿物，有多种成因，如长石和云母风化分解，蒙脱石被钾交代，胶体沉淀再结晶，热液蚀变等。形成于气温较低，排水不畅的碱性环境中。伊利石成分中富碱金属钾，如果气候湿热，化学风化彻底，水流通畅，钾被流失带走，则可形成高岭石。伊利石扫描电镜下多为片状或者呈丝缕或毛发状沿颗粒表面向孔隙与孔喉道处伸展。绿泥石是延长组砂岩中的重要的胶结物类型，常呈叶片状及玫瑰花状，据陈丽华的测定结果，不同形态类型绿泥石含铁量依次降低的顺序是：绒球状、叶片状、玫瑰花状、圆白菜头状。伊/蒙混层是碱性介质中蒙脱石向伊利石转化的中间产物，扫描电镜下呈片状或楔状，多以衬垫形式绕颗粒表面生长。在埋藏成岩过程中，随着埋藏深度的增加，黏土基质逐渐转变为伊-蒙混层。高岭石是砂岩胶结物中最常见的富性流体与含$Al^{3+}$的矿物相互反应的产物，$Al^{3+}$的自生矿物，常以孔隙充填方式产出自生，呈完整的假六边形自形晶体，或者由这些自形晶体组成书页状、蠕虫状等各种形式的集合体(图2-7)。

碳酸盐胶结物不论从宏观上或微观上都呈团块、斑点状不均匀分布。铁方解石以连晶状充填孔隙为主，胶结发生在各成岩期；同时，中成岩期含铁离子较高的孔隙水与早成岩期的方解石发生铁、镁离子交换，使早成岩期的方解石转化成铁方解石(图2-7)。铁白云石胶结发生在中成岩期。碳酸盐胶结物在岩石中不均匀分布，增强了储层的非均质性。另一方面，碳酸盐胶结物的存在，使砂岩形成抗压岩体，阻止了压实作用的进一步进行，为后期酸性流体的溶蚀提供了物质基础。

硅质胶结物在研究区砂岩中有两种主要形式：一种为碎屑石英颗粒的次生加大边，这类硅质胶结物含量较少，加大边宽一般为0.03～0.06mm，常见1～2级加大，部分石英加大趋于自形，晶面平整，晶形完整；另一种为自形的自生石英，该类硅质胶结物一般分布于孔隙边缘和粒内溶孔中，贴近颗粒生长，晶体较小，不超过0.05mm，晶形规则(图2－7)。

庄71，粒间孔中的伊利石

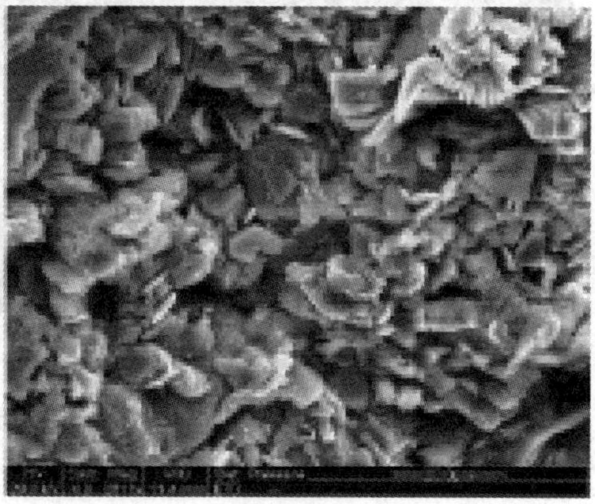
宁75，高岭石

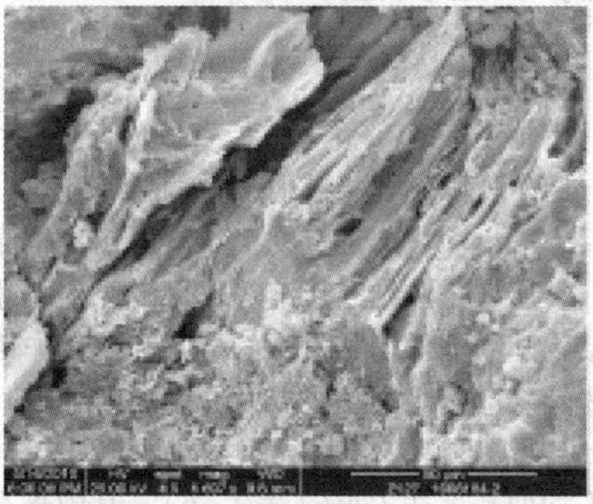
庄127井，伊利石、高岭石

庄167井，粒表绿泥石膜

西233，自形碳酸盐胶结

庄118，5铁白云石胶结

图2－7　研究区典型的铸体薄片和电镜扫描照片

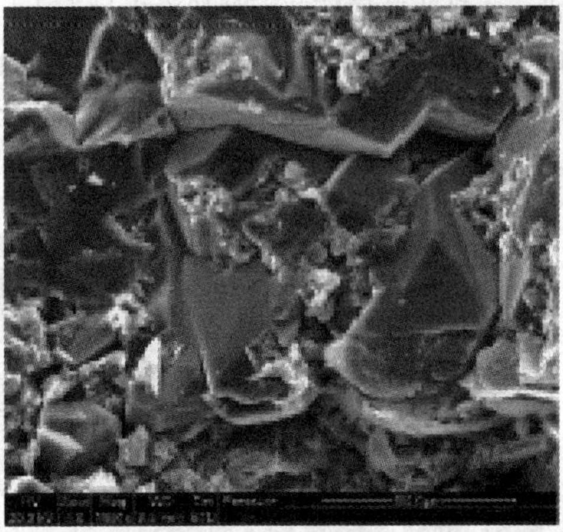

西99井，石英加大

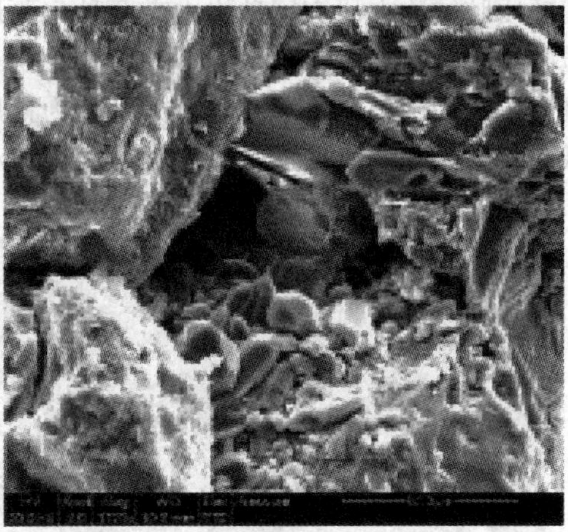

里47井，石英充填

图2-7　研究区典型的铸体薄片和电镜扫描照片(续)

# 2.2　储层孔隙喉道类型

## 2.2.1　孔隙类型

孔隙按成因可划分为原生孔隙和次生孔隙。原生孔隙主要指碎屑颗粒的粒间孔隙，也包括层间孔和气孔。次生孔隙是指在沉积岩形成后，因淋滤、溶蚀、交代、溶解及重结晶等作用在岩石中形成的孔隙和缝洞。在成岩过程中，经压实、胶结及压溶等作用，原生孔隙将逐渐减少，与此同时，可溶性碎屑颗粒和易溶胶结物随着埋深增加发生的溶解和交代作用，从而促成碎屑岩中次生孔隙的发育。西峰油田长8储层的孔隙类型主要有原生粒间孔隙、次生溶蚀孔隙、晶间孔隙与微裂缝(表2-5)。合水地区长7储层孔隙类型以粒间孔、长石溶孔、岩屑溶孔等为主，并见有少量的微孔微裂缝，平均面孔率达2.4%(表2-6)，其中长石溶蚀孔占绝对主导，平均1.32%，其次为粒间孔微0.72%，研究区长7各个小层面孔率差异不大，但不同地区存一些差异，以董志区面孔率最高，而城关面孔率最小。与相邻区比较，合水地区孔隙类型最大的特征就是长石溶蚀孔超过了粒间孔，成为最主要的孔隙类型，但总面孔率相对较低(表2-7)。华庆地区长9储层孔隙类型以粒间孔、长石溶孔、岩屑溶孔、浊沸石溶蚀孔等为主，并见有少量的微孔微裂缝，平均面孔率3.5%(表2-8)，其中粒间孔占主导，其次为长石溶蚀孔，长$9_2$的可见的粒间孔相对更为发育。

**表2-5　西峰油田长8砂岩储层孔隙组合特征表**

| 区块 | 百分含量 | 粒间孔 | 溶孔 | | | 晶间孔 | 杂基溶孔 | 微裂隙 | 破裂孔 | 面孔率 |
|---|---|---|---|---|---|---|---|---|---|---|
| | | | 长石 | 岩屑 | 小计 | | | | | |
| 白马 | 绝对值/% | 3.88 | 0.85 | 0.2 | 1.05 | 0.1 | 0.06 | 0.01 | 0.01 | 5.11 |
| | 相对值/% | 75.9 | 16.6 | 3.9 | 20.5 | 2 | 1.1 | 0.2 | 0.2 | |
| 董志 | 绝对值/% | 1.98 | 1.08 | 0.13 | 1.21 | 0.28 | 0.07 | 0.07 | 0.2 | 3.65 |
| | 相对值/% | 54.24 | 29.78 | 7.71 | 33.2 | 7.7 | 1.9 | 1.9 | 5.5 | |

**表 2-6　合水地区长 7 孔隙类型统计表**

| 层　位 | 其他孔/% | 粒间溶孔/% | 岩屑溶孔/% | 粒间孔/% | 长石溶孔/% | 总面孔率/% |
|---|---|---|---|---|---|---|
| 长$7_1$ | 0.09 | 0.11 | 0.18 | 0.74 | 1.32 | 2.44 |
| 长$7_2$ | 0.05 | 0.08 | 0.13 | 0.65 | 1.38 | 2.29 |
| 长$7_3$ | 0.1 | 0.14 | 0.21 | 0.8 | 1.25 | 2.5 |

**表 2-7　合水地区长 7 孔隙类型邻区对比统计表**

| 区　块 | 层位 | 粒间孔/% | 粒间溶孔/% | 长石溶孔/% | 岩屑溶孔/% | 晶间孔/% | 面孔率/% | 样品数 |
|---|---|---|---|---|---|---|---|---|
| 华庆 | 长$6_3$ | 2.10 | 0 | 0.90 | 0.20 | 0 | 3.20 | 180 |
| 合水 | 长$6_1$ | 0.60 | 0.10 | 1.10 | 0.20 | 0.10 | 2.10 | 41 |
| 合水 | 长$6_2$ | 0.60 | 0.20 | 1.20 | 0.20 | 0 | 2.10 | 84 |
| 合水 | 长$6_3$ | 0.50 | 0 | 1.20 | 0.20 | 0 | 2.00 | 174 |
| 合水 | 长$7_1$ | 0.74 | 0.11 | 1.32 | 0.18 | 0.09 | 2.44 | 130 |
| 合水 | 长$7_2$ | 0.65 | 0.08 | 1.38 | 0.13 | 0.05 | 2.29 | 140 |
| 合水 | 长$7_3$ | 0.80 | 0.14 | 1.25 | 0.21 | 0.10 | 2.50 | 31 |
| 合水 | 长$8_1$ | 2.30 | 0 | 1.10 | 0.20 | 0 | 3.60 | 181 |
| 合水 | 长$8_2$ | 2.90 | 0 | 0.50 | 0.20 | 0 | 3.70 | 110 |
| 西峰 | 长$8_1$ | 2.80 | 0 | 1.10 | 0.2 | 0.30 | 4.40 | 147 |
| 华庆 | 长$8_1$ | 2.30 | 0 | 1.10 | 0.20 | 0 | 3.60 | 64 |
| 姬塬 | 长$8_1$ | 1.70 | 0 | 1.50 | 0.30 | 0 | 3.50 | 78 |
| 铁边城 | 长7 | 1.06 | 0 | 2.21 | 0.27 | 0.14 | 3.68 | 10 |

**表 2-8　华庆地区长 9 孔隙类型统计**

| 层　位 | 粒间孔/% | 长石溶孔/% | 杂基溶孔/% | 岩屑溶孔/% | 沸石溶孔/% | 总面孔率/% | 样品数 |
|---|---|---|---|---|---|---|---|
| 长$9_1$ | 1.8 | 1.1 | 0.2 | 0.1 | 0.1 | 3.3 | 33 |
| 长$9_2$ | 2.3 | 0.8 | 0.2 | 0.1 | 0.3 | 3.7 | 54 |

1. 残余粒间孔

残余原生粒间孔是指碎屑岩中颗粒之间未被杂基或胶结物充填的部分，它是在沉积期间形成的并经历了复杂的成岩作用改造而被保存下来的孔隙。残余原生粒间孔的分布受沉积环境及砂岩岩性的控制，在水动力条件较强的沉积环境中容易保存。该类孔隙形态规则，多呈三角形、四边形或多边形，孔隙边缘平直。该类孔隙在西峰油田长 8 储层和华庆地区长 9 储层中最发育(图 2-8)。

2. 长石溶孔

长石溶孔是合水地区长 7 储层最主要的储集空间，西峰油田长 8 储层和华庆地区长 9 储层发育程度较差，石常沿解理缝选择性溶蚀，形态不规则，电镜下呈空蜂窝状，部分长石完全溶蚀，形成铸模孔(图 2-8)。

里155，长石岩屑溶孔

西99，溶蚀孔和铁白云石

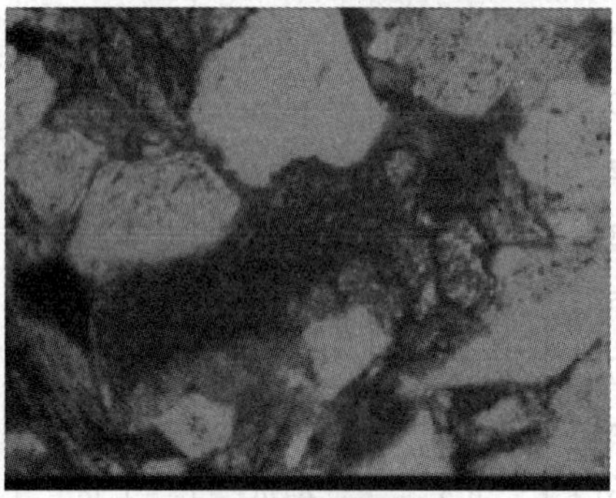

西99，菱铁矿溶蚀

庄71井，长石溶蚀孔

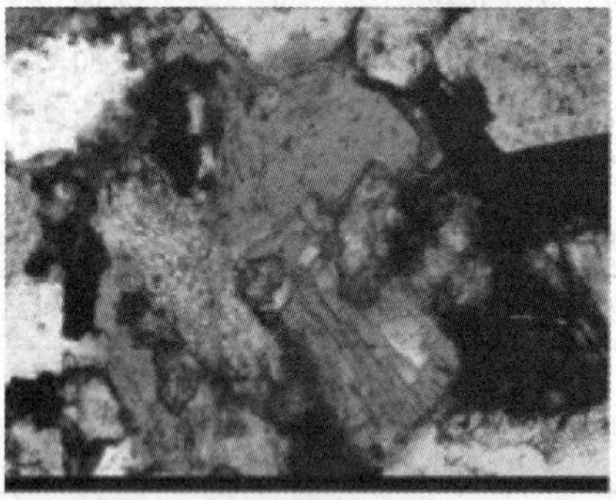

庄230，长石溶蚀

庄185，岩屑溶蚀孔

宁66井，粒间孔和溶孔

庄188，微裂缝

图2－8　研究区典型的铸体薄片和电镜扫描照片

3. 岩屑溶孔

岩屑溶孔是溶蚀后形成的粒内孔隙，在研究区长 8、长 7 和长 9 储层中均有发育，但程度较差。储层易溶岩屑以中基性喷发岩岩屑为主，溶蚀作用主要发生在少量易溶矿物，如角闪石、辉石及部分长石，提供孔隙的数量有限，其面孔率一般较小(图 2-8)。

4. 晶间孔、微裂隙

晶间孔是指砂岩在成岩过程中形成的分布于碎屑颗粒间自生矿物晶体间的微孔隙。其中，黏土矿物晶间孔较为常见，如高岭石晶间孔、伊利石晶间孔等。微裂缝指由于沉积、成岩或构造作用形成的裂缝隙。裂缝孔隙多出现于致密砂岩中，根据铸体薄片、扫描电镜观察，裂缝在储层中分的布具有很强的不均一性(图 2-8)。沉积作用形成的裂缝一般平行层面分布，充填有机质等。构造作用一般形成高角度裂缝，沿伸较远，切穿岩石颗粒和基质，与其他裂缝的连通性好，也可与其他裂缝构成网络状而增加裂缝的有效性。成岩缝是成岩作用过程中由士上覆地层的压力便颗粒破碎形成，裂缝组系分布较乱，没有一定的方向性，多呈树枝状或蛛网状，该类裂缝对连通孔隙，提高储层渗透能力起到了良好的作用。

### 2.2.2　喉道类型

按照喉道形态可分为 4 种类型，即：缩颈喉道、收缩喉道、片状或弯片状喉道及管束状喉道。西峰油田特低渗透油藏中常见后三种喉道类型。

(1)收缩喉道：砂岩压实呈点线接触为主时，喉道变窄，形成收缩喉道。当这种类型的喉道比较发育时，往往使砂岩储层具有较高孔隙度，而渗透率较低(图 2-9)。

(2)片状和弯片状喉道：砂岩进一步压实或压溶使晶体再生长，其再生长边之间的孔隙变得窄小。晶间孔隙常使孔隙相互连通的喉道呈现片状，其孔隙小，喉道细长。颗粒线接触在颗粒之间可见弯片状喉道(图 2-9)。

(3)管束状喉道：常分布于泥质含量高，颗粒粒度细或胶结物含量高的砂岩中，且常与微孔隙不易区分(图 2-9)。

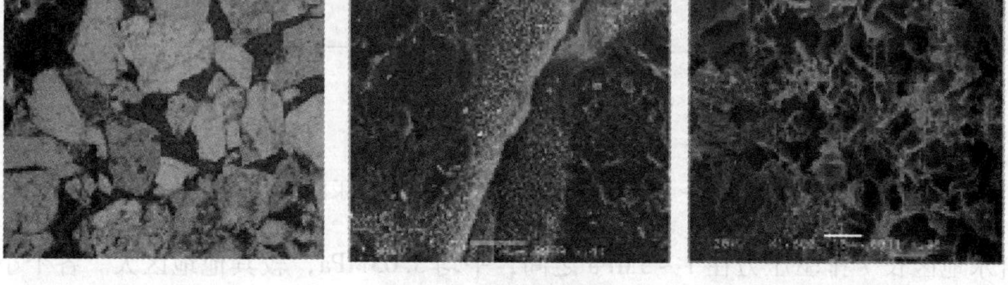

西31-31井，收缩喉道　　西41井，弯片状喉道　　西36井，管束状喉道

图 2-9　研究区喉道照片

## 2.3　微观孔隙结构特征

储层孔隙结构特征是指孔隙及连通孔隙的喉道大小、形状、连通情况、配置关系及其演

化特征，由孔隙和喉道组成。孔隙主要起储存流体的作用，而喉道主要影响岩石的渗透性，孔隙和喉道是砂岩储集空间的两个基本因素，孔喉大小和形状主要取决于颗粒的大小、形状、接触类型及胶结类型，喉道大小与连通状况直接影响着储层的有效性和渗透性，孔喉的发育程度和组合关系是控制油藏油水分布的主要因素之一。

### 2.3.1 常规压汞分析孔隙结构特征

从西15、西17、西36、西43等15口井共计41块样品的压汞资料分析，西峰油田白马区长8储层排驱压力为0.07～1.5MPa，平均0.62MPa；最大汞饱和度70.9%～97.96%，平均80.11%；退出效率17.3%～38.91%，平均27.29%。董志区长8储层排驱压力为0.37～1.84MPa，平均0.92MPa；最大汞饱和度59.2%～84.8%，平均76.06%；退出效率21.7%～37.7%，平均29.03%（表2－9）。由图2－10可以看到白马区长$8_1$油层的排驱压力、中值压力、中值半径及孔、渗明显好于董志区。但分选较董志差，退汞效率较低。

表2－9　西峰油田长8储层压汞分析孔隙结构特征参数

| 区　块 | 排驱压力/MPa | 中值压力/MPa | 中值半经/μm | 分选系数 | 变异系数 | 最大进汞/% | 退汞效率/% |
|---|---|---|---|---|---|---|---|
| 白马 | 0.62 | 3.51 | 0.32 | 2.47 | 0.23 | 80.11 | 27.29 |
| 董志 | 0.92 | 5.97 | 0.23 | 2.03 | 0.18 | 76.06 | 29.03 |

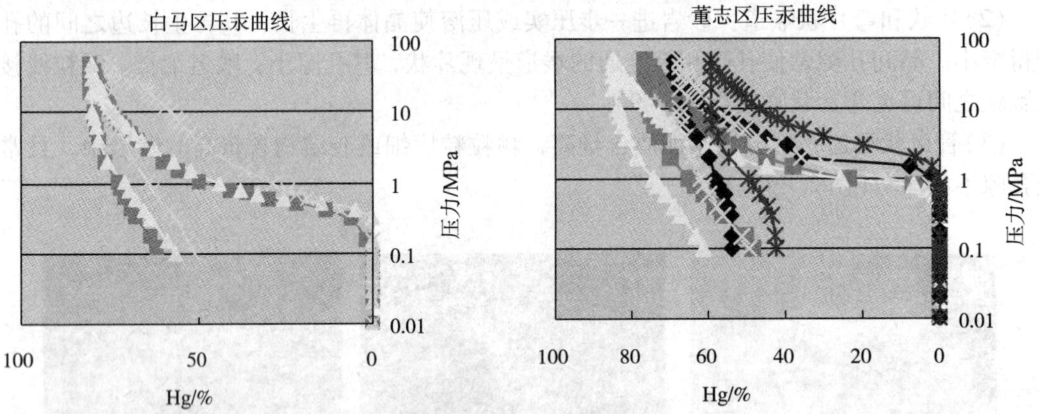


图2－10　西峰油田长8储层典型压汞曲线

合水地区长7排驱压力在1～5MPa之间，平均3.03MPa，较其他地区大。各个小层相差不大，其中，长$7_1$平均排驱压力为3.02MPa，长$7_2$为为3.03MPa，长$7_3$为3.1MPa。长7的中值压力范围在6～16MPa之间，平均11.7MPa。其中，长$7_3$的平均中值压力最大，为13.9MPa，长$7_2$的平均中值压力最小，为11.0MPa，长$7_1$为12.1MPa。长7的中值喉道半径范围在0.03～0.12μm之间，平均0.082μm。其中，长$7_1$的中值喉道半径最小，为0.079μm，长$7_2$的中值喉道半径最大为0.088μm，长$7_3$的平均中值半径为0.086μm。长7的最大进汞饱和度分布范围在65%～88%之间，平均74.9%，长$7_1$、长$7_2$和长$7_3$的平均最大进汞饱和度分别为75.2%、75.4%和70.6%。长7的分选系数范围在0.8～1.5之间，平均1.15。各个小层基本相对，长$7_1$、长$7_2$和长$7_3$的平均分选系数分别为1.15、1.14和1.16，较邻区明显偏小(表2-10)。

**表2-10　合水地区长7及邻区砂岩储层孔隙结构参数统计表**

| 区块 | 层位 | 排驱压力/MPa | 中值压力/MPa | 中值半径/μm | 分选系数 | 变异系数 | 最大进汞/% | 退汞效率/% |
|---|---|---|---|---|---|---|---|---|
| 华庆 | 长$6_3$ | 1.30 | 4.90 | 0.15 | 1.90 | 0.20 | 83.0 | 26.2 |
| 合水 | 长$6_1$ | 1.40 | 5.36 | 0.14 | 1.83 | 0.16 | 85.0 | 28.0 |
| 合水 | 长$6_2$ | 2.25 | 6.72 | 0.12 | 1.45 | 0.12 | 83.8 | 31.5 |
| 合水 | 长$6_3$ | 1.70 | 5.20 | 0.14 | 1.17 | 0.12 | 84.0 | 29.0 |
| 合水 | 长$7_1$ | 3.12 | 12.32 | 0.09 | 1.04 | 0.09 | 75.6 | 25.5 |
| 合水 | 长$7_2$ | 3.06 | 10.07 | 0.10 | 1.00 | 0.09 | 75.8 | 25.3 |
| 合水 | 长$7_3$ | 2.48 | 11.40 | 0.11 | 1.06 | 0.12 | 74.5 | 22.0 |
| 合水 | 长$8_1$ | 0.81 | 3.20 | 0.23 | 1.80 | 0.17 | 74.0 | 23.0 |
| 合水 | 长$8_2$ | 0.96 | 4.90 | 0.15 | 2.45 | 0.22 | 85.0 | 33.0 |
| 西峰 | 长$8_1$ | 0.62 | 2.29 | 0.32 | 2.47 | 0.23 | 80.11 | 30.3 |
| 华庆 | 长$8_1$ | 0.94 | 3.50 | 0.22 | 1.93 | 0.16 | 74.7 | 27.9 |
| 姬塬 | 长$8_1$ | 0.83 | 3.67 | 0.20 | 2.03 | 0.18 | 68.1 | 36.1 |

按毛细管压力曲线和孔隙结构参数特征，可将合水地区长7油层组砂岩储层的孔隙结构划分为三类(表4-5)：

(1)Ⅰ类孔隙结构：孔隙度大于11%，渗透率大于$0.3\times10^{-3}\mu m^2$，孔隙结构好，毛管压力曲线为分选好的较粗歪度为单峰较粗歪度，呈很平缓的左凹平台状，平台较长(图2-11)。$Pc_{10}$(MPa)$\leqslant1.5$，$Pc_{50}$(MPa)$\leqslant7.5$，$Rc_{50}\geqslant0.1\mu m$，孔喉分选系数>1.4，属于小孔微细喉组合储层，为长7油层组中最好的储层孔隙结构类型。

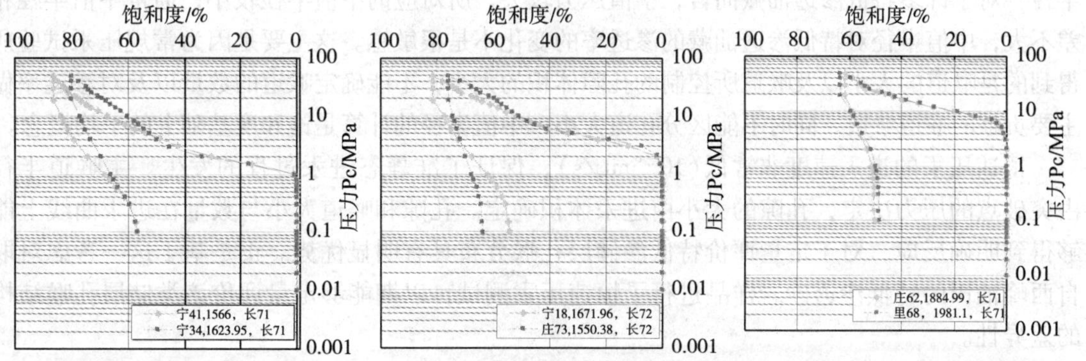


Ⅰ型压汞曲线　　Ⅱ型压汞曲线　　Ⅲ型压汞曲线

图2-11　西峰油田合水地区长7储层典型压汞曲线

(2)Ⅱ类孔隙结构：孔隙度分布于8%~12%之间，渗透率介于$0.1\sim0.3\times10^{-3}\mu m^2$，孔隙结构较好，为单峰较细歪度，呈较平缓的左凹平台状(图2-11)。$Pc_{10}$(MPa)$=1.5\sim$

5.0，$Pc_{50}$(MPa) =7.5~15，$Rc_{50}$=0.05~0.1μm，孔喉分选系数0.9~1.4，大多数为小孔-微喉组合，此类孔隙结构为较好的类型，为研究区最发育的孔隙结构类型。

(3)Ⅲ类孔隙结构：孔隙度小于8%，渗透率小于$0.1\times10^{-3}\mu m^2$，孔隙结构差，为单峰细歪度，也呈明显向左微凹的平台状(图2-11)，$Pc_{10}$(MPa)≥5，$Pc_{50}$(MPa)≥15，$Rc_{50}$≤0.05μm，孔喉分选系数≤1，大多数为小孔微喉组合。

长9各小层孔隙孔隙直径分布相似，主要为30~50μm，属于小孔范围；长$9_1$中值压力为7~12MPa，对应的喉道大多半径小于0.2μm(图2-12)，主要为微喉，而长$9_2$中值压力主要为3~8MPa，主要为微细喉。属于小孔微喉型储层，而长$9_2$属于小孔微细喉储层。

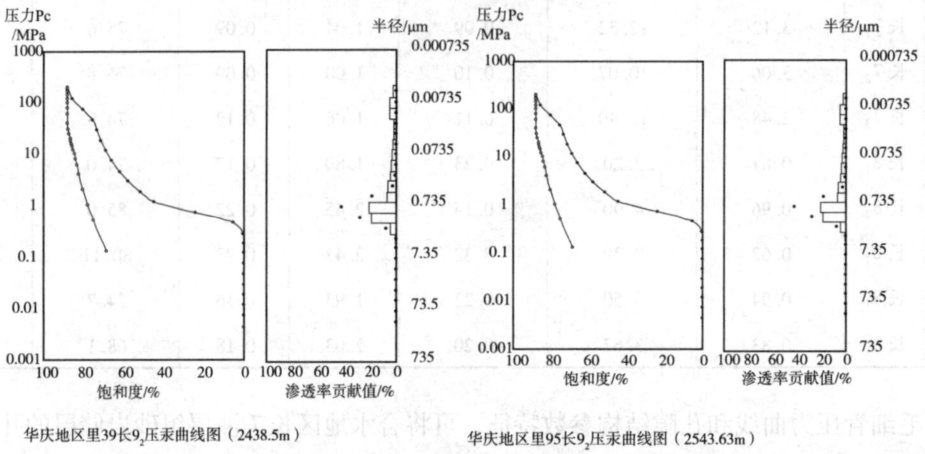


图2-12 西峰油田华庆地区长9储层典型压汞曲线

## 2.3.2 恒速压汞孔喉配套发育特征评价

目前对特低渗砂岩孔喉结构评价使用频繁的参数是利用常规压汞所取得的中值压力与中值半径，对于许多特低渗透油藏而言，中值压力较大，所对应的中值半径较小，通常中值半径相差不大，中值半径对特低渗透油藏的渗透率的变化不是很敏感。这主要是因为常规压汞试验所得到的是喉道的大小以及喉道所控制的孔隙体积的大小，不能确定喉道的数量以及对渗透率做主要贡献的喉道参数，同时不能区分孔道大小，中值半径的计算是饱和度基础上的平均概念。

恒速压汞的进汞速度非常低($10^{-6}$mL/s)，保证了准静态进汞过程的发生。主喉道半径由突破点的压力决定，孔隙的大小由进汞体积确定。孔隙和喉道大小与数量在进汞曲线上能够得到明确反应，对于定量评价特低渗储层孔喉分布具有明显优势。正是基于这一考虑对取自西峰油田的特低渗透砂岩样品进行了恒速压汞测试，以期能够定量评价该类储层孔喉结构的差异性。

1. 喉道分布特征

为了更直观地进行对比分析，按照样品渗透率的分布区间($<0.5\times10^{-3}\mu m^2$、$0.5\sim1\times10^{-3}\mu m^2$、$1\sim5\times10^{-3}\mu m^2$、$(5\sim10)\times10^{-3}\mu m^2$)，选取渗透率分别为$0.13\times10^{-3}\mu m$、$0.24\times10^{-3}\mu m$、$0.359\times10^{-3}\mu m$、$0.94\times10^{-3}\mu m$、$1.72\times10^{-3}\mu m$、$4.47\times10^{-3}\mu m$、$5.09\times10^{-3}\mu m$、$8.08\times10^{-3}\mu m$、$13.25\times10^{-3}\mu m^2$的9个砂岩样品进行恒速压汞实验。

图 2－13 是不同渗透率砂岩样品喉道半径分布百分数，表 2－11 是统计的不同渗透率范围喉道分布范围数据。从图 2－13 与表 2－11 可以看出：渗透率越小的岩心，喉道分布越集中，特别是渗透率小于 $0.5\times10^{-3}\mu m^2$ 的岩心，喉道半径几乎全部在 1μm 以下；随着渗透率的增大，大于 1μm 的喉道急剧增加，渗透率在 $0.5\sim1\times10^{-3}\mu m^2$ 的岩心，喉道大小主要分布在 1～2μm，占 56.7%；渗透率大于 $1\times10^{-3}\mu m^2$ 的岩心，喉道分布范围明显宽泛，既有小于 1μm 的小喉道也有大于 4μm 的大喉道，渗透率在 $(1\sim5)\times10^{-3}\mu m^2$ 的岩心，分布在 2～4μm 范围内的喉道占到了 33.05%，大于 4μm 的喉道占 13.35%，渗透率大于 $5\times10^{-3}\mu m^2$ 的岩心，大于 4μm 的喉道占 32.7%。对于特低渗透油藏而言，正是由于有了这些较大喉道的存在，一方面相对降低了其开采难度，另一方面在注水开发过程中导致波及系数较小，最终导致采收率较低。

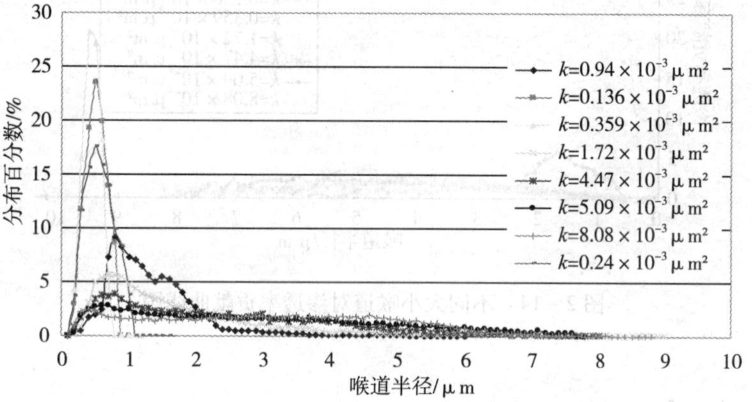


图 2－13　不同渗透率砂岩岩心喉道分布百分数图

**表 2－11　不同渗透率砂岩岩心喉道分布范围百分数**

| 喉道范围/μm | 不同渗透率岩心中喉道分布百分数/% | | | |
|---|---|---|---|---|
| | $<0.5\times10^{-3}\mu m^2$ | $(0.5\sim1)\times10^{-3}\mu m^2$ | $(1\sim5)\times10^{-3}\mu m^2$ | $>5\times10^{-3}\mu m^2$ |
| <1 | 98.72 | 31.73 | 27.15 | 16.23 |
| 1～2 | 1.28 | 56.7 | 26.45 | 17.83 |
| 2～3 | 0 | 7.85 | 16.41 | 16.69 |
| 3～4 | 0 | 2.31 | 16.64 | 16.55 |
| >4 | 0 | 1.41 | 13.35 | 32.7 |

2. 喉道与对渗透率的贡献

图 2－14 是不同大小喉道对渗透率贡献曲线图。从图中可以看出，小于 0.5μm 的喉道半径对渗透率小于 $0.5\times10^{-3}\mu m^2$ 岩心渗透率的贡献值几乎是百分之百；1～2μm 的喉道对渗透率在 $0.5\sim1\times10^{-3}\mu m^2$ 的岩心渗透率起主要贡献；渗透率大于 $1\times10^{-3}\mu m^2$ 的岩心对渗透率起贡献作用的总体上是大于 2μm 的喉道，比较宽泛。说明渗透率大于 $1\times10^{-3}\mu m^2$ 的特低渗透砂岩岩心喉道分布具有较强的非均质性。

3. 渗透率与喉道分布的关系

图 2－15 是不同渗透率条件下喉道对渗透率的贡献曲线。从图可以看出：在渗透率相同

的情况下，大喉道对渗透率的贡献值大；随着渗透率的增加，岩心中小于1μm、小于2μm、小于3μm及小于4μm的喉道对渗透率的贡献值均在减小，但减小的幅度大不相同，喉道半径越小其对渗透率的贡献值下降越快。小于1μm的喉道对渗透率小于$0.5\times10^{-3}\mu m^2$岩心渗透率的贡献值最大，但当渗透率大于$1\times10^{-3}\mu m^2$时，小于1μm的喉道对渗透率的贡献几乎为零，而大于2μm、大于3μm及大于4μm的喉道对渗透率的贡献值依次较大，特别是大于4μm的喉道对渗透率的贡献持续增大幅度最为明显。说明对特低渗透砂岩而言，随着渗透率的增加，大于2μm的喉道对渗透率的改善起着非常重要作用。

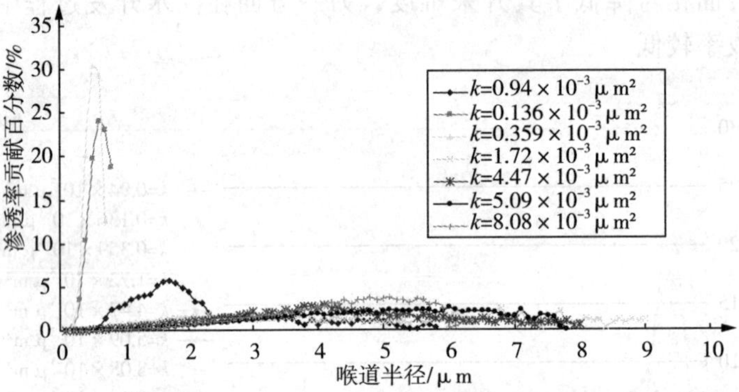


图2－14　不同大小喉道对渗透率贡献曲线图

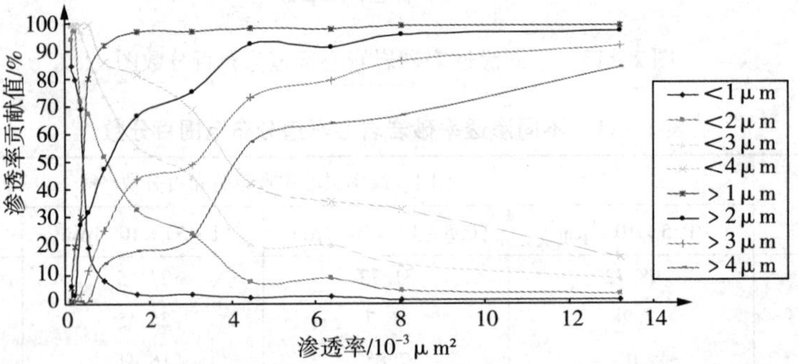


图2－15　不同渗透率条件下喉道对渗透率的贡献曲线

图2－16是不同渗透率与岩心主喉道的关系图。从图中可以看出，特低渗砂岩渗透率与主喉道半径由较好的相关关系。对于渗透率小于$0.5\times10^{-3}\mu m^2$的岩心，主喉道范围为小于1μm；对于渗透率$(0.5\sim1)\times10^{-3}\mu m^2$的岩心，主喉道半径范围为1～2μm；对于渗透率$(1\sim5)\times10^{-3}\mu m^2$的岩心，主喉道半径范围为2～4μm；对于大于$5\times10^{-3}\mu m^2$的岩心，主喉道半径大于4μm。说明随着渗透率的增加，主喉道半径增加，而且主喉道的范围更加宽泛。同时也说明当渗透率大于$0.5\times10^{-3}\mu m^2$以后，随渗透率的增加，岩心喉道分布的非均质性增加。

4. 孔隙分布特征

图2－17是不同渗透率低渗砂岩岩心孔隙分布图。从图中可以看出，不同渗透率岩心孔隙大小基本上均分布在75～200μm，没有明显差异。说明孔隙的大小与渗透率的大小没有相

关性，表明孔隙不是影响低渗砂岩储层渗流能力的主要因素，也不是影响孔喉特征的主要因素，这也说明特低渗砂岩孔喉结构的差异性主要体现在喉道上，喉道(或更确切地说是主喉道)的差异影响该类储层孔隙结构微观非均质性的强弱，进而决定开发效果的好坏。

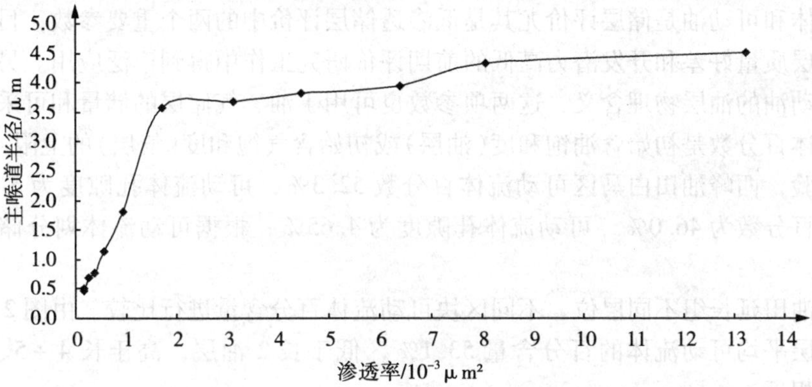


图 2－16　渗透率与主喉道半径关系图

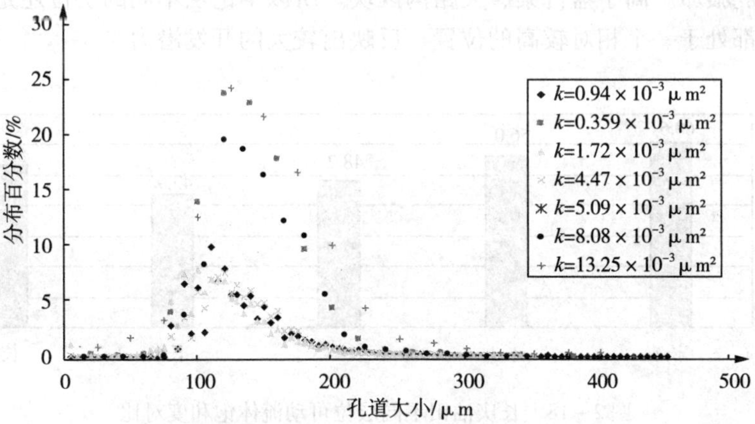


图 2－17　不同渗透率岩心孔隙分布图

上述分析可见恒速压汞比常规压汞更能准确分析低渗砂岩孔隙与喉道的差异性；渗透率越小的岩心，喉道分布越集中，随着渗透率的增大，大喉道分布逐渐增多，喉道分布范围也更加宽泛，这些较大喉道一方面相对降低了特低渗砂岩储层的开采难度(对渗透率的贡献增大)，但另一方面也导致了注水开发过程中波及系数减小；渗透率小于 $0.5\times10^{-3}\mu m^2$ 的岩心，主喉道范围小于 1μm；随着渗透率的增加，主喉道半径随之增大，分布范围更加宽泛；孔隙与渗透率大小之间基本没有相关性，特低渗砂岩孔喉结构的差异性主要体现在喉道上，喉道大小及分布影响孔隙结构的微观非均质性，进而决定开发效果的好坏。

和可动油。由于T2弛豫时间的大小取决于孔隙(孔隙大小、孔隙形态)、矿物(矿物成份、矿物表面性质)和流体(流体类型、流体粘度)等，因此岩样内可动流体和可动油含量的高低就是孔隙大小、孔隙形态、矿物成分、矿物表面性质等多种因素的综合反映。又由于孔隙大小、孔隙形态、矿物成份、矿物表面性质等是与储层质量好差和开发潜力高低密切相关的，因此可动流体和可动油是储层评价尤其是低渗透储层评价中的两个重要参数，目前已经在低渗透油气储层质量好差和开发潜力高低的前期评价研究工作中得到广泛应用。另外，根据可动流体和可动油的油层物理含义，这两项参数也可用于油、气储层的储量和可采储量的计算中，可动流体百分数是初始含油饱和度(油层)或初始含气饱和度(气层)的上限。

根据实验，西峰油田白马区可动流体百分数52.3%，可动流体孔隙度为5.78%；董志区可动流体百分数为46.0%，可动流体孔隙度为4.65%，根据可动流体划分储层标准，属于中等储层。

与长庆油田延长组不同层位、不同区块可动流体百分含量进行比较。由图2-18中可以看到长8油层平均可动流体的百分含量53.1%，低于长2油层，高于长4+5、长6油层，与长3油层相近。

与已开发的长庆其他低渗储层相比(图2-19)，西峰油田白马区可动流体百分数含量低于杏河区，高于白于山、大路沟、虎狼峁、盘古梁等，与王窑东接近。董志区低于白马、杏河、白于山、虎狼峁。高于盘古梁、大路沟区块。所以不论从不同的层位还是不层的区块比较，西峰油田都处于一个相对较高的位置，反映出较大的开发潜力。

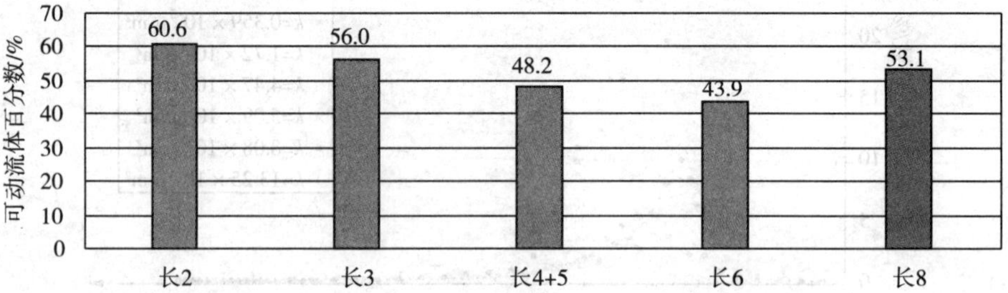


图2-18　长庆油田不同层位可动流体饱和度对比

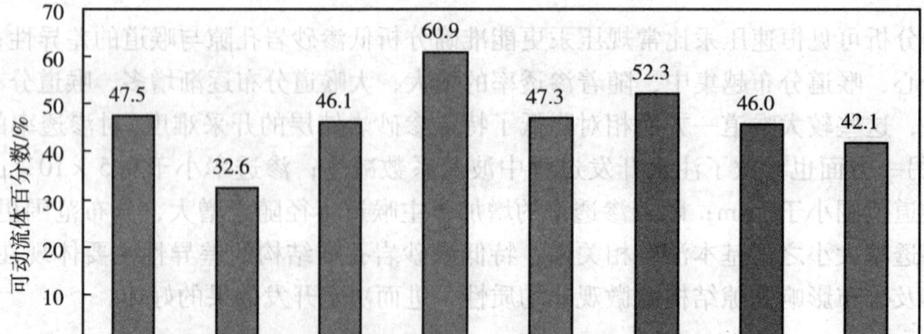


图2-19　长庆油田不同区块可动流体饱和度对比

根据8块样品的核磁共振T2谱测试，合水地区长7储层T2谱表现出双峰、单峰特征（图2－20），可动流体饱和度最小为22.35%，最大为56.05%，平均为36.48%（表2－12）。华庆地区长9地层核磁共振T2谱以双峰为主（图2－20），可动流体饱和度最小为9.1%，最大为68.6%，平均为44.76%（表2－13）。对比可见，整体上西峰油田长8储层的可动流体饱和度高，合水地区长7储层的最小。

**表2－12　合水地区长7地层核磁共振实验参数对比**

| 井　号 | 深度/m | 层位 | 长度/cm | 直径/cm | 孔隙度/% | 气测渗透率/mD | 可动流体饱和度/% |
|---|---|---|---|---|---|---|---|
| 宁52 | 1773 | 长$7_1$ | 2.72 | 2.49 | 10.3 | 0.007 | 30.03 |
| 宁52 | 1818.3 | 长$7_2$ | 2.52 | 2.472 | 9.9 | 0.01 | 34.93 |
| 阳测1 | 1980.12～1980.33 | 长$7_2$ | 2.754 | 2.508 | 11 | 0.383 | 56.05 |
| 阳测1 | 1989.06～1989.24 | 长$7_2$ | 2.76 | 2.51 | 11.2 | 0.013 | 35.53 |
| 阳测2 | 2037.7 | 长$7_2$ | 2.792 | 2.47 | 11.3 | 0.014 | 37.4 |
| 阳测2 | 2042.2 | 长$7_2$ | 2.844 | 2.472 | 11.4 | 0.018 | 47.38 |
| 庄143 | 1834.58 | 长$7_1$ | 2.314 | 2.514 | 12.2 | 0.016 | 28.2 |
| 庄143 | 1871.1 | 长$7_2$ | 2.44 | 2.526 | 11 | 0.012 | 22.35 |

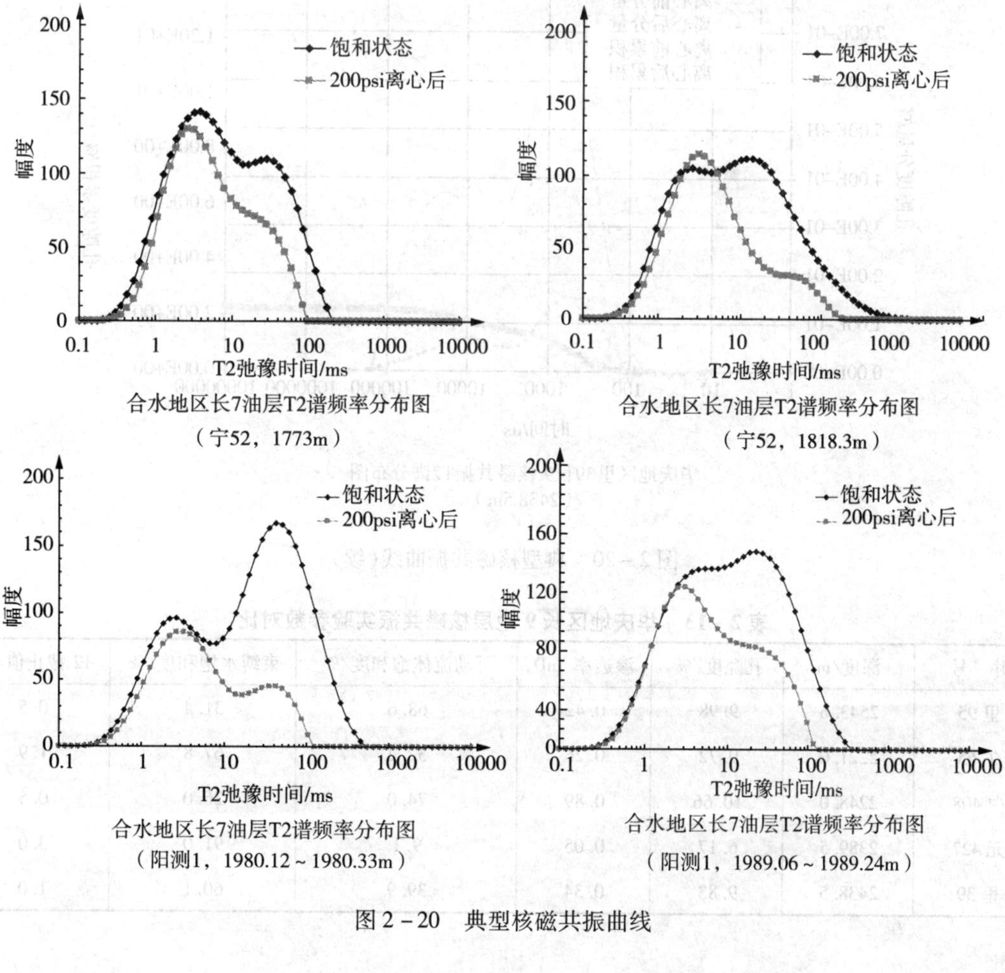


图2－20　典型核磁共振曲线

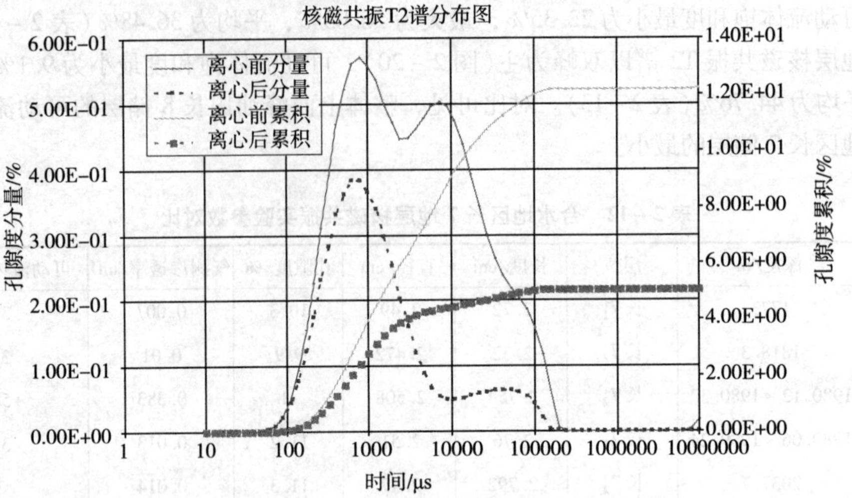


华庆地区午65长$9_2$核磁共振T2谱分布图
（2221.0m）

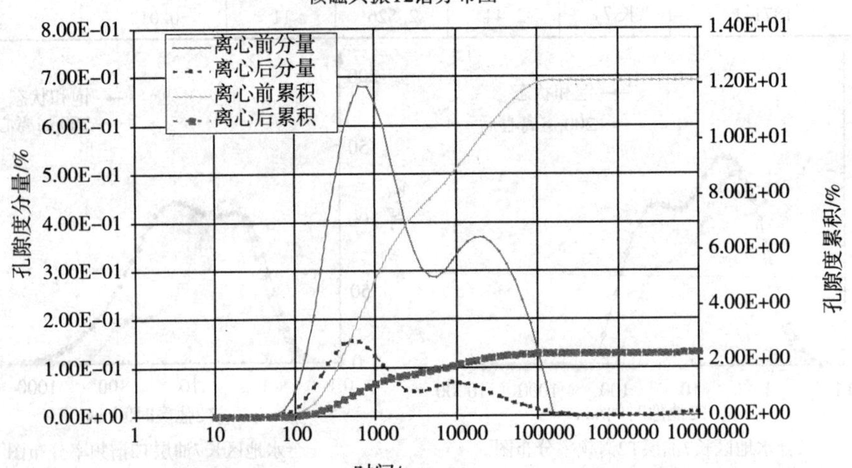


华庆地区里39长$9_2$核磁共振T2谱分布图
（2438.5m）

图2-20　典型核磁共振曲线（续）

**表2-13　华庆地区长9地层核磁共振实验参数对比**

| 井　号 | 深度/m | 孔隙度/% | 渗透率/mD | 可动流体饱和度/% | 束缚水饱和度/% | T2截止值/ms |
|---|---|---|---|---|---|---|
| 里95 | 2543.6 | 9.98 | 0.42 | 68.6 | 31.4 | 0.5 |
| 午65 | 2221.0 | 9.72 | 0.26 | 32.2 | 67.8 | 1.9 |
| 白408 | 2248.0 | 10.66 | 0.89 | 74.0 | 26.0 | 0.5 |
| 元427 | 2389.5 | 6.17 | 0.05 | 9.1 | 91.0 | 3.0 |
| 里39 | 2438.5 | 9.83 | 0.34 | 39.9 | 60.1 | 1.0 |

# 第三章　西峰油田特低渗透油藏渗流特征

达西公式是描述流体通过多孔介质渗流规律的数学表达式。自从1856年法国科学家达西(Darcy)用实验结果揭示了多孔介质渗流基本规律以来，多孔介质渗流理论不断应用于各有关技术领域，发挥了技术进步的理论基础作用。另一方面，由于技术进步也促进了多孔介质渗流理论的发展。

达西公式具有一定的适用条件。自然界有许多渗流现象并不能满足达西公式要求的条件。因此，存在许多非达西渗流现象。特低渗透储层渗流是非达西渗流现象之一。低渗非达西渗流特征对流体流动有一定影响，因而对特低渗透油田开发也有一定影响。

## 3.1　达西公式及其适用条件

### 3.1.1　达西公式

经典渗流理论，以致现代渗流理论基本上都基于达西定律，即达西线性渗流理论。长期以来，在油气田开发渗流计算中达西定律一直作为基本定律被广泛应用。

达西定律对于液体渗流的数学表达式为式(3－1)。

$$Q = \frac{K}{\mu} A \frac{\Delta P}{L} \tag{3-1}$$

式中　$Q$——标准状况下流体体积流量；

$K$——多孔介质渗透率；

$\mu$——流体黏度；

$A$——多孔介质渗流面积；

$L$——多孔介质渗流长度；

$\Delta P$——多孔介质两端压力差。

从关系式(3－1)和图3－1可以看出，达西渗流定律的特征为通过坐标原点的直线，即渗流量与压力梯度成正比。

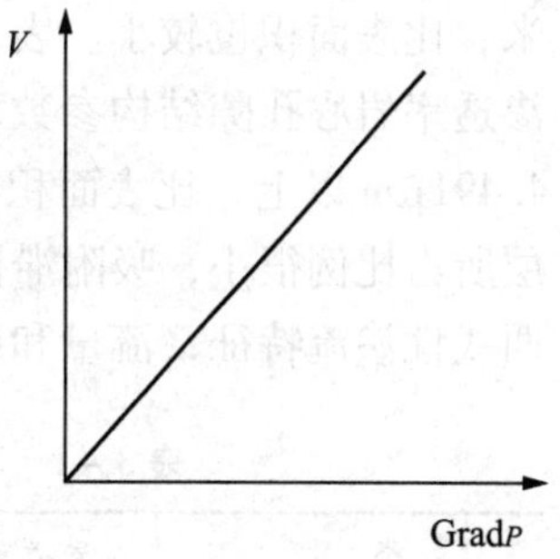


图3－1　达西渗流特征曲线

关系式(3－1)中，$\mu$表示流体性质(黏度)，$K$反映多孔介质性质(渗透率)，即允许流体通过多孔介质的能力。在达西定律中多孔介质渗透率为定值。

### 3.1.2　达西定律的适用条件

达西定律适用于一定的渗流条件，主要有以下几点：

(1)渗流流体为牛顿流体，服从牛顿内摩擦定律，应力与应变呈线性关系。

$$\tau = -\mu\gamma \tag{3-2}$$

式中 $\tau$——剪切应力；

$\gamma$——剪切速率；

$\mu$——内摩擦系数(流体黏度)，渗流过程中为常数。

(2)多孔介质中流体以层流状态流动。

(3)多孔介质性质稳定，渗流过程中孔隙结构保持不变，表示多孔介质渗流能力的渗透率值为一常数。

(4)多孔介质性质和流体性质分别为渗流方程中的独立参数，多孔介质与渗流流体之间的相互作用影响可以忽略。

实质上，达西定律描述了多孔介质中粘性流体的层流流动，与一般黏性流体运动具有相同的动力学关系，即：

$$净压力 + 净黏性力 = 0$$

## 3.2 特低渗透油藏的非达西渗流机理

特低渗透多孔介质的渗流条件，与中高渗透性多孔介质达西定律的渗流条件所有所不同。渗流过程也不相同。以下分析特低渗透储层的主要渗流机理。

### 3.2.1 启动压力

流体通过多孔介质的流动过程中，在孔隙中固液界面处存在多孔介质固体分子和流体分子之间的分子作用力。在此作用力作用下，在多孔介质孔隙孔道的表面形成一个流体吸附滞留层。固体和流体性质不同，吸附滞留层的厚度不同。根据朗格茂(Langmuir，1916)吸附理论及实验测量，这个吸附滞留层的厚度平均在0.1μm左右。吸附滞留层流体不易参与流体流动，只有当驱替压差达到一定程度，这部分流体才能克服表面分子作用力的影响参与流动。

在常规中高渗透性储层中，孔隙孔道的孔径较大，在数微米、数十微米、甚至上百微米，比表面积也较小。表3-1中统计了20个油田2670个岩心样品的压汞资料，得到不同渗透率岩心孔隙结构参数对比表。渗透率大于$100\times10^{-3}\mu m^2$的储层，平均孔隙喉道半径在4.491μm以上，比表面积在$0.48m^2/g$以下。在这种情况下，孔隙孔道半径很大，吸附滞留层所占比例很小，吸附滞留层对流体流动的影响极其微弱，以致可以忽略不计，因而呈现达西线性渗流特征，流量和压差呈线性关系。

**表3-1 不同渗透率岩心样品孔隙结构参数表(引自李道品，1998)**

| 类　别 | 渗透率/$10^{-3}\mu m^2$ | 平均喉道半径/μm | 比表面积/($m^2$/g) | 排驱压力/MPa |
|---|---|---|---|---|
| 对比层 | >100 | 4.491 | 0.48 | 0.076 |
| 中特低渗透层 | 100~50 | 1.725 | 1.36 | 0.112 |
| 一般特低渗透层 | 50~10 | 1.051 | 3.23 | 0.236 |
| 特特低渗透层 | 10~1 | 0.112 | 14.26 | 0.375 |

对于低渗多孔介质，孔隙孔道异常细小。一般特低渗透储层渗透率在$(50\sim10)\times10^{-3}\mu m^2$，

平均孔隙喉道半径为 1.051μm，比表面积达 3.23m²/g；特低渗透储层渗透率在$(10\sim1)\times10^{-3}$ μm²，平均孔隙喉道半径更为细小，仅为 0.112μm，而比表面积却高达 14.26m²/g。在这种情况下，孔隙半径和吸附滞留层厚度在同一个数量级上，甚至更小。这时细小孔隙中的流体欲要流动，必须有足够的能量克服固液界面分子作用力，才能使吸附滞留层参与流动。所以，细小孔隙中的流体流动具有启动压力。这是低渗多孔介质流体流动和中高渗透性多孔介质流体流动的重要不同点，也是形成特低渗非达西渗流的主要微观机理。

## 3.2.2　流动孔隙数

储层中的孔隙系统是由无数大小不等的孔隙组成。特低渗透储层是由无数大小不等的细小孔隙孔道组成。表 3－2 为西峰油田岩心孔径分布数据表。所测岩心渗透率在$(4.23\sim0.106)\times10^{-3}$ μm²。孔径大于 5μm 的孔隙几乎没有。5～1μm 也较少，占 14.223%，并且主要是渗透率相对较高的岩心。孔径主要分布在 1～0.1μm，占到 52.84%。小于 0.1μm 的孔隙占 32.90%。因此绝大多数孔径在 1μm 以下，并且小于 0.1μm 的孔隙占一定比例。

**表 3－2　西峰油田储层特低渗透岩心孔径分布数据表**

| 井　号 | 渗透率/$10^{-3}$ μm² | 不同大小孔喉占总孔隙的百分数/% | | | |
|---|---|---|---|---|---|
| | | >5μm | 5～1μm | 1～0.1μm | <0.1μm |
| 西 15 | 4.23 | 0.16 | 47.52 | 39.77 | 12.55 |
| 镇 229 | 1.91 | 0 | 12.81 | 64.6 | 22.59 |
| 西 33 | 1.69 | 0 | 42.16 | 42.05 | 15.79 |
| 西 43 | 0.731 | 0 | 0 | 75.99 | 24.01 |
| 庄 61－23 | 0.662 | 0 | 0 | 36.36 | 63.64 |
| 西 17 | 0.603 | 0.16 | 31.43 | 53.73 | 14.68 |
| 西 33 | 0.485 | 0 | 4.3 | 80.12 | 15.57 |
| 镇 229 | 0.326 | 0 | 0 | 64.3 | 35.7 |
| 西 44 | 0.318 | 0 | 4.01 | 45.95 | 50.04 |
| 西 44 | 0.106 | 0 | 0 | 25.53 | 74.47 |
| 平均 | | 0.032 | 14.223 | 52.84 | 32.904 |

启动压力的大小与孔径有关，孔径越大启动压力越小。相反，孔径越小启动压力越大。一定孔径的孔隙，只有达到一定的压力梯度，其中流体才能克服吸附滞留层所形成的附加渗流阻力开始流动。较大孔隙的吸附滞留层占据的空间相对较小，附加渗流阻力也较小，在较低压力梯度下就能开始参与流动。而对于较小孔径的孔隙，吸附滞留层占据的空间比例很大，所形成的附加渗流阻力也很大，必须有较大的压力梯度才能使其中的流体开始流动。因此，各种不同孔径的孔隙何时开始参与流动与压力梯度密切相关。也就是说，流动孔隙数与压力梯度有关。在低压力梯度下，只有少数大孔隙中的流体参与流动。随着压力梯度的逐渐提高，逐渐有较小的孔隙孔道中的流体参与流动。不同压力梯度条件下，流动孔隙数是不同的。

流动孔隙数的多少反映了岩石的渗流能力。特低渗透储层中压力梯度不同，流动孔隙数不同，渗流能力也不相同。因此，在特低渗透储层中渗透率是个变量，是压力梯度的函数。

### 3.2.3 附加渗流阻力

单个细小孔隙孔道在压力梯度达到启动压力梯度后，其中流体开始参与流动，并随压力梯度的继续提高呈拟线性增长。在整个流动的过程中，启动压力梯度的影响一直存在。启动压力梯度所反映的是该孔径孔隙孔道的附加渗流阻力。孔径越大附加渗流阻力越小，孔径越小附加渗流阻力越大。

低渗非达西渗流曲线非线性段中，各点切线与压力梯度轴的交点 $\mathrm{Grad}P_b$，称为拟启动压力梯度。它实际上反映了已参与流动的各不同孔径孔隙孔道的综合附加渗流阻力。参与流动的细小孔隙越多，附加渗流阻力越大。所以随着压力梯度的增大，参与流动的孔隙数增多，储层渗流能力增大，渗流量增大，但同时附加渗流阻力也增大。

总之，特低渗透储层由于孔隙孔道细小，固体表面液体吸附滞留层的影响已不能忽略。吸附滞留层影响的存在使细小孔隙孔道具有启动压力。孔隙孔径越小，启动压力梯度越大，流体流动的附加渗流阻力越大。随压力梯度的提高，流动孔隙数增加，渗流能力增大。所以，储层渗透率和压力梯度有关，储层渗透率是压力梯度的函数。

## 3.3 西峰油田特低渗透油藏渗流特征

渗流实验选用西峰油田储层不同渗透率岩心，渗透率分别为 $15.461\times10^{-3}\mu m^2$、$7.63\times10^{-3}\mu m^2$、$1.54\times10^{-3}\mu m^2$、$0.709\times10^{-3}\mu m^2$、$0.585\times10^{-3}\mu m^2$ 和 $0.262\times10^{-3}\mu m^2$。渗流流体为模拟油，黏度为 1.245mPa·s，实验温度为49℃。

### 3.3.1 特低渗透岩心基本渗流特征

实验样品的渗流曲线如图 3-2 所示，从上述特低渗透岩心渗流实验得到的渗流曲线可以看出，渗流曲线并非通过坐标原点的直线，渗流量和压力梯度不成线性关系，即存在低渗非达西渗流特征。

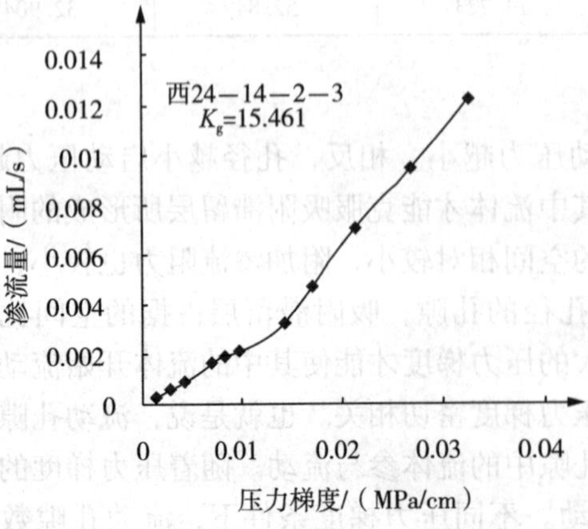


渗流曲线（$K=15.461\times10^{-3}\mu m^2$）

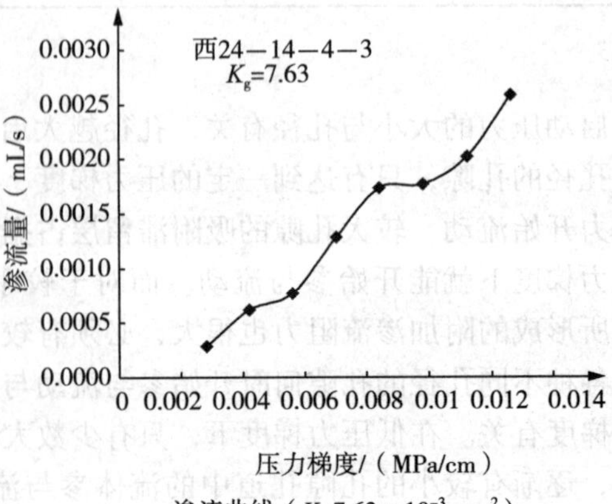


渗流曲线（$K=7.63\times10^{-3}\mu m^2$）

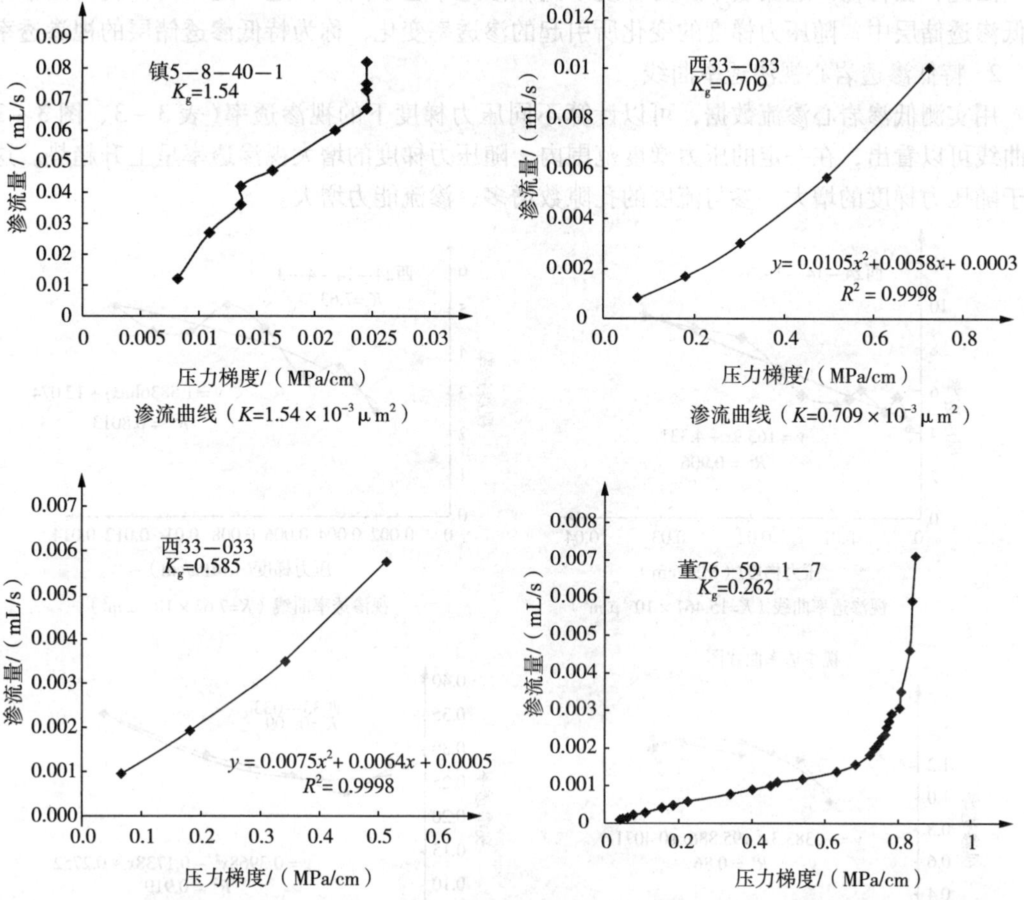


渗流曲线（$K=1.54\times10^{-3}\mu m^2$）　渗流曲线（$K=0.709\times10^{-3}\mu m^2$）

渗流曲线（$K=0.585\times10^{-3}\mu m^2$）　渗流曲线（$K=0.262\times10^{-3}\mu m^2$）

图 3－2　西峰油田长 8 渗流曲线

## 3.3.2　特特低渗透油藏视渗透率

1. 视渗透率的概念

由上述分析可以看出，启动压力梯度，流动孔隙数，附加渗流阻力都和压力梯度有关，又都影响储层的渗流能力。压力梯度的大小不仅直接影响渗流量的大小，而且影响储层的渗透率。

如果仍以渗流量与压力梯度的关系来定义渗透率的话，则在低渗非达西渗流的情况下，可用下式计算各压力梯度下的视渗透率：

$$K_s = \frac{Q \cdot \mu}{A \cdot \mathrm{Grad}P}$$

此式与达西公式的不同点在于，适用于中高渗透性储层的达西公式中，渗透率 $K$ 是定值。对于选定的中高渗岩心，渗透率不随压力梯度的变化而变化。特低渗透岩心渗流实验结果则不同，根据渗流曲线中渗流量与压力梯度的关系，用上式计算各压力梯度下的视渗透率，渗流量和压力梯度关系式中的视渗透率 $K_s$ 是个变量，在一定压力梯度范围内，它随压力梯度的增大而增大。

因此，在特低渗透储层中压力梯度不同，渗透率也不同，渗透率是压力梯度的函数。在特低渗透储层中，随压力梯度的变化所引起的渗透率变化，称为特低渗透储层的视渗透率。

2. 特低渗透岩心视渗透率曲线

用实测低渗岩心渗流数据，可以计算不同压力梯度下的视渗透率（表 3－3、图 3－3）。由曲线可以看出，在一定的压力梯度范围内，随压力梯度的增大视渗透率呈上升趋势。这是由于随压力梯度的增大，参与流度的孔隙数增多，渗流能力增大。

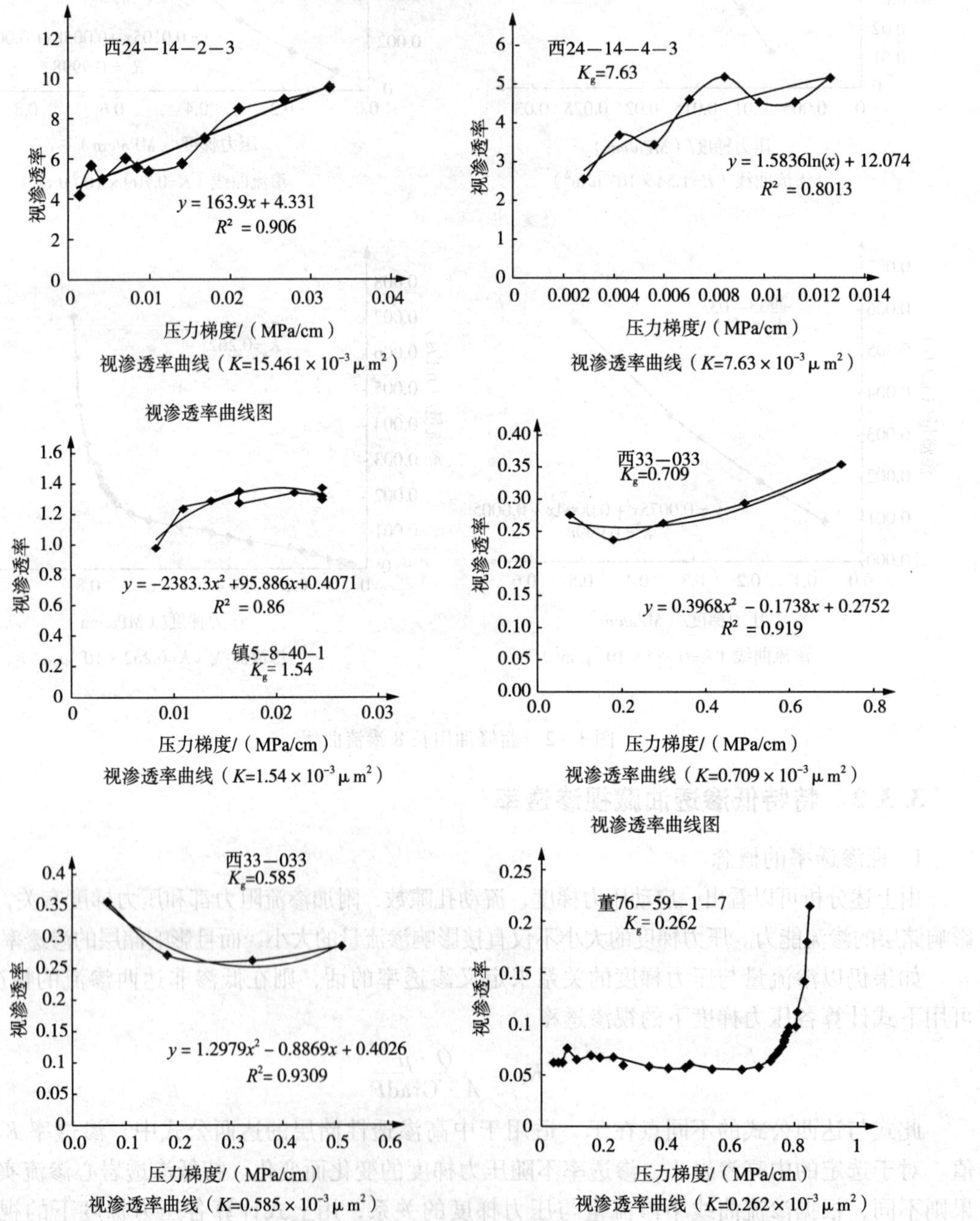


图 3－3　不同样品的视渗透率曲线

**表 3－3　单相渗流数据表**

| 岩心号：西 24－14(2－3) | | | 岩心号：西 24－14(4－3) | | | 岩心号：镇 5－8(40－1) | | |
|---|---|---|---|---|---|---|---|---|
| $K=15.461\times10^{-3}\mu m^2$ | | | $K=7.63\times10^{-3}\mu m^2$ | | | $K=1.54\times10^{-3}\mu m^2$ | | |
| $P/L$/(MPa/cm) | $Q/t$/(mL/s) | $K_s$/$10^{-3}\mu m^2$ | $P/L$/(MPa/cm) | $Q/t$/(mL/s) | $K_s$/$10^{-3}\mu m^2$ | $P/L$/(MPa/cm) | $Q/t$/(mL/s) | $K_s$/$10^{-3}\mu m^2$ |
| 0.0014 | 0.0002 | 4.1724 | 0.0028 | 0.0003 | 2.5404 | 0.0082 | 0.0120 | 0.9842 |
| 0.0028 | 0.0006 | 5.6625 | 0.0042 | 0.0006 | 3.6860 | 0.0109 | 0.0270 | 1.2371 |
| 0.0042 | 0.0008 | 4.9671 | 0.0056 | 0.0008 | 3.4370 | 0.0136 | 0.0360 | 1.2836 |
| 0.0070 | 0.0017 | 6.0202 | 0.0070 | 0.0013 | 4.6025 | 0.0136 | 0.0420 | 1.2890 |
| 0.0084 | 0.0019 | 5.5632 | 0.0084 | 0.0017 | 5.1803 | 0.0163 | 0.0470 | 1.3539 |
| 0.0098 | 0.0021 | 5.3645 | 0.0098 | 0.0018 | 4.5257 | 0.0163 | 0.0470 | 1.2711 |
| 0.0141 | 0.0032 | 5.7519 | 0.0112 | 0.0020 | 4.5203 | 0.0218 | 0.0600 | 1.3386 |
| 0.0169 | 0.0047 | 7.0036 | 0.0126 | 0.0026 | 5.1471 | 0.0245 | 0.0670 | 1.3287 |
| 0.0211 | 0.0071 | 8.4640 | | | | 0.0245 | 0.0730 | 1.3050 |
| 0.0267 | 0.0094 | 8.8938 | | | | 0.0245 | 0.0750 | 1.3180 |
| 0.0323 | 0.0123 | 9.5239 | | | | 0.0245 | 0.0820 | 1.3747 |
| 0.0773 | 0.0008 | 0.2757 | 0.0665 | 0.0009 | 0.3555 | 0.0416 | 0.0001 | 0.0615 |
| 0.1800 | 0.0017 | 0.2367 | 0.1800 | 0.0019 | 0.2710 | 0.1109 | 0.0003 | 0.0653 |
| 0.3000 | 0.0031 | 0.2627 | 0.3410 | 0.0035 | 0.2623 | 0.1547 | 0.0004 | 0.0688 |
| 0.4930 | 0.0057 | 0.2938 | 0.5120 | 0.0057 | 0.2854 | 0.1848 | 0.0005 | 0.0669 |
| 0.7228 | 0.0100 | 0.3536 | | | | 0.2240 | 0.0006 | 0.0666 |
| | | | | | | 0.3395 | 0.0008 | 0.0590 |
| | | | | | | 0.4018 | 0.0009 | 0.0572 |
| | | | | | | 0.4503 | 0.0010 | 0.0568 |
| | | | | | | 0.5381 | 0.0012 | 0.0562 |
| | | | | | | 0.6328 | 0.0014 | 0.0559 |
| | | | | | | 0.6859 | 0.0016 | 0.0584 |
| | | | | | | 0.7252 | 0.0018 | 0.0640 |
| | | | | | | 0.7644 | 0.0024 | 0.0791 |
| | | | | | | 0.8037 | 0.0031 | 0.0975 |
| | | | | | | 0.8314 | 0.0046 | 0.1414 |
| | | | | | | 0.8383 | 0.0059 | 0.1804 |
| | | | | | | 0.8476 | 0.0071 | 0.2141 |

### 3.3.3 压力梯度分布和视渗透分布对油田开发的影响

特低渗透油田在注水开发的情况下，储层中的压力分布和压力梯度分布是不均衡的。注水井附近地层压力较高，压力梯度较大；生产井附近地层压力较低，压力梯度也较大；由于压力梯度较大，视渗透率也较大。

注采井之间的广大地带压力分布较为均匀，压力梯度很小，因此视渗透率也较小。根据地层中压力梯度和视渗透率分布状况，及其对渗流能力的影响，可将地层中渗流状况分为两部分。图3－4是注采井间压力分布、压力梯度分布和视渗透率分布示意图。

1. 易流动半径

由特低渗透储层视渗透率与压力梯度关系曲线可知，在注水井附近地层压力高，压力梯度高，因而视渗透率也高，渗流能力较强。在距井半径一定的范围内储层具有较高的渗流能力。由视渗透率曲线可以看出，大于临界压力梯度的情况下，储层具有较高的视渗透率。如果以临界压力梯度为划分界限的话，那么地层中大于临界压力梯度的半径范围内具有较高的渗流能力，称为易流动半径。

特低渗透储层注水井附近地层中，随距井半径的扩大压力降低很快，压力梯度降低也很快，因而视渗透率降低也很快，所以特低渗透储层中易流动半径很小，据计算仅有数米。

同样，在生产井附近地层中，虽然有较大的压力梯度，但影响半径也很小，易流动半径也很小。同时，由于生产井附近地层压力降落很大，地层压力低，所造成的压力敏感性伤害也较大，这又降低了地层的渗流能力，使油井产液量不高。所以注水井和生产井附近的易流动半径很有限。

2. 不易流动带

在注采井之间的广大中间地带，通常压力梯度很小，视渗透率也很低，渗流能力很低，称为不易流动带。

特低渗透储层中，这样的压力梯度分布和视渗透率分布对油田注水开发造成很大影响。注水井和生产井附近地带虽有较高的压力梯度和视渗透率，但影响范围很小。而中间广大的不易流动带，对注水开发造成极为不利的影响。

首先，注水井注入的水不易通过不易流动带扩散到远处地层，注入水聚集在注水井附近地层，形成局部高压区，使注水压力逐步升高，注水量逐步减小。如果储层渗透率很低，又没有裂缝系统，则会出现地层不吸水的现象。大多数特低渗透油田都程度不同地存在注水困难的问题。

生产井存在供液不足的问题，这同样是因为不易流动带压力梯度小，视渗透率低，渗流量小，不能及时向生产井附近地层和生产井补充地层流体。生产井附近地层很快形成局部低压区。在生产上表现出产量递减快，产能低。

上述情况说明，特低渗透储层不易流动带压力梯度低，视渗透率低、分布广（图3－4）。注入水不易通过这个地带，不易形成有效的水驱，因而出现“注不进，采不出”的状况。

### 3.3.4 改善特低渗透储层开发效果的途径

针对上述特低渗透储层开发中存在的问题，改善开发效果的途径有以下几方面。

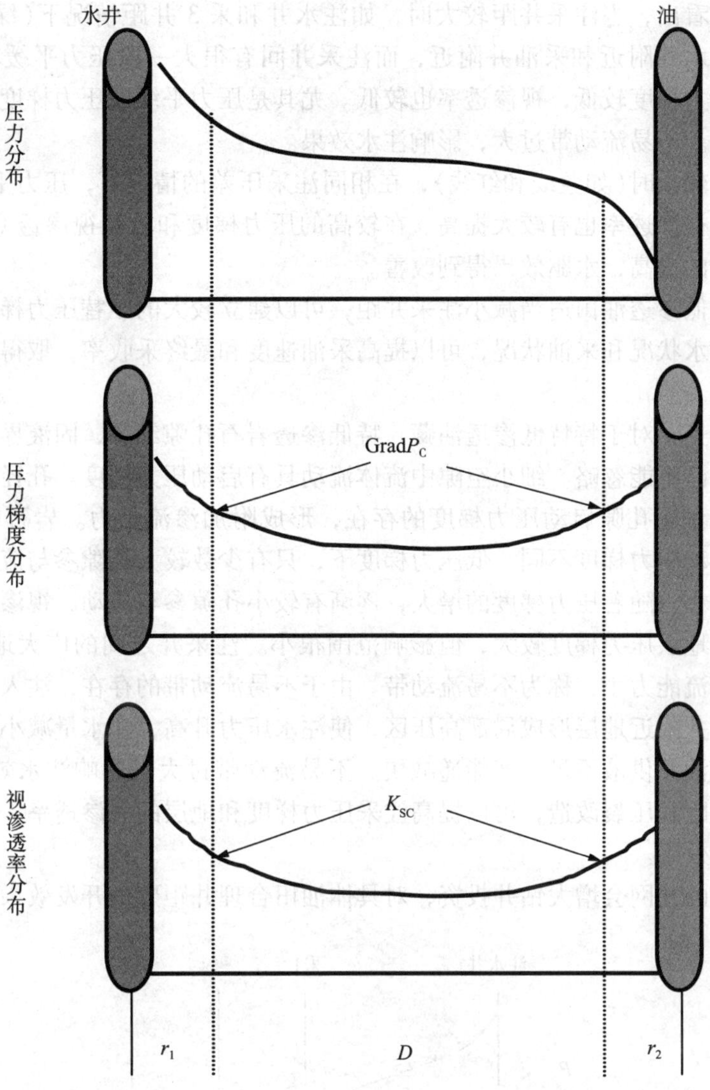


图 3－4　储层中视渗透率分布示意图

1. 压裂改造，扩大易流动半径

扩大易流动半径可以使注入水能够进入地层深处，生产井能够得到深处地层的流体供给，可以增大注水量和采液量。同时能减小不易流动带，提高生产压差。通常采用压裂改造的方法实现这一目的。压裂所形成的裂缝起导流作用，它改变了地层流体的流动方向，由平面径向流改变为线性流。线性流具有较大的流动压差和较大的渗流截面，同时具有较大的易流动距离，可使渗流量提高。

2. 减小注采井距，减小不易流动带

常规井距对特低渗透油田显得过大，不易实现有效的水驱。适当减小井距可减小不易流动带，减小流动阻力，提高不易流动带的压力梯度和视渗透率，这都有利于提高水驱效果。如图 3－5 是储层中不同注采井距情况下，注采井间的压力分布、压力梯度分布和视渗透率分布示意图。

由图中可以看出，当注采井距较大时，如注水井和采3井距情况下(绿线)，储层中压力损失主要在注水井附近和采油井附近，而注采井间有很大一段压力平缓段。在这种情况下，注采井间压力梯度较低，视渗透率也较低。尤其是压力平缓段压力梯度和视渗透率均较低，渗流量很小。不易流动带过大，影响注水效果。

当注采井距较小时(如兰线和红线)，在相同注采压差的情况下，压力平缓段大大减小，压力梯度增大，视渗透率也有较大提高。在较高的压力梯度和较高视渗透率的双重作用下，渗流量会有较大的提高，水驱效果得到改善。

因此，对特低渗透油田适当减小注采井距，可以建立较大的驱替压力梯度和有效的驱油效果，能改善注水状况和采油状况，可以提高采油速度和最终采收率，取得较好的开发效果和经济效益。

上述分析可见，对于特特低渗透油藏，特低渗透岩石孔隙细小，固液界面吸附滞留层对流体流动的影响已不能忽略。细小空隙中流体流动具有启动压力梯度。孔径越小，启动压力梯度越大。)由于细小孔隙启动压力梯度的存在，形成附加渗流阻力。岩石中孔径分布不均匀，孔径不同启动压力梯度不同。低压力梯度下，只有少数较大孔隙参与流动，视渗透率较低，渗流能力较小。随着压力梯度的增大，逐渐有较小孔隙参与流动，视渗透率增大。注水井和生产井附近地层压力梯度较大，但影响范围很小。注采井之间的广大地层压力梯度小，视渗透率低，渗流能力小，称为不易流动带。由于不易流动带的存在，注入水不易扩散到地层深处，在注水井附近地层形成局部高压区，使注水压力升高，注水量减小。在生产井出现局部低压区，使油井供液不足，产能递减快。不易流动带过大是影响注水效果的主要因素。适当减小注采井距和压裂改造，可以提高注采压力梯度和地层的视渗透率，有利于改善特低渗透储层的驱油效果。

当然，过密的井网会增大钻井投资，对具体油田合理井距要由开发效果和技术经济指标来确定。

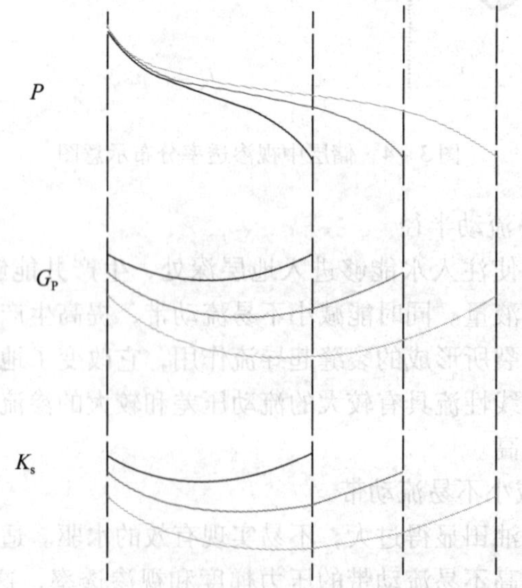


图3-5　储层中压力分布、压力梯度分布、视渗透率分布与注采井距关系示意图

## 3.4　西峰油田特低渗透油藏的油水两相渗流特征

### 3.4.1　实验样品

选用16块岩心，进行了油水两相渗流实验，其中，渗透率较高的岩心3块，渗透率范围(2.567～19.759)×$10^{-3}$μ$m^2$。渗透率范围(0.718～1.990)×$10^{-3}$μ$m^2$的岩心8块。渗透率较低的岩心5块，渗透率范围(0.233～0.464)×$10^{-3}$μ$m^2$。

原油样品采用西峰油田原油配注的模拟油，在50℃下模拟油黏度为1.38mPa·s。驱替水为地层水，在50℃下驱替水粘度为0.752mPa·s。实验温度50℃。

### 3.4.2　西峰油田油水两相有效渗透率

1. 油水两相有效渗透率与绝对渗透率的关系

16块岩心的绝对渗透率范围(19.759～0.233)×$10^{-3}$μ$m^2$，典型样品的相对渗透率曲线如图3-6。从实验数据和曲线可以看出，在束缚水时的油相有效渗透率普遍较低，在

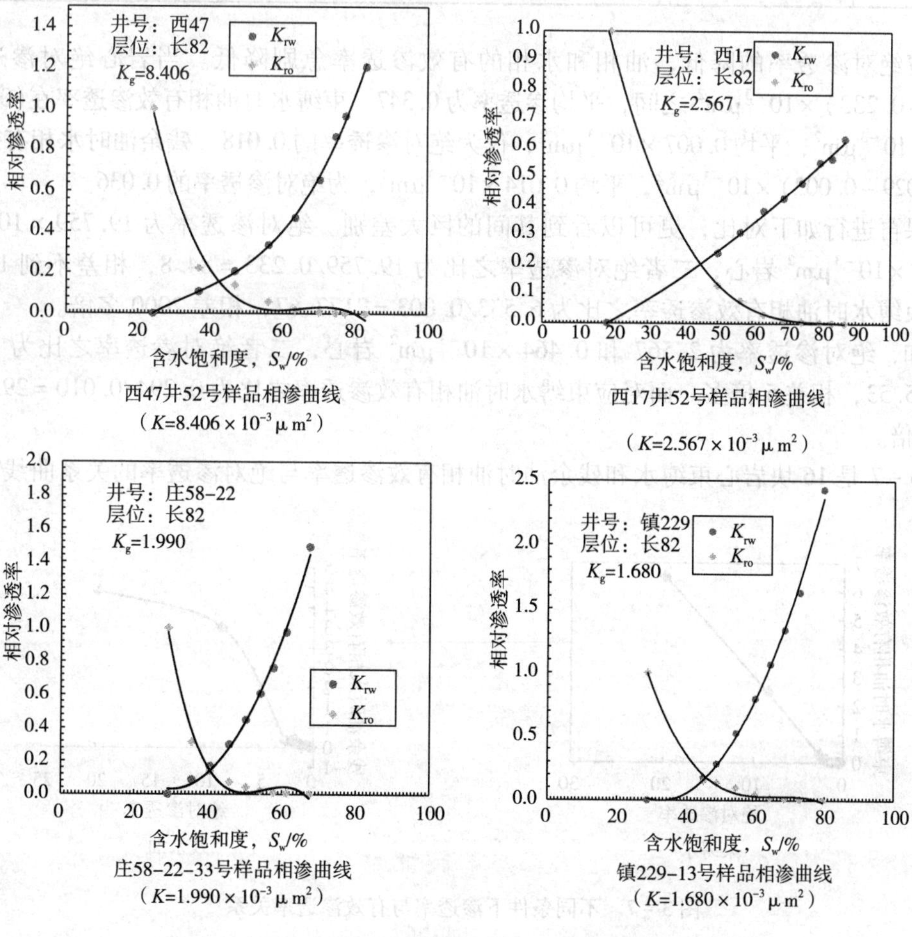


图3-6　实验样品的典型相渗曲线

$(6.533 \sim 0.003) \times 10^{-3} \mu m^2$，为绝对渗透率的0.33～0.0129。并且岩心绝对渗透率越低，油相有效渗透率降低幅度越大。同样，在残余油时水相有效渗透率也很低，在$(3.926 \sim 0.0108) \times 10^{-3} \mu m^2$，为绝对渗透率的0.3574～0.0086。

如果在此渗透率范围内，分三个渗透率区间。表3－4列出了三类岩心各相流体有效渗透率的平均值。统计平均结果对比表明，岩心绝对渗透率较高的一组岩心，渗透率在$(19.759 \sim 2.567) \times 10^{-3} \mu m^2$之间，平均渗透率为$10.244 \times 10^{-3} \mu m^2$。束缚水时油相有效渗透率在$(6.533 \sim 2.94) \times 10^{-3} \mu m^2$，平均为$3.106 \times 10^{-3} \mu m^2$，为绝对渗透率的0.247。残余油时水相有效渗透率在$(3.926 \sim 0.186) \times 10^{-3} \mu m^2$，平均$2.372 \times 10^{-3} \mu m^2$，为绝对渗透率的0.21。

**表3－4 油水两相有效渗透率数据表**

| 分类 | 气测绝对渗透率/$10^{-3} \mu m^2$ | | 束缚水时油相有效渗透率/$10^{-3} \mu m^2$ | | | 残余油时水相有效渗透率/$10^{-3} \mu m^2$ | | |
|---|---|---|---|---|---|---|---|---|
| | 范围 | 平均 | 范围 | 平均 | $K_{io}/K_g$ | 范围 | 平均 | $K_{rw}/K_g$ |
| 高渗 | 19.759～2.567 | 10.244 | 6.533～0.294 | 3.106 | 0.247 | 3.926～0.186 | 2.372 | 0.210 |
| 中渗 | 1.990～0.718 | 1.556 | 0.131～0.008 | 0.063 | 0.038 | 0.195～0.017 | 0.112 | 0.071 |
| 低渗 | 0.464～0.233 | 0.347 | 0.010～0.003 | 0.007 | 0.018 | 0.029～0.002 | 0.014 | 0.036 |

随着绝对渗透率的降低，油相和水相的有效渗透率急剧降低。当岩心绝对渗透率在$(0.464 \sim 0.233) \times 10^{-3} \mu m^2$之间，平均渗透率为0.347。束缚水时油相有效渗透率在$(0.010 \sim 0.003) \times 10^{-3} \mu m^2$，平均$0.007 \times 10^{-3} \mu m^2$，仅为绝对渗透率的0.018。残余油时水相有效渗透率在$(0.029 \sim 0.002) \times 10^{-3} \mu m^2$，平均$0.014 \times 10^{-3} \mu m^2$，为绝对渗透率的0.036。

如果再进行如下对比，更可以看到其间的巨大差别。绝对渗透率为$19.759 \times 10^{-3} \mu m^2$和$0.233 \times 10^{-3} \mu m^2$岩心，二者绝对渗透率之比为19.759/0.233＝84.8，相差不到100倍。而二者束缚水时油相有效渗透率之比为6.533/0.003＝2177.67，相差2000多倍。

又如，绝对渗透率为2.567和$0.464 \times 10^{-3} \mu m^2$岩心，二者绝对渗透率之比为2.567/0.464＝5.53，相差5倍多。而对应束缚水时油相有效渗透率之比为0.294/0.010＝29.4，相差近30倍。

图3－7是16块岩心束缚水和残余油时油相有效渗透率与绝对渗透率的关系曲线。可以

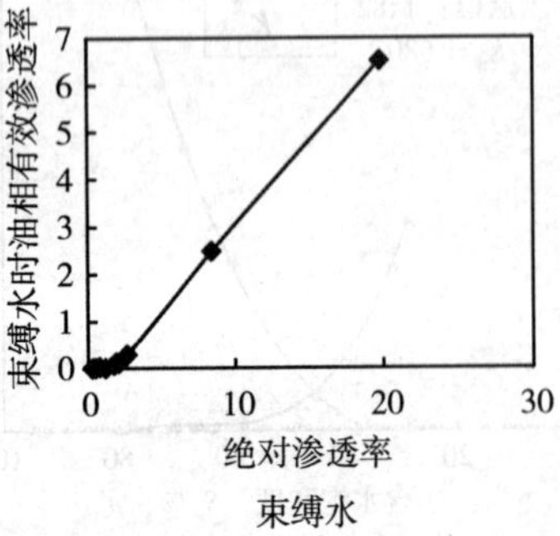


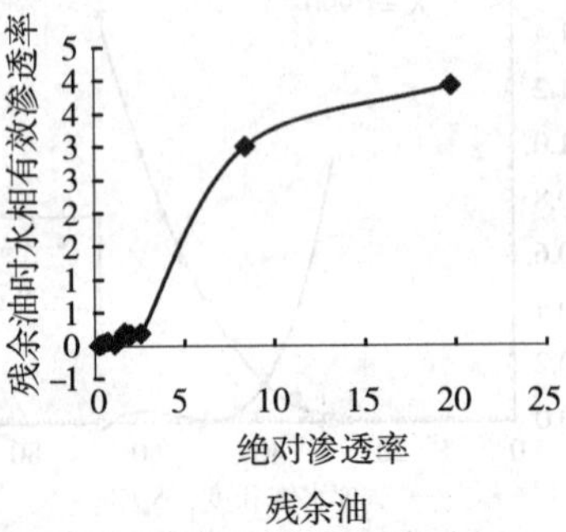


图3－7 不同条件下渗透率与有效渗透率关系

看出，绝对渗透率在 $2.567\times10^{-3}\mu m^2$ 以下的岩心，不管是油相还是水相的有效渗透率都是很低的。特别是绝对渗透率小于 $0.464\times10^{-3}\mu m^2$ 的储层，油相和水相有效渗透率降低幅度更大，产液量和产油量会更低。

2. 特低渗透岩石的渗流阻力分析

特低渗透岩石在油水两相流体流动时，主要包括以下渗流阻力。

(1) 低渗储层孔隙孔道的启动压力梯度及附加渗流阻力。上述分析表明造成非达西渗流特征的原因是细小孔隙孔道存在启动压力梯度。当孔径小到一定程度，固液界面吸附滞留层对流体流动的影响已不能忽略。只有驱替压力达到一定程度，能够克服固液界面吸附滞留层的影响，流体才能流动。对细小孔隙，流体开始流动时的驱替压力梯度称为启动压力梯度。这个吸附滞留层造成的流动阻力称为附加渗流阻力。

孔隙孔径越小，附加渗流阻力越大，流体流动的启动压力梯度也越大。这是造成低渗多孔介质非达西渗流特征的根本原因。储层中的孔隙结构是不均匀的，孔径大小不等，在低压力梯度的情况下，只有较大孔径的孔隙能够参与流动，较小孔径的孔隙因未达到启动压力梯度而不能参与流动。当驱替压力梯度增大时，有一批较小孔隙能够启动。随驱替压力梯度不断增大，有越来越小的孔隙参与流动，直到所有可流动孔隙都参与流动。低渗储层中，孔径大小不同，孔隙的启动压力梯度也不同。因此，在低渗非达西渗流曲线中表现为非线性段，参与流动的孔隙越多，视渗透率越大。

随着驱替压力梯度的继续增大，渗流曲线进入拟线性段。这时渗流量与驱替压力梯度成拟线性关系。拟线性段曲线的反向延长线与压力梯度轴有一正值交点，称为拟线性段的拟启动压力梯度 $\mathrm{Grad}P_b$。

因此，对于低渗多孔介质，必须克服吸附滞留层的分子作用力造成的附加渗流阻力，流体才能流动。平均孔径越小，这个附加渗流阻力越大，可用下式表示。

$$P_1 = \mathrm{Grad}P_b$$

(2) 黏滞阻力。流体在静止时不能承受切应力，但是在流体运动时，相邻两层流体间的相对运动却存在内摩擦力，或对相对滑动速度存在抵抗力，这称为流体的黏性应力或黏滞力。流体所具有的这种抵抗两层流体相对滑动，或者说是抵抗变形的性质称为黏性，或黏度和黏滞系数。

毛细管中流体流动的黏滞阻力为：

$$P_2 = \frac{8\mu LV}{r^2}$$

黏滞阻力与流体黏度、毛细管长度和流动速度成正比，与毛细管半径的平方产反比。渗透率越低的储层平均孔径越小，黏滞阻力越大。

(3) 毛细管阻力。在油水两相流动的过程中，从微观看存在压力的不稳定性和油水流动的不连续性。这样在一些孔隙中，尤其在一些细而长的孔隙中，会出现油水相间段塞的状况。在流动的状态下，每个段塞前缘弯月面曲率增大，接触角减小，称为后退接触角 $\theta_R$；后缘弯月面曲率减小，接触角增大，称为前进接触角 $\theta_A$。此时 $\theta_A>\theta_R$。每一个段塞运动时，由于接触角滞后所引起的压力降为：

$$P_3 = \frac{2\sigma}{r}(\cos\theta_R - \cos\theta_A)$$

因为 $\theta_A>\theta_R$，所以 $\cos\theta_A<\cos\theta_R$。上式为一个段塞运动时所具有的毛细管阻力。同样毛

细管阻力与孔隙半径成反比，孔隙半径越小毛细管阻力越大。

(4)渗流阻力综合分析。对于高渗透多孔介质，孔径较大，吸附滞留层所引起的附加渗流阻力对流体流动的影响很微弱，可以忽略。并且由于孔径大，黏滞阻力和毛细管阻力都较小。因此总渗流阻力较小。

对于特低渗透多孔介质，三项渗流阻力都和孔径密切相关，渗透率越低，孔径越细小，附加渗流阻力、黏滞阻力和毛细管阻力越大。

$$P_1 = \text{Grad}P_b$$

$$P_2 = \frac{8\mu LV}{r^2}$$

$$P_3 = \frac{2\sigma}{r}(\cos\theta_R - \cos\theta_A)$$

欲使特低渗透多孔介质中的流体流动，必须施加较大的驱替压力梯度。如果驱替压力梯度不能克服上述最小渗流阻力，则特低渗透多孔介质中的流体不能流动。

当驱替压力梯度达到最小渗流阻力时，多孔介质中的流体开始流动。在特低渗透油田注水开发中，表现为当注水压力达到一定程度，地层才明显吸水。这一压力通常称为特低渗透储层的启动压力。由于储层孔隙孔径大小不等，应当认为，特低渗透储层所谓的启动压力并不是一个突然出现的情况，只是地层明显吸水的现象。

当驱替压力梯度大于启动压力梯度后，随着驱替压力梯度的增大，渗流量增大，油井产液量增大。但是对于特低渗透储层，往往需要很大的驱替压力梯度。为解决特低渗透储层的有效开发问题，关键在于有效提高基质中的驱替压力梯度。

### 3.4.3 两相流动范围

油水两相渗流实验表明，西峰油田储层岩心束缚水饱和度较低，16 块岩心束缚水饱和度范围在 9.8% ~37.50%。并且，束缚水饱和度和岩石绝对渗透率关系并不明显。

但是，残余油时含水饱和度则和绝对渗透率有明显的关系。残余油时含水饱和度在 86.80% ~52.60%%。按上述三个渗透率区间，残余油时平均含水饱和度依次为 82.73%、74.59%、64.46%(表 3-5)。这说明，最终剩余油饱和度和岩石绝对渗透率明显相关，绝对渗透率越高，残余油饱和度越低，而绝对渗透率越低，残余油饱和度越高。

**表 3-5　含水饱和度及两相区范围数据表**

| 分类 | 气测绝对渗透率 $K_g/10^{-3}\mu m^2$ | | 束缚水饱和度/% | | 残余油时含水饱和度/% | | 两相区范围/% | |
|---|---|---|---|---|---|---|---|---|
| | 范围 | 平均 | 范围 | 平均 | 范围 | 平均 | 范围 | 平均 |
| 高 | 19.759 ~2.567 | 10.244 | 26.50 ~18.50 | 23.10 | 86.80 ~78.50 | 82.73 | 68.30 ~52.00 | 59.63 |
| 中 | 1.990 ~0.718 | 1.556 | 37.50 ~17.00 | 29.76 | 80.30 ~65.70 | 74.59 | 51.80 ~38.70 | 44.83 |
| 低 | 0.464 ~0.233 | 0.347 | 37.40 ~9.80 | 24.52 | 70.10 ~52.60 | 64.46 | 53.90 ~31.50 | 39.94 |

残余油时含水饱和度，和束缚水饱和度之差为含水饱和度变化范围，它反映驱油效率的高低。16 块岩心两相流动区范围在 68.30% ~31.50%。虽然束缚水饱和度差别并不明显，但是残余油时含水饱和度呈现明显的规律性，渗透率越高，残余油时含水饱和度越高。因此，按上述三个绝对渗透率区间统计平均，渗透率由高到低三个渗透率区间，平均两相区范

围依次为59.63%、44.83%、39.94%。可以看出，绝对渗透率较高的岩心两相区范围较大。相反，绝对渗透率越低，两相区范围越小。这说明绝对渗透率越低，驱出的原油越少，驱油效率越低。

### 3.4.4 岩石润湿性分析

岩石的润湿性对相对渗透率曲线有重要影响。根据一组(Squirrel 地层)砂岩岩心的相对渗透率曲线。这些岩心用一种硅质聚合物GE干膜(GE $D_{ri}$ Film)处理成不同的润湿程度。润湿性用美国矿物局(USBM)划分的润湿指数表示。强水湿岩石指数为1，强油湿岩石的指数为-1.5。对比发现在均匀润湿的多孔介质中，当水为驱替相时，随着油湿程度的增加，水的相对渗透率升高，油的相对渗透率降低。这是均匀润湿多孔介质的普遍特性。

这种明显的趋势性变化可以用润湿相优先占据小毛细管的理论来解释。润湿性的变化影响到油水两相在孔隙中的微观分布。当孔隙介质是强水湿的情况下，在低含水饱和度时，水主要分布在较小孔隙中、孔隙中的凹处或以薄膜形式附着在孔隙壁面。在这种情况下水实际上不妨碍油的流动，所以油相具有较高的相对渗透率。

当孔隙介质为强油湿的情况下，在低含水饱和度时，水以“液滴状”或“段塞状”的形式存在于孔隙中心，它们把孔隙网络中许多主要通道壅塞，影响到油的流动，这时油相的相对渗透率较低。

相对渗透率曲线中，水相和油相相对渗透率曲线的交点表示两相的相对渗透率相等($K_{ro}=K_{rw}$)，称为共渗点。不同润湿性岩石相渗曲线的共渗点呈规律性变化。随着油湿程度的增大，共渗点向较低含水饱和度方向移动，并且共渗点相对渗透率增大。

由上述均匀润湿岩石相对渗透率曲线的特征，可以根据相对渗透率曲线中，水相和油相相对渗透率曲线的位置和形态来评价岩石的润湿性。例如，水湿岩石在残余油饱和度时的水相相对渗透率较低，共渗点偏向于高含水饱和度，且相对渗透率较低。而油湿岩石则与此相反。

由实验数据可以看出看，西峰油田长8储层岩心具有以下特点：束缚水饱和度普遍较低，均在37.50%以下，平均在23.10%~29.76%。束缚水时油相有效渗透率较低，为绝对渗透率的0.33%~0.013%。共渗点含水饱和度较低，均在50.20%以下，平均在38.16%~45.97%。残余油时水相相对渗透率高，16块岩心中有13块残余油时的水相相对渗透率大于1。

由上述分析，西峰油田储层油水两相渗流特征主要有以下特点：油水两相渗流特征主要受渗透率和润湿性制约。油水两相的有效渗透率很低，尤其是油相有效渗透率更低。并且，储层绝对渗透率越低，这种影响越严重。渗流阻力大，启动压力梯度造成的附加渗流阻力、黏滞阻力、毛细管阻力都和孔径有关，渗透率越低，孔径越小，渗流阻力越大。西峰油田长8储层偏亲油，使油相有效渗透率降低欲使地层流体能够有效流动，须施加较大的驱替压力梯度，克服较大的渗流阻力。

## 3.5 驱油基本特征及与渗透率的关系

特低渗透油田注水开发的驱油效果和储层渗透率、润湿性和驱替速度等多种因素有关。

特低渗透储层孔隙细小，在多相流体流动的过程中，附加渗流阻力、黏滞阻力和毛管阻力均很大，因而需要较大的驱替力。在水驱油的过程中容易形成较多的剩余油，因而驱油效率较低。本节着重讨论西峰油田低渗储层岩心水驱油基本特征及不同渗透率岩心驱油效果的差异。

### 3.5.1 水驱油实验岩心及实验条件

表3-6是实验岩心数据表，渗透率范围为(19.759~0.233)×$10^{-3}$μ$m^2$，基本上包括了西峰油田主要储层岩石的渗透率范围。将这些岩心按渗透率不同可分为三组，其中渗透率大于2.567×$10^{-3}$μ$m^2$岩心3块；渗透率(1.990~0.718)×$10^{-3}$μ$m^2$的岩心8块；渗透率(0.464~0.233)×$10^{-3}$μ$m^2$的岩心5块。

实验所用原油为西峰油田原油配制的模拟油，在50℃下模拟油黏度为1.38mPa·s，驱替水在50℃下黏度为0.752mPa·s，实验温度为50℃。

表3-6 岩心参数及实验压差数据表

| 编号 | 井号 | 岩心号 | 层位 | 岩心参数 | | | | 实验压差/MPa |
|---|---|---|---|---|---|---|---|---|
| | | | | 长度/cm | 直径/cm | 渗透率/$10^{-3}$μ$m^2$ | 孔隙度/% | |
| 1 | 西17 | 52 | 长8 | 6.20 | 2.52 | 19.759 | 13.1 | 0.81 |
| 2 | 西47 | 66 | 长$8_2$ | 5.96 | 2.50 | 8.406 | 13.0 | 1.85 |
| 3 | 西17 | 55 | 长$8_2$ | 6.20 | 2.51 | 2.567 | 10.6 | 15.20 |
| 4 | 庄58-22 | 33 | 长$8_2$ | 7.14 | 2.45 | 1.990 | 15.2 | 15.82 |
| 5 | 庄58-22 | 44 | 长$8_2$ | 7.10 | 2.47 | 1.850 | 16.3 | 14.00 |
| 6 | 董76-59 | 32 | 长$8_1$ | 6.08 | 2.51 | 1.742 | 11.1 | 17.70 |
| 7 | 董76-59 | 42 | 长$8_1$ | 6.18 | 2.51 | 1.700 | 11.1 | 17.70 |
| 8 | 镇229 | 13 | 长$8_1$ | 6.21 | 2.49 | 1.680 | 12.4 | 11.80 |
| 9 | 镇229 | 14 | 长$8_1$ | 6.22 | 2.49 | 1.660 | 12.3 | 11.90 |
| 10 | 西23 | 61 | 长$8_2$ | 6.17 | 2.51 | 1.110 | 10.5 | 16.20 |
| 11 | 西24 | 5 | 长$8_2$ | 6.14 | 2.51 | 0.718 | 11.5 | 18.65 |
| 12 | 庄58-22 | 314 | 长$8_2$ | 6.44 | 2.50 | 0.464 | 14.4 | 19.70 |
| 13 | 庄58-22 | 313 | 长$8_2$ | 6.43 | 2.50 | 0.428 | 14.4 | 19.79 |
| 14 | 庄61-23 | 43 | 长$8_1$ | 7.11 | 2.50 | 0.315 | 10.9 | 20.80 |
| 15 | 庄61-23 | 41 | 长$8_1$ | 7.15 | 2.49 | 0.296 | 9.9 | 10.20 |
| 16 | 庄61-23 | 31 | 长$8_1$ | 7.10 | 2.51 | 0.233 | 9.3 | 21.75 |

### 3.5.2 西峰油田岩心水驱油基本特征

1. 含水率变化特征

表3-7统计了16块岩心实验的各含水率阶段的平均注水倍数和总注水倍数的数据，含水率曲线如图3-8。可以看出在驱油过程中含水率的变化特征。在驱油初期，岩心处在束

缚水状态下，含油饱和度较高，油相是流动相，水相是不流动相，因此在驱油初期产出液为纯油，该阶段称为无水驱油期。各岩心实验无水驱油期长短各不相同，一般，渗透率较高的岩心注水倍数大一些，渗透率较低的岩心注水倍数小一些。所实验的岩心，无水期注水倍数约在0.11~0.40PV之间，平均0.23PV。

**表3-7　含水率阶段与注水倍数数据**

| 含水率/% | 0 | 见水~90 | 90~95 | 95~98 | 98~100 |
|---|---|---|---|---|---|
| 阶段注水倍数/PV | 0.11~0.40 | 0.48~1.23 | 1.06~3.47 | 0.99~4.53 | 2.44~40.40 |
| 平均阶段注水倍数/PV | 0.23 | 0.81 | 2.00 | 2.83 | 12.56 |
| 总注水倍数/PV | 0.23 | 1.04 | 3.04 | 5.87 | 18.43 |

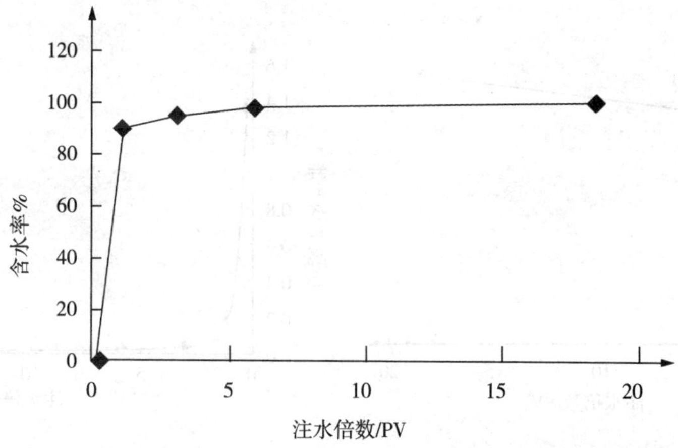


图3-8　16块岩心平均含水率曲线

当驱油见水后，含水率迅速上升，这是特低渗透岩心的共同特点。实验中各岩心含水率能够迅速上升到90%左右，才开始变缓。这个阶段注水倍数在0.48~1.23PV，平均0.81PV。总注水倍数在1PV左右，平均1.04PV。

含水90%以后，随着注水倍数的增大，含水率变化趋势变缓，驱油进入高含水期。这是一个漫长的驱油过程，随着注水倍数的增大，含水率上升缓慢，但是产能很低，因此驱油效率上升速度也很缓慢。通常将这个时期以含水95%或98%为界限，进一步分为高含水期和高含水晚期。实验中高含水期，即含水90%~95%期间，各岩心的阶段注水倍数约在1.06~3.47PV之间，平均2.00PV。总注水倍数3.04PV。

含水95%~98%期间，各岩心阶段注水倍数在0.99~4.53PV之间，平均2.83PV，总注水倍数平均为5.87PV。含水98%~100%期间，各岩心阶段注水倍数相差更大，在2.44~40.40PV之间，平均12.56PV，总注水倍数平均达到18.43PV。

由此可以看出，无水期较为崭短，注水倍数平均为0.23PV。从见水到含水90%，含水率上升迅速，阶段注水倍数平均为0.81PV。含水90%以后，含水率上升缓慢，但阶段注水倍数增大，尤其含水98%~100%，阶段注水倍数达到12.56PV。

2. 驱油效率变化特征

表3-8是按上述含水阶段统计出来的平均阶段驱油效率和总驱油效率数据表。图3-9、

图3-10是驱油效率、阶段产能和注水倍数的关系曲线，图中数据点为含水阶段的数据。可以看出，在驱油初期，驱油效率迅速上升，主要是无水期和含水上升期，能采出大部分可采原油。当注水倍数达到1PV左右，或含水90%以后，驱油效率曲线上升速度急剧变缓，进入高含水采油期。在此的驱油阶段注水量大，含水率高，产能低，驱油效率上升缓慢，直到驱油结束。

**表3-8　不同含水阶段驱油效率数据**

| 含水率/% | 0 | 见水~90 | 90~95 | 95~98 | 98~100 |
|---|---|---|---|---|---|
| 阶段驱油效率/% | 30.93 | 13.88 | 5.46 | 4.58 | 8.11 |
| 总驱油效率/% | 30.93 | 44.81 | 50.27 | 54.85 | 62.96 |

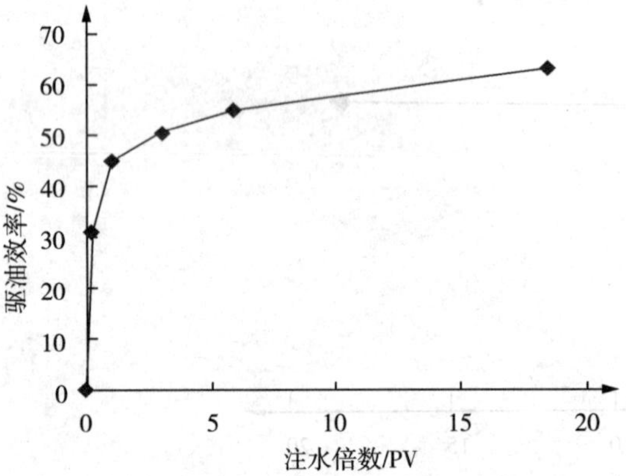


图3-9　16块岩心阶段平均驱油效率曲线

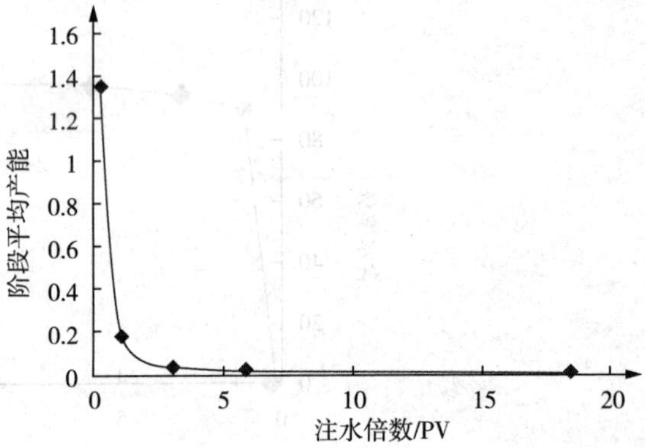


图3-10　16块岩心阶段平均产能曲线

在各不同含水阶段，阶段驱油效率有很大的差别。无水期驱油效率最高，16块岩心实验，阶段驱油效率平均达到30.93%，以后依次降低，分别为13.88%、5.46%、4.58%。只是到含水90%~100%期间，阶段驱油效率为8.11%，但是是在漫长的时间，注水12.56PV的情况下完成的。因此，含水90%以前是主要驱油时期，可以驱出大部分可采原油，驱油效率达到44.81%。含水90%~95%期间可以驱出部分原油。含水95%以后虽然能驱出一定数量的原油，但时间漫长，耗费大量的水，不经济。

3. 产能变化特征

表3-9中产能表示每注0.01PV水所采出的油量，油量用原始含油量的百分数表示。从表中可以看出，各含水阶段产能差别很大。无水期产能最高，达到1.3448(%/0.01PV)。其次是从见水到含水90%，平均产能为0.1714(%/0.01PV)。这时产能已降低到较低的水平。以后产能在很低的水平下继续缓慢降低。到最终阶段产能最低，仅为0.0065(%/0.01PV)，为无水期产能的0.48%。

因此，无水期和见水~含水90%产能高，是两个主要驱油阶段，驱出了可采原油的大部分。含水90%~95%阶段产能已经很低，但仍采出部分原油，但耗水量很大，达到2.00PV。含水95%以后的两个阶段虽然含水率变化不大，但是产能极低，耗水量巨大，在生产上已无开采价值。

表 3-9　不同含水阶段平均产能数据表

| 含水率/% | 0 | 见水~90 | 90~95 | 95~98 | 98~100 |
|---|---|---|---|---|---|
| 平均阶段注水倍数/PV | 0.23 | 0.81 | 2.00 | 2.83 | 12.56 |
| 平均阶段驱油效率/% | 30.93 | 13.88 | 5.46 | 4.58 | 8.11 |
| 平均产能/(%/0.01PV) | 1.3448 | 0.1714 | 0.0273 | 0.0162 | 0.0065 |
| 阶段平均产能占无水期产能的百分数/% | 100 | 12.75 | 2.03 | 1.20 | 0.48 |

4. 驱油阶段划分

将上述16块岩心含水率、注水倍数、驱油效率和产能的统计平均值汇总于表3-10，依据含水率、驱油效率、产能变化特征，可将全部驱油过程分为四个阶段。

(1)无水期。

在水驱油的初期，在束缚水状态下，油相是流动相，水相是不流动相，岩心出口产出液是纯油，不含水。这相当于油田开发初期的无水采油期。这个阶段地层含油饱和度最高，油相具有较高的有效渗透率，因此在这个阶段具有最高的产油量。

表 3-10　西峰油田储层岩心驱油实验统计平均值数据表

| 驱油阶段 | 无水期 | 见水~含水90% | 含水90%~95% | 含水95%~98% | 含水98%~最终 |
|---|---|---|---|---|---|
| 注水倍数/PV | 0.23 | 1.04 | 3.04 | 5.87 | 18.43 |
| 驱油效率/% | 30.93 | 44.81 | 50.27 | 54.85 | 62.96 |
| 阶段注水倍数/PV | 0.23 | 0.81 | 2.00 | 2.83 | 12.56 |
| 阶段驱油效率/% | 30.93 | 13.88 | 5.46 | 4.58 | 8.11 |
| 阶段平均产能/%/0.01PV | 1.3448 | 0.1714 | 0.0273 | 0.0162 | 0.0065 |
| 阶段平均产能占无水期产能的百分数/% | 100 | 12.75 | 2.03 | 1.20 | 0.48 |

从实验中得到，这个阶段时间不长，阶段注水量不大，平均0.23PV；但具有最高的产能，为1.3448(%/0.01PV)；能够驱出较多的原油，阶段平均驱油效率为30.93%，是油田开发的主要采油阶段。

(2)含水上升期。当岩心出口见水后，含水率急剧上升。这相当于注水开发的含水上升阶段。从岩心驱油实验看，在此期间，含水率从0急剧上升至90%左右，阶段注水量为0.81PV；产能有较大的降低，平均为0.1714(%/0.01PV)；阶段驱油效率仍较高，为13.88%。所以这个阶段仍是主要采油阶段之一。

(3)高含水期。当含水率达到90%以后，含水率上升趋势开始变缓，驱油进入高含水期。通常，在驱油实验中将这个阶段延长至含水95%。这个阶段的驱油特征是含水率高，并缓慢上升；耗水量大，阶段注水倍数为2.00PV；产能低，为0.0273(%/0.01PV)；阶段驱油效率低，为5.46%。这是一个漫长的驱油过程，能驱出少部分原油。

(4)高含水晚期。当含水达到95%以后，含水率已非常高，而产油量非常低，驱油进入高含水晚期。这更是一个漫长、低效的驱油过程。

含水98%~100%，仍有非常少量的原油产出，但是耗水量非常大。

高含水晚期反映了一个驱油过程，这个驱油过程和储层性质有关。西峰油田储层岩心驱油特征，说明储层具有偏亲油性质和混合润湿特征。这和强亲水岩石有明显的不同。强亲水岩石在驱油的过程中，随着注水量的增加，驱油效率上升很快。当见水后很快水淹，驱油过程象突然结束一样。而混合润湿岩心在注水初期，驱油效率上升相对较慢。但在高含水期仍有原油产出，在低产的情况下产能缓慢下降，能够维持很长一段时间。如果在渗透率相同的情况下，混合润湿岩心最终驱油效率一般比强亲水岩心要高。西峰油田储层岩心驱油特征与混合润湿岩心驱油特征很相似。

对于大多特低渗透油田，在高含水期虽然仍有原油产出，但是产量很低，不宜一直生产下去，一般是以经济极限产能来界定油田的驱油效率和开采时间。

# 3.6 西峰油田不同渗透率岩心驱油效果差异

## 3.6.1 西峰油田驱油效率与渗透率的关系

西峰油田各区块储层渗透率低且不均匀。白马区平均渗透率相对较高，为$2.72\times10^{-3}\mu m^2$；董志区平均渗透率为$0.58\times10^{-3}\mu m^2$；板桥区平均渗透率为$0.41\times10^{-3}\mu m^2$。其中许多储层渗透率小于$0.5\times10^{-3}\mu m^2$。

在进行驱油实验的16块岩心中，渗透率范围为$(19.759\sim0.233)\times10^{-3}\mu m^2$，基本上包括了西峰油田储层岩石的渗透率范围。将这些岩心按渗透率不同可分为三组，其中渗透率大于$2.567\times10^{-3}\mu m^2$岩心3块；渗透率$(1.990\sim0.718)\times10^{-3}\mu m^2$的岩心8块；渗透率$(0.464\sim0.233)\times10^{-3}\mu m^2$的岩心5块。对每组驱油效果进行统计平均，以说明不同渗透率岩心驱油效果的差异。每组驱油效率、含水率和阶段平均产能的平均值见表3-11。图3-11是三组岩心驱油效率对比图，图中蓝色是平均渗透率为$10.244\times10^{-3}\mu m^2$的一组；红色为$1.556\times10^{-3}\mu m^2$，绿色为$0.347\times10^{-3}\mu m^2$。图中数据点依次为无水期、含水90%、95%、98%和100%时的数值。

**表3-11 不同渗透率区间岩心驱油效果数据表**

| 渗透率范围/$10^{-3}\mu m^2$ | 平均渗透率/$10^{-3}\mu m^2$ | 驱油阶段 | 无水期 | 0%~90% | 90%~95% | 95%~98% | 98%~100% |
|---|---|---|---|---|---|---|---|
| 19.759~2.567 | 10.244 | 注水倍数/PV | 0.32 | 1.34 | 3.70 | 6.94 | 33.06 |
| | | 驱油效率/% | 41.90 | 57.02 | 62.40 | 66.87 | 77.34 |
| | | 阶段平均产能 | 1.3094 | 0.1482 | 0.0228 | 0.0138 | 0.0040 |
| 1.990~0.718² | 1.556 | 注水倍数/PV | 0.21 | 0.98 | 3.12 | 6.30 | 17.87 |
| | | 驱油效率/% | 30.00 | 43.88 | 49.91 | 55.15 | 63.95 |
| | | 阶段平均产能 | 1.4286 | 0.1826 | 0.0280 | 0.0165 | 0.0076 |
| 0.464~0.233 | 0.347 | 注水倍数/PV | 0.20 | 0.98 | 2.52 | 4.53 | 10.54 |
| | | 驱油效率/% | 25.82 | 33.94 | 43.56 | 47.14 | 52.71 |
| | | 阶段平均产能 | 1.2910 | 0.1682 | 0.0300 | 0.0178 | 0.0093 |

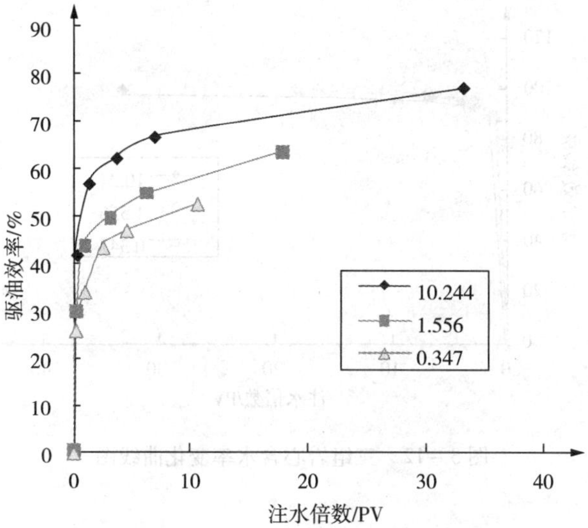


图3-11　三组岩心驱油效率对比图

从表3-11和图3-11可以看出，渗透率较高的岩心在每个阶段具有较大的注水倍数，因此具有较高的阶段驱油效率。

例如第1组岩心，平均渗透率为 $10.244 \times 10^{-3} \mu m^2$，在无水期的注水倍数为0.32PV，阶段驱油效率为41.90%。同时最终注水倍数达到33.06PV，最终驱油效率也较高，达到77.34%。

渗透率较低的岩心，含水增长较快，阶段注水倍数较小，驱油效率也较低。例如第3组岩心，平均渗透率为 $0.347 \times 10^{-3} \mu m^2$，无水期注水倍数较小，为0.20PV。相应的驱油效率也较低，为25.82%。最终注水倍数为10.54PV，最终驱油效率为52.71%，明显比第1组高渗透岩心低。

第2组岩心渗透率居中，为 $1.556 \times 10^{-3} \mu m^2$，各项驱油指标也居中。这说明渗透率较高的岩心能保持较长的驱油过程，因此驱油效率较高。而渗透率较低的岩心驱油过程较短，表现出见水快，含水上升快、水淹快，驱油效率较低。因此在相同注水倍数情况下，高渗透岩心的驱油效率比特低渗透岩心的驱油效率高。

### 3.6.2　含水率变化特征与渗透率的关系

图3-12是渗透率不同的三组岩心的含水率变化曲线。图中每条曲线最后的数据点为含水98%。可以看出，渗透率较高的岩心，在相同含水率区间能有较大的注水量。例如第1组岩心，无水期注水量为0.32PV，最终总注水量为33.06PV。在每个含水率区间，较高渗透率岩心能够驱出较多的原油，因此阶段驱油效率和总驱油效率都较高。而特低渗透岩心含水率上升较快。在相同含水率区间，特低渗透岩心注水倍数较小，因此驱出的油量较少。在含水率曲线图中，相同注水倍数的情况下，较特低渗透率岩心含水率较高。

所以，特低渗透岩心驱油效率低是因为含水率上升快，在全部驱油过程中阶段注水量小，总注水量也小，因此阶段驱油效率和总驱油效率都较低。

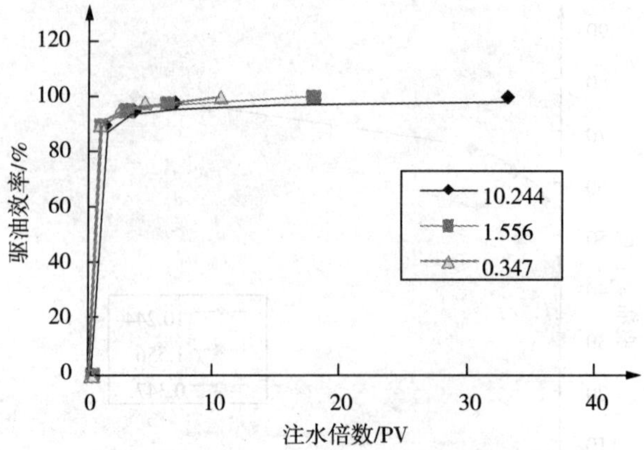


图 3－12　三组岩心含水率变化曲线图

### 3.6.3　产能变化特征及与渗透率的关系

从图 3－13 产能对比曲线可以看出，三组岩心在相同注水倍数下平均产能似乎差别不大，几乎以同样的规律递减。这是因为在每个驱油阶段，高渗透岩心阶段注水量大，驱出油量也多。而特低渗透岩心阶段注水量小，驱出油量也少。折算到单位注水量，三组岩心驱出油量相差不大。但是，渗透率较高岩心阶段注水量大，阶段驱出油量多，因而驱油效率较高。

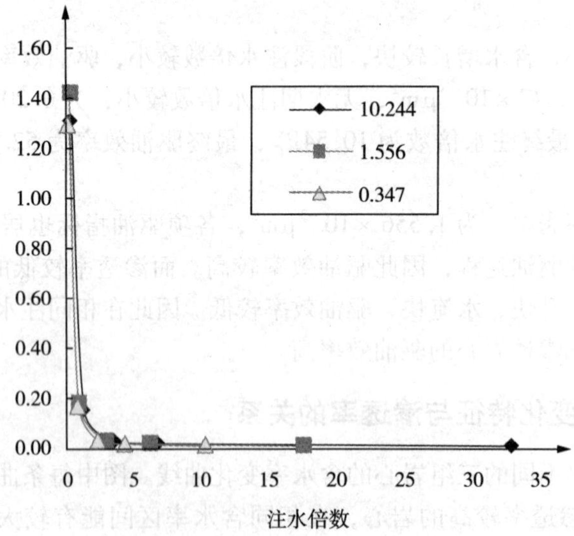


图 3－13　三组岩心产能对比图

上述分析表明西峰油田储层渗透率低，而且分布不均匀。由此可得到西峰油田长 8 储层岩心驱油过程的基本特征有，按含水率变化特征，驱油过程可分为无水期，含水 90%、95%、98%和 100%五个驱油阶段；五个驱油阶段，平均注水倍数依次为 0. 23PV、1. 04PV、3. 04PV、5. 87PV 和 18. 43PV；五个驱油阶段，平均驱油效率依次为 30. 93%、44. 81%、

50.27%、54.85%和62.96%；五个驱油阶段，平均产能依次为1.3448(%/0.01PV)、0.1714(%/0.01PV)、0.0273(%/0.01PV)、0.0162(%/0.01PV)和0.0065(%/0.01PV)；主要采油阶段是无水期和含水上升期(到含水90%)，共注水1.04PV，驱油效率达到44.81%，占最终驱油效率的71.17%。高含水期(90%~95%)，注水倍数增大，产能较小，驱油效率提高幅度较小，可采出部分原油。高含水晚期(含水98%和100%)，耗水量巨大，产能极低。因此应以经济极限产能来确定油田驱油效率和注水过程。

对于不同渗透率岩心，其驱油效果存在明显差别，渗透率较高的岩心含水率上升较慢，阶段注水量较大；渗透率较低的岩心含水率上升较快，阶段注水量较小。按五个含水阶段，注水量变化如下：第1组高渗岩心依次为0.32PV、1.34PV、3.70PV、6.94PV和33.06PV；第2组中渗岩心依次为0.21PV、0.98PV、3.12PV、6.30PV和17.87PV；第3组低渗岩心依次为0.20%%、0.98%、2.52%、4.53和10.54PV。渗透率较高的岩心驱油效率较高，渗透率较低的岩心驱油效率较低。按五个含水阶段，驱油效率变化如下：第1组高渗岩心依次为41.90%、57.02%、62.40%、66.87%和77.34%；第2组中渗岩心依次为30.00%、43.88%、49.91%、55.15%和63.95%；第3组低渗岩心依次为25.82%、33.94%、43.56%、47.14%和52.71%。三组岩心实验，各相同含水阶段的平均产能并没有明显的差别和规律性的变化。高渗岩心驱油效率之所以高，是因为高渗岩心含水上升较慢，在相同含水阶段，高渗岩心注水倍数较大，驱出的原油较多。

## 3.7　驱油效果与驱替压力梯度的关系

本节通过西峰油田储层岩心驱油实验，讨论水驱油效果与驱替压力梯度的关系，及改善水驱油效果的途径。

### 3.7.1　岩心和实验参数

表3-12是岩心渗透率和实验驱替压力梯度数据表。岩心渗透率分别为$0.296\times10^{3}\mu m^{2}$、$0.452\times10^{3}\mu m^{2}$和$9.617\times10^{-3}\mu m^{2}$。每个岩心在不同压力梯度下进行四次驱油实验，得到不同压力梯度下的驱油效率及相关数据。

**表3-12　岩心渗透率与实验驱替压力梯度数据**

| 岩心号 | 渗透率/$10^{-3}\mu m^{2}$ | 实验号 | 驱替压力梯度/(MPa/cm) |
|---|---|---|---|
| 庄61-23-1-4 | 0.296 | 1 | 1.43 |
| | | 2 | 2.14 |
| | | 3 | 2.84 |
| | | 4 | 3.62 |
| 庄19-3-71/83-1 | 0.452 | 1 | 1.40 |
| | | 2 | 2.17 |
| | | 3 | 2.84 |
| | | 4 | 3.63 |

续表

| 岩心号 | 渗透率/$10^{-3}\mu m^2$ | 实验号 | 驱替压力梯度/(MPa/cm) |
|---|---|---|---|
| 西 23-60 | 9.617 | 1 | 0.07 |
| | | 2 | 0.15 |
| | | 3 | 0.29 |
| | | 4 | 0.51 |

## 3.7.2 驱油效率与驱替压力梯度的关系

图3-14是三组12个驱油实验的驱油效率和含水率曲线图。对比可发现，每组实验中岩心渗透率相同，驱替压力梯度不同。随着驱替压力梯度的提高，不管是阶段驱油效率，还是最终驱油效率都有所提高。例如庄61-23-1-4号岩心，渗透率为$0.296\times10^{-3}\mu m^2$，四条驱油效率曲线的驱替压力梯度分别为1.43MPa/cm、2.14MPa/cm、2.84MPa/cm和3.62MPa/cm。当驱替压力梯度为1.43MPa/cm时驱油效率较低，含水95%时，驱油效率为51.2%，最终驱油效率为58.4%。当驱替压力梯度为3.62MPa/cm时，驱油效率明显提高，含水95%时驱油效率为59.8%，最终驱油效率为69.2%。庄19-5-71号岩心和西23-60号岩心均表现出相同的变化趋势。

对于中高渗透性岩心，驱替压力梯度，也就是驱替速度对驱油效率的影响很小，以致有人认为在油田开发可能的驱替速度范围内，驱油效率和驱替速度无关。但是对于特低渗透岩心情况有所不同，从这些曲线和数据可以看出，在较高的驱替压力梯度下驱油效率会有所提高。这是因为特低渗透岩心渗流阻力大，在较低压力梯度下，只有较大孔隙中的流体参与流动，而较小孔隙中的流体因未达到启动压力梯度，不能参与流动，因而驱油效率较低。随着驱替压力梯度的提高，逐渐有较小孔隙中的流体达到启动压力梯度而参与流动，因而驱油效率较高。所以，提高岩石基质中的驱替压力梯度，对提高驱油效率是有利的。

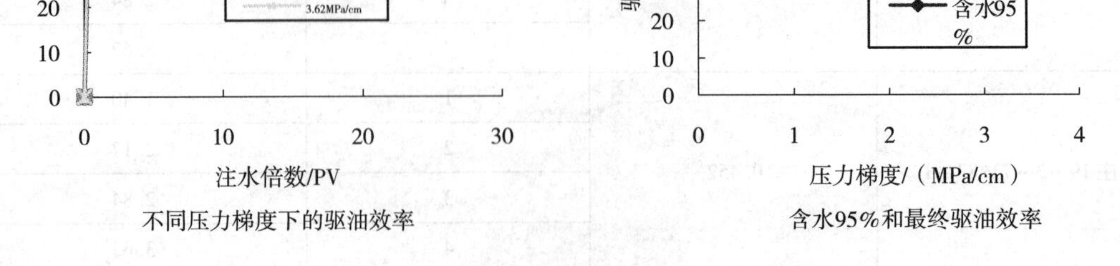

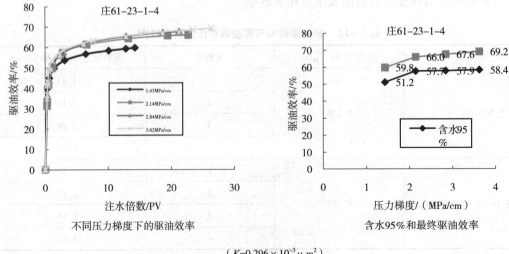


不同压力梯度下的驱油效率　　含水95%和最终驱油效率

($K=0.296\times10^{-3}\mu m^2$)

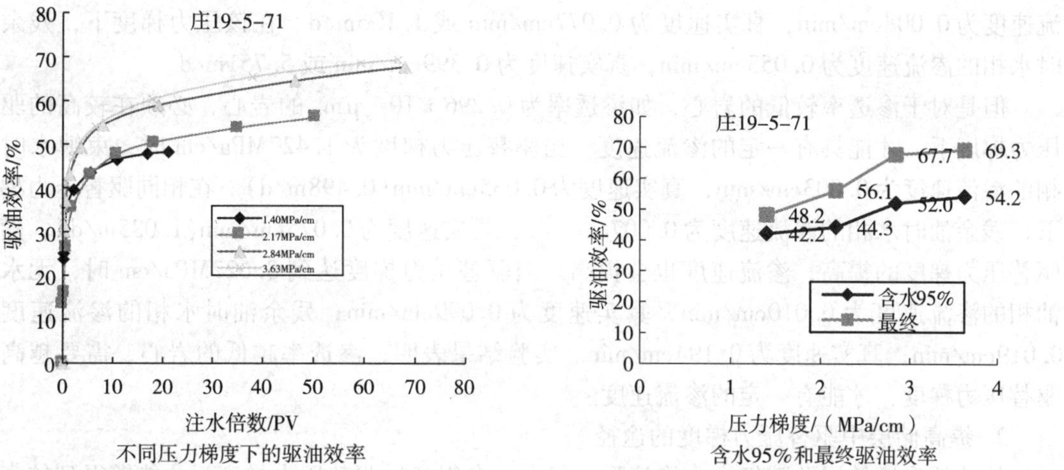


（$K$=0.452×10$^{-3}$μm$^2$）

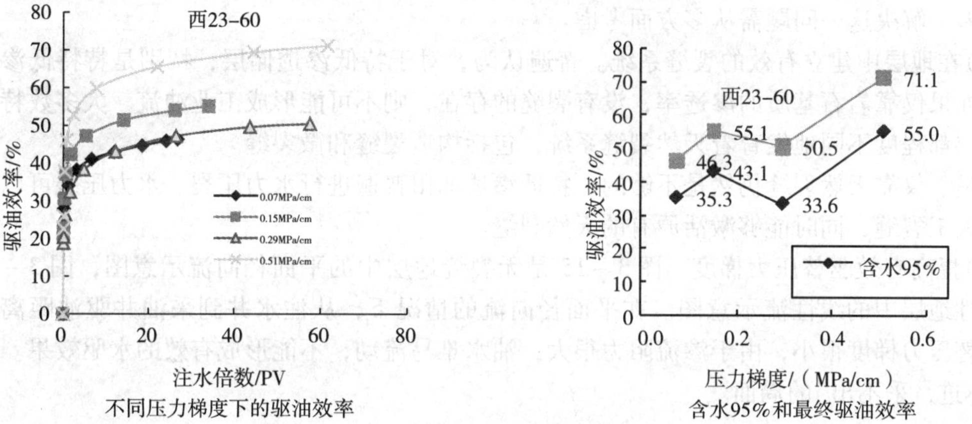


（$K$=9.617×10$^{-3}$μm$^2$）

图3－14　不同条件下的驱油效率

## 3.7.3　驱替速度与驱替压力梯度的关系

1. 特低渗透岩心实现有效驱替的条件

在一定的驱替速度下将原油驱出，是能否实现有效水驱的重要问题。因为驱替速度关系到产能和采油速度。

由于特低渗透岩心的渗流阻力大，欲使岩心中具有一定的渗流速度，必须有足够大的驱替压力梯度，特别是特特低渗透油田。本实验研究对特低渗透岩心进行了不同驱替压力梯度的驱油实验，附表6列出了实验和计算结果。表中列出束缚水时油相的渗流速度，它相当于油井附近地层无水期油相的渗流速度。同时也计算了残余油时水相的渗流速度，它相当于水井附近地层水相的渗流速度。当驱替压力梯度足够大时，可以具有一定的渗流速度，也就是能够有一定的流量。

对于渗透率相对较高的岩心，如渗透率为9.617×10$^{-3}$μm$^2$的岩心，在较低的驱替压力梯度下，即可得到较高的渗流速度。如在0.074MPa/cm的压力梯度下，束缚水时的油相渗流速度为0.008cm/min，真实速度为0.077cm/min或1.106m/d。在该压力梯度下，残余油时水相的渗流速度为0.053cm/min，真实速度为0.399cm/min或5.751m/d。

但是对于渗透率较低的岩心，如渗透率为$0.296\times10^{-3}\mu m^2$的岩心，必须在较高的驱替压力梯度下，才能具有一定的渗流速度。当驱替压力梯度为1.427MPa/cm时，束缚水时油相的渗流速度为0.003cm/min，真实速度为0.035cm/min(0.498m/d)。在相同驱替压力梯度下，残余油时水相的渗流速度为0.007cm/min，真实速度为0.075cm/min(1.085m/d)。随着驱替压力梯度的提高，渗流速度也会提高。当驱替压力梯度达到3.622MPa/cm时，无水期油相的渗流速度为0.010cm/min，真实速度为0.099cm/min；残余油时水相的渗流速度为0.019cm/min，真实速度为0.194cm/min。实验结果表明，渗透率越低的岩心，需要越高的驱替压力梯度，才能有一定的渗流速度。

2. 提高储层中驱替压力梯度的途径

特特低渗透储层孔隙细小，渗流阻力很大，在很高的驱替压力梯度下才能够得到较高的驱油效率，和一定的驱替速度。但是在油田实际生产中，不可能在注采井之间建立如此大的驱替压差。解决这一问题需从多方面考虑。

(1)在地层中建立有效的裂缝系统。普遍认为，对于特低渗透储层，特别是特特低渗透储层，如果仅靠岩石基质的渗透率，没有裂缝的存在，则不可能形成工业油流。大多数特低渗透储层都程度不同地发育着天然裂缝系统，包括构造裂缝和微裂缝。

但是，仅靠天然裂缝仍然是不够的，特低渗透油田普遍进行水力压裂。水力压裂可以形成新的人工裂缝，同时能够激活原有的天然裂缝。

(2)提高有效驱替压力梯度。图3－15是无裂缝地层中的平面径向流示意图，图3－16是裂缝性地层中的线性流示意图。在平面径向流的情况下，从注水井到采油井驱油距离很长，驱替压力梯度很小，由于渗流阻力很大，油水难易流动，不能形成有效的水驱效果。造成“注不进，采不出”的局面。

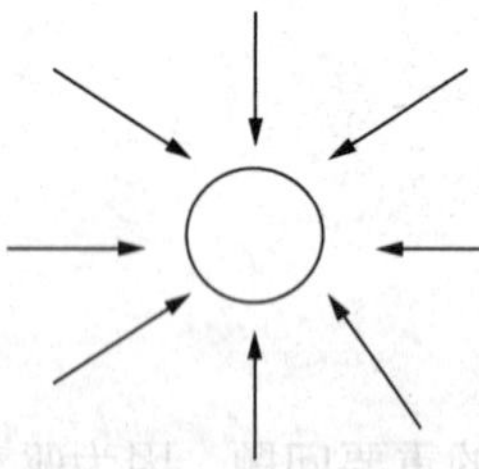

图3－15　孔隙性地层中流体的平面径向流

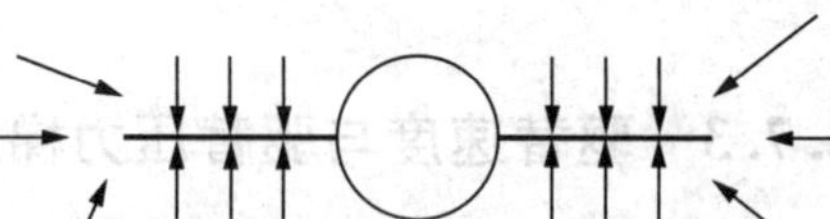

图3－16　裂缝性地层中流体的线性流

在有裂缝的地层中，裂缝与油井相通，并深入地层深处。裂缝两侧岩石基质中的流体先进入裂缝，然后流向井中。由于裂缝的流动阻力很小，压力损失很小，因此裂缝中的压力比较接近井底流压。同时，裂缝两侧地层到裂缝的距离很短。这样，在裂缝和地层间可以形成较大的压力梯度。在较大驱替压力梯度的作用下，基质孔隙中的流体可以以较高的速度流向裂缝，然后流向井中，使油井具有一定的产能。因此，所谓生产压差主要作用在岩石基质和裂缝之间，能够有较大的驱替压力梯度，具有较大的渗流速度和一定的产能。

同样，在注水井一端，注入水通过裂缝和地层之间可以建立较大的压差，注入水可以进入地层，使地层压力提高。

因此，在裂缝性地层中，注采压差并非均匀作用在注采井之间的岩石基质中，而是主要作用在注水井裂缝与地层之间，和地层与生产井裂缝之间，这就能够有效减小驱替距离，提高驱替压力梯度，提高储层中流体的渗流速度，从而提高渗流量。

(3)增大渗流横截面积。在径向流的情况下，渗流截面不断减小，渗流速度增大，渗流阻力急剧增大，渗流量较小。在具有裂缝的情况下，地层中流体的渗流方向发生变化，是从岩石基质流向裂缝的线性流动。而裂缝两侧具有很大的渗流截面，可以增加渗流量。在注水井可以增大注水量，在生产井可以增大产液量。

因此，裂缝系统能够提高岩石基质中的驱替压力梯度，增大渗流截面，从而达到提高驱油效率和提高产能的目的。

3. 合理的注采井距

油田开发的井网部署与开发效果和经济效益有关，是长期以来讨论较多的油田开发问题之一。特低渗透油田开发由于特有的渗流特征，更是与井网密度密切相关。特低渗透油田的井网密度既要考虑开发效果，又要考虑经济效益。

(1)储层性质和井网密度对采收率有很大影响。要得到较好的开发效果，需要根据储层性质选择适宜的井网密度。北京石油勘探开发研究院根据我国油藏实际资料，归纳出不同流度下，井网密度和采收率的关系曲线，如图3－17。可以看出，不管在何种流度下，随着井网密度的增大，采收率均呈上升趋势。尤其是流度较小的特低渗透储层，随着井网密度的增大，采收率的提高更为明显。从总体看，特低渗透储层流度小，采收率低。

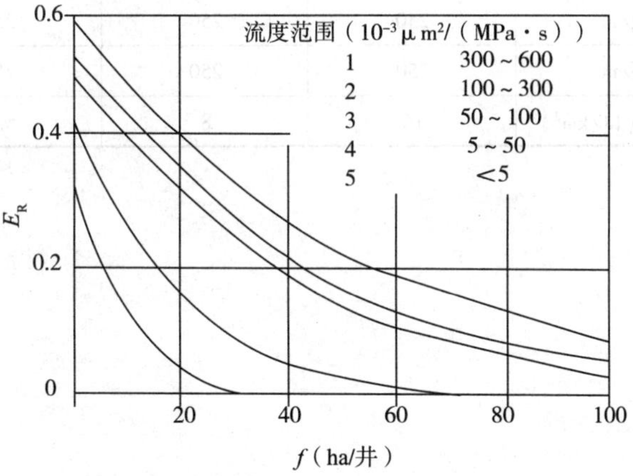


图3－17 我国不同流度油田井网密度与采收率关系曲线(引自李道品1998)

(2)合理井距和排距。特低渗透油藏排距(注采井排距)的大小，与特低渗透油藏基质岩块渗透率和裂缝密度有关，基质岩块渗透率越低，裂缝密度越小，排距应该越小，反之可以增大。特低渗透油藏的井距与裂缝发育程度有关，即决定于储层裂缝渗透率。裂缝渗透率高，井距可以加大，反之应当减小。裂缝性特低渗透油层的井距应该大于排距，井距排距比可以为2～3，甚至为4。投产初期，生产井井距可以和注水井井距相同，到中后期根据需要再考虑调整加密。根据以上原则，结合我国裂缝性特低渗透砂岩油藏的实际情况，李道品教授提出开发井网部署参考意见，如表3－13 。根据西峰油田储层渗透率分布，只有白马区渗透率较高，为$2.72\times10^{-3}\mu m^2$，属特低渗储层。其他区块平均渗透率均在$1\times10^{-3}\mu m^2$以下，属超低渗储层，开采难度更大。适当减小排距和较大压裂规模，是提高岩石基质中驱替压力梯度的重要方法。

**表3－13　特低渗透砂岩油藏布井方案参考(引自李道品1998)**

| 基质特征 | 裂缝特征 / 井网组合 | 无裂缝<br>井距＝排距 | 微裂缝<br>井距＝2×排距 | 小裂缝<br>井距＝3×排距 | 中大裂缝<br>井距＝4×排距 |
|---|---|---|---|---|---|
| 超低渗 | 排距/m | | 120 | 120 | 120 |
| | 井距/m | | 240 | 360 | 480 |
| | 井网密度/(口/km²) | | 34 | 23 | 17 |
| 特低渗 | 排距/m | 150 | 150 | 150 | 150 |
| | 井距/m | 150 | 300 | 450 | 600 |
| | 井网密度/(口/km²) | 44 | 22 | 14 | 11 |
| 较低渗 | 排距/m | 170 | 170 | 170 | 170 |
| | 井距/m | 170 | 340 | 510 | 680 |
| | 井网密度/(口/km²) | 34 | 17 | 11 | 8.7 |
| 一般低渗 | 排距/m | 200 | 200 | 200 | 200 |
| | 井距/m | 200 | 400 | 600 | 800 |
| | 井网密度/(口/km²) | 25 | 12 | 8.3 | 6.2 |
| 中低渗 | 排距/m | 250 | 250 | 250 | 250 |
| | 井距/m | 250 | 250 | 750 | 1000 |
| | 井网密度/(口/km²) | 16 | 8 | 5.3 | 4 |

# 第四章 西峰油田特低渗透油藏稳产技术

## 4.1 西峰油田特色技术

针对西峰油田低孔、特低渗、高气油比、高饱和的特点，在广泛调研、充分吸收马岭、安塞、靖安等油田建设成功经验的基础上，先后开展了井组、先导性和工业化等先期开发试验，总结出了一套相对完整的开发技术，于2003年投入了经济有效的全面注水开发。在开发过程中应用一系列适用、先进的工艺技术，实现西峰油田高效、经济地开发，取得了阶段性的开发效果。通过一年多努力，初步形成了以“勘探－开发一体化技术”为代表的七项油藏工程高效开发配套技术，对提高油藏开发和管理、减轻员工劳动强度等方面将产生良好的效果和效益。

### 4.1.1 勘探－开发一体化技术

西峰油田长8油藏渗透率低、埋藏深、开发投资大，为了稳妥的开发好西峰油田，减少决策失误和投资浪费，实现效益化开发，开发过程中坚持了科学的程序，即在油藏勘探、地质评价、储量评价、产能评价、油藏工程评价、开发试验的基础上，最终优选富集区，然后编制整体开发方案，整体部署，分年滚动实施，真正做到了“勘探－评价－开发”的有机结合，有效衔接，大大降低了投资，增加了产出。

由于严格坚持了科学合理的开发程序，前期三年来累计建产能 $40.9\times10^4$t，钻井286口，钻井成功率达到99.3%，平均试油产量达到 $37.2m^3/d$，目前平均单井日产能保持在5.8t左右。

2004年继续在西峰油田东西两侧甩开勘探，寻求新的发现；加快南北两个方向和西部砂体的评价工作，尽快摸清砂体和油层的分布特征，提高控制程度，进行储量升级(图4－1)。

开发中继续坚持先肥后瘦、先易后难，围绕产量高、物性好的区域由里向外滚动建产；坚持规模建产与稳产相结合、油层厚度小于5.0m不打的原则，在控制程度高的优质储量区部署建产，其余储量通过进一步评价、试验，作为今后的稳产接替区，以实现西峰油田较长时期的稳产。

勘探开发一体化，不仅加快了开发进程，而且勘探成本从1.27元/t下降为1.03元/t，大大降低了投资。

### 4.1.2 整体超前注水技术

长庆油田三叠系开发实践表明，实施超前注水有利于保持岩石原始物性特征，最大限度的控制了因压力下降、岩石骨架结构遭到破坏而引起的储层物性变差的现象。室内研究和生

西峰油田规划部署图

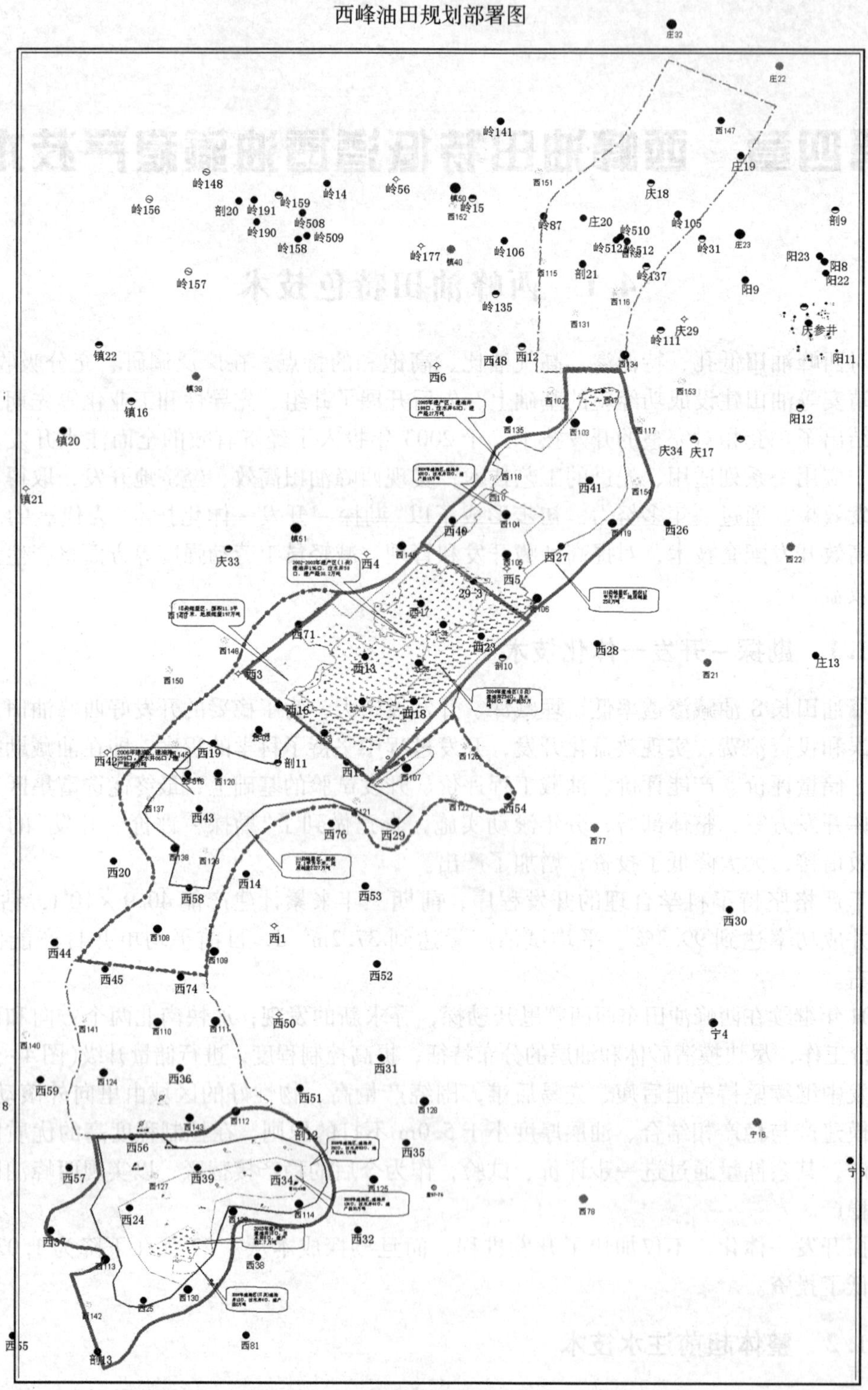


图 4－1　西峰油田规划部署图

产实践表明，西峰油田长 8 油藏最佳注水时机为 4 ~ 5 个月，地层压力保持水平达到原始地层压力的 110% ~ 120%。

2001 年以来西峰油田在前期井组实验的基础上，大范围实施超前注水，与同步注水、自然能量区对比，超前注水区投产 1 个月油井日产油 7. 46t，比同步注水、自然能量油井平均产能分别高 1. 26t、2. 16t，投产 13 个月后超前注水比同步注水、自然能量油井平均产能高 1. 0t、2. 5t，使超前注水成为西峰油田高效开发的有效手段。

超前注水的实施，不仅提高了单井产量，降低了开发成本，而且为油田长期高产、稳产奠定了坚实的基础。

### 4. 1. 3　井网优化布井技术

西峰油田长 8 油藏物性差、微裂缝发育，应力方向测试结果表明最大主应力及裂缝方位为北东 75° ~ 80°，如何充分利用微裂缝增加储层渗流通道，提高单井产量及最终采收率，井网部署是基础。

为建立合理的压力驱替系统，提高单井产量，西峰油田长 8 全面推广了超前注水技术。为探讨适应西峰油田地质特征的注采井网，通过常规油藏工程方法、数值模拟技术及同类油藏开发经验，围绕井网系统、裂缝系统、压力系统的合理匹配，开展了对常用的正方形反九点、菱形反九点、矩形三种井网形式的数值模拟和对比，优选出菱形反九点井网，井距 520 ~ 540m，排距 180 ~ 200m，布井方向为 NE75°。其中白马区采用的是 520m × 180m 菱形反九点井网。

从目前开发效果来看，油井全面见效。统计白马中区油井见效程度 70. 5%。获得了良好的开发效果，说明其基本适应西峰油田目前开发需要。

### 4. 1. 4　其他技术的应用和研究

1. 油藏早期精细描述技术

油藏精细描述是西峰特低渗透油田效益化开发的基础性工作之一。从勘探、评价等各个阶段，多方式的开展工作。应用层序地层学理论，开展储层宏观研究，运用新技术对储层微观特征进行描述，建立三维地质模型，为精细化注采管理提供了科学依据。同时结合生产动态，分析确定了不同类型流动单元注水开发特征及相应的调控对策，使油田开发走上了科学精细化的轨道，为油田的合理开发提供了理论支撑。

一是通过油藏精细描述，结合沉积旋回、岩岩性特征及测井资料，应用层序地层学理论在纵向上细分小层，开展沉积微相、砂体展布、非均质性等储层宏观研究，充分掌握水下分流河道、河口坝、河道侧缘、分流间弯四种微相的平面、剖面展布规律，为寻找高产建产区提供有利依据，减少决策失误和投资浪费，实现了高效、优质建产和效益化开发。

二是运用先进的核磁共振、恒速压汞、环境电镜扫描等新技术对微观孔喉结构、渗流特征等进行描述，充分掌握储层微观特征，在油水井投产投注上采取相应的措施(如针白马区润湿性表现为中性 - 弱亲油，开展了润湿反转剂实验；针对储层岩屑含量较高、粒度分选相对较差、水敏矿物含量相对较高的特征，在水井投注时采用汽化水洗井，并注入一定的粘土稳定剂、防垢剂)，提高油井单井产能和水井注水能力，为开发政策调整和实现油藏稳产奠定基础。

三是结合生产动态，充分掌握流动单元与沉积微相之间的空间对应关系，流动单元的平面、剖面展布规律，为注采调整、精细化注采管理、确定不同类型流动单元注水开发特征及相应的调控对策提供有力的依据。

2. 注采调控技术

合理的压力系统是实现油藏高效、稳产的前提，由于西峰油田低渗透率低、水相渗透率上升快，最大限度延长无水采油期是实现效益化开发的基本原则。围绕延长油藏无水采油期，在注采调控方面重点加强以下几方面工作：

(1)建立合理的驱替压差。通过超前注水(或同期注水)使油藏压力水平提高到110%左右，使储层骨架结构、物性特征、渗流特征等得到有效保持。

开发过程中保持温和注水，避免注水单方向“指状”推进，提高水驱波及效果。开发过程结合不同井区开发特征，按照1.1~1.3的注采比进行地质配注，使地层压力始终保持在原始地层压力左右，为油藏稳产奠定能量基础。2004年白马区平均地层压力21.07MPa，为原始地层压力的116.4%，综合含水9.8%。

优化生产参数，保持合理的生产压差。为防止原油在地层中脱气，引起油井产液能力下降，西峰油田必须保持一定的流动压力与生产压差。研究结果表明，西峰油田合理流动压力为：白马区：6~8MPa，董志区：4~5MPa；最大生产压差为：白马区：10~12MPa；董志区：10~11MPa。因此，西峰油田油井采取严格控制泵挂深度(1450m)、采用小泵径($\phi$38~32)、长冲程(2.4m)、低冲次(3~6次/min)、并且油井控制套压等方式生产，使流动压力、生产压差保持在合理范围内。白马区目前油井流压在9.16MPa，生产压差11.91MPa。

(2)采用平面均衡的注水方式。实施平面均衡注水、实现注水均匀推进，最大限度减少暴性水淹井，最大程度延长油藏无水采油期，是西峰油田开发过程遵循的基本原则。在实际地质配注过程中，依据注水井渗砂体有效厚度、结合对应油井实际产能，合理控制注水强度、注采比。如西峰油田白马区注采比一般控制在1.1~1.3左右，注水强度控制在2.5$m^3$/d·m以下，单井注水量一般控制在35$m^3$以下，满足了均衡注水和保持地层能量的双重要求，实现了单井产能高，并为延长油藏无水采油期奠定了良好的基础。

按照油田公司开发技术政策(西峰油田长8油藏的开发技术政策界限：白马区合理的注采比1.1~1.3)。参考靖安五里湾一区长6的开发技术经验指标，对西峰油田白马区部分井区根据储层物性好坏、油井见效程度、注采比高低，借鉴西26~29井组油井生产能力旺盛，含水、液面稳定，注采比为1.0左右的经验，综合考虑确定注水强度和注采比。对于长期不见效井区注采比为1.3，见效程度较高井区注采比为1.05~1.1。经过4次大的调整，目前注采比1.13，油井生产相对稳定，见效程度相对较高，达到了70.5%。

(3)动态监测技术。西峰油田全面投入开发后，具有面广、井多的特点，探索简捷实用的动态监测技术，是实现油藏高效开发的一个前提条件。

在压力监测上，一是通过在油藏内部横向、纵向拉剖面的方式，选取测压点，以最少的井数监测到不同区域的压力变化情况，提高油井利用率，增加产能；二是对区内所有斜度小于15°的井安装偏心井口，进行环空测试，减少后期测压作业费用；三是开展西峰油田压力恢复的早期解释评价，缩短压力恢复测试的时间，提高开井时率。目前采用的井下关井试验新技术，已将停井监测周期由3个月减少到10天左右，大大缩短了关井时间，提高了效益

(井下关井测压平均停井7～10天；尾管关井测压平均停井30天；起泵测压平均停井90天)；四是深入开展相关地质参数的解释工作，提高解释精度，准确判断井筒附近渗流状况，指导储层改造。

在注水水线监测上，利用示踪剂监测平面水驱波及状况；利用脉冲试井、干扰试井等方法监测主要水线推进方向。如31～38井通过脉冲试井准确判断出了水淹方向。

在纵向水驱动用状况监测上，一是每一口新投井坚持测吸水指示曲线，同时做到所有新投井全部测吸水剖面；二是建立骨架吸水剖面测试井，在开发过程1/3的井连续进行吸水剖面监测，做到剖面水驱动用状况清楚，改造措施及时、得当。

3. 储层保护技术

钻井过程中，在打开油层前使用优质钻井液，即采用低分子聚合物泥浆，pH＜8.5，密度＜1.05g/cm$^3$，滤失量＜8mL，油层浸泡时间＜72h；

射孔过程中，选用优质射孔液，即助排剂(阳离子或非离子型)＋黏土稳定剂(氯化钾或聚季胺盐)＋清水；

压裂过程中，选择与地层配伍好、易于返排、伤害程度低的优质压裂液体系，主要使用改性胍胶＋助排剂(阳离子或非离子型表面　活性剂)＋破乳剂＋黏土稳定剂(氯化钾或聚季胺盐)＋破胶剂(过硫酸铵)，主要性能指标：基液黏度35～45mPa·s，破胶液黏度≤5 mPa·s。

4. 室内油藏渗流特征实验研究

在前期地质研究的基础上，进一步研究了储层孔隙结构和岩石学特征。通过6个实验，研究了特低渗透油藏的地质特征和渗流特征，为改善西峰油田开发效果提供依据，提出有效改善开发效果的途径。

## 4.1.5　开发效果评价

从西峰油田近些年的开发特征分析，目前西峰油田开发指标均高于国家同类油藏开发标准(表4－1、表4－2)，也高于长庆油田同类的五里湾一区长6油藏，是一种好的开发现象；但流压、采液、油指数及强度与同类的靖安五里湾、安塞等油田相比，均较高，不利于西峰油田的稳产，应适当降低采液、油指数及强度，确保西峰油田高效、优质、稳产。

**表4－1　西峰油田白马区高效开发技术指标**

| 序号 | 类　别 | 国家同类油田开发标准 | 靖安油田 | 指标设置 | 目前状况 | 备　注 |
|---|---|---|---|---|---|---|
| 1 | 水驱储量控制程度 | ≥70.0% | 98.2% | ≥95.0% | 93.6% | |
| 2 | 水驱储量动用程度 | ≥70.0% | 84.2% | ≥80.0% | 78.7% | |
| 3 | 年自然递减 | | | ≤6.0% | 1.2% | |
| | 年综合递减 | ≤6.0% | 3.3% | ≤5.0% | 1.2% | |
| 4 | 采油速度 | | 1.1% | 1.5%～1.3% | 2.25% | |
| 5 | 剩余可采储量速度 | ≥5.0% | 12.0% | ≥5.0% | 10.70% | 采出程度在50.0%以前 |
| 6 | 水驱状况 | 采出程度在预测线之上(或重合)运行 | | | | |

续表

| 序号 | 类 别 | 国家同类油田开发标准 | 靖安油田 | 指标设置 | 目前状况 | 备 注 |
|---|---|---|---|---|---|---|
| 7 | 低含水稳定期 | | 已稳产7年 | 采油速度在1.1%以上稳产8年 | | |
| 8 | 压力保持状况 | | 97.2% | 压力保持水平≥95.0%，并满足稳产需要 | 116.4% | |
| 9 | 能量利用状况 | | | 生产压差：8-10兆帕<br>流动压力≥6兆帕 | 11.91<br>9.16 | |
| 10 | 动态监测完成率 | ≥95.0% | | 100.0% | | |
| 11 | 含水上升率 | | | 稳产期≤2.5% | | |

**表4-2　采液油指数及采液油强度对比**

| 油田区块 | 流压/MPa | 压差/MPa | 采液指数/$m^3/d\cdot MPa$ | 采油指数/$m^3/d\cdot MPa$ | 采液强度 $D/t/d\cdot m$ | 采油强度/$t/d\cdot m$ |
|---|---|---|---|---|---|---|
| 白马 | 9.16 | 11.91 | 0.4702 | 0.4534 | 0.4706 | 0.3399 |

# 4.2　西峰油田井网适应性评价

西峰油田自正式投入开发以来，目前井网的注水见效状况、见水特征、地层能量状况、递减规律已明显展现，分析特低渗透油藏不同井网形式和井排距下的注水开发效果，研究特低渗注水开发油藏注水开发技术政策及见水、见效规律以及不同油藏类型和渗流单元下井网适应性是油田稳产的核心和关键。

## 4.2.1　井网设计

西峰油田主要以菱形反九点井网形式布井开发(图4-2)，井网部署方向为NE75°，为了适应裂缝性油藏特征，延裂缝方向井距为垂直裂缝发育方向排距的3~4倍，排距的设计主要依据是渗透率。

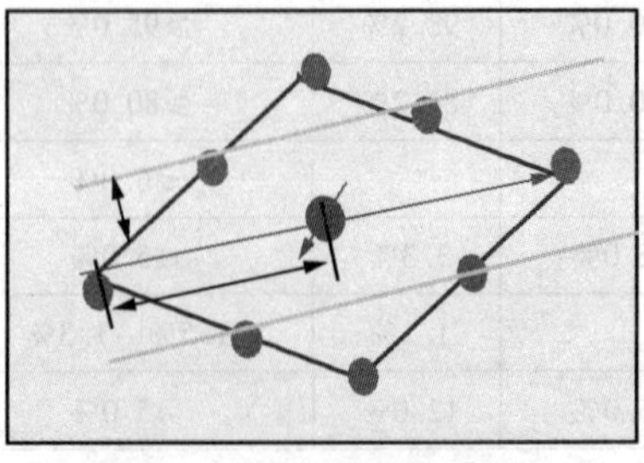

图4-2　反九点井网示意图

白马中区2002年开始进行开发试验，采用菱形反九点井网，井排距520m×180m，布井方位NE75°。白马南区2004年采用540m×180m菱形井网投入开发（西187区），建产$5.0\times10^4$t，2005年采用540m×220m井网，建产$40.0\times10^4$t。为了探索油藏有效的井网形式和建立有效的水驱压力系统，2006年在白马南区开展缩小井网排距试验。董志区2003年采用菱形反九点井网，建产$2.1\times10^4$t，2004年采用菱形反九点与矩形井网，三种排距（540m×130m、540m×100m、540m×80m）试验，建产$1.8\times10^4$t，2005年采用菱形反九点（540m×130m）规模建产$27.0\times10^4$t，2006年采用菱形反九点井网建产$15.0\times10^4$t。

预期的开发效果：一是延长无水采油期，提高开发初期的采油速度；二是获得较高的最终采收率；三是油藏能建立有效的驱替体系；四是能最大程度地延缓方向性的水窜以及水淹时间。

### 4.2.2　渗透率与井网部署

由于特低渗透油藏储层孔喉细小，比表面积和原油边界层厚度大，贾敏效应和表面分子作用强烈，具有非达西渗流特征。研究表明，特低渗透油层注水开发方式下，只有当注采井间的驱替压力梯度完全克服启动压力梯度后，有效的注采关系才能建立。因此研究注水井和生产井之间压力梯度的分布和变化，确定合理的注采井距，从而建立有效的驱替压力系统，对特低渗透油田的合理开发具有非常重要的意义。

1. 低渗透油藏各向异性分析

油田无论是利用天然能量开发还是注水开发，油井产液必须有驱动力，而驱动力必须通过具有渗透能力的储层来传导。但在实际开发过程中，由于储层的各向异性，导致不同注采方向的驱动状况不同。

渗透率是一个对称的二阶张量，为便于研究，设$x$轴为主渗流方向，并设压裂缝与天然裂缝方向一致，则某一方向渗透率与主渗透率之间有如下关系：

裂缝系统的总渗透率或沿压力梯度方向的渗透率$K_{fr}$可以由叠加原理计算得：

$$K_{fr} = K_r + \frac{W_\alpha^3\cos\alpha}{12X_\alpha} \tag{4-1}$$

对于多裂缝系统：

$$K_{fr} = K_r + a\cdot\cos^2\alpha + \beta\cdot\cos^2\beta + c\cdot\cos^2\gamma + \dots \tag{4-2}$$

式中　$a = \dfrac{W_\alpha^3\cos^2\alpha}{12X_\alpha}$；$b = \dfrac{W_\beta^3\cos^2\beta}{12X_\beta}$；$c = \dfrac{W_\gamma^3\cos^2\gamma}{12X_\gamma}$。

$W_\alpha$，$W_\beta$，$W_\gamma$为裂缝$\alpha$、$\beta$、$\gamma$的孔隙宽度；$X_\alpha$，$X_\beta$，$X_\gamma$分别为对应裂缝的平均间距，$\alpha$、$\beta$、$\gamma$为裂缝和压力梯度之间的夹角。

特低渗透油层的渗流阻力渗流理论、室内实验和矿场动态资料表明：储层渗流阻力与储层渗透率成反比，特低渗透储层由于存在启动压力梯度，为非达西渗流，并且渗透率越低，其启动压力梯度越大，渗流阻力也越大。由特低渗透油藏非达西渗流方程：

$$Q = J(P_H - P_f) - B(r - r_w) \tag{4-3}$$

$$J = \frac{2\pi chk}{\mu\ln\left(\dfrac{r}{r_w}\right)} \tag{4-4}$$

其中：$B = J\lambda$

$$P = \frac{Q\mu\ln\left(\frac{r}{r_{\mathrm{w}}}\right)}{2\pi chk} + \lambda(r - r_{\mathrm{w}}) \tag{4-5}$$

由此可见，特低渗透油藏渗流阻力除要克服水驱渗流阻力外，还要克服因启动压力梯度带来的附加阻力；其渗流阻力大小与启动压力梯度和有效驱动距离成正比。因各向渗透率与裂缝的夹角不同，各向渗流阻力也不同，人工压裂方向上渗流阻力最小，而垂直裂缝走向的渗流阻力最大。

2. 储层各向有效驱替距离

有效驱动距离就是在油层连通的条件下，在一定的驱动力下能驱动到的距离，对于注采井间：根据渗流理论，等产量一源一汇稳定径向流的水动力场中，所有各流线中主流线上的渗流速度最大；而在同一流线上，与源汇等距离处的渗流速度最小。在主流线中点处渗流速度最小，主流线中点处的压力梯度为：

$$\frac{\mathrm{d}P}{\mathrm{d}R} = \frac{P_{\mathrm{inj}} - P_{\mathrm{w}}}{\ln\frac{R}{r_{\mathrm{w}}}} \cdot \frac{2}{R} \tag{4-7}$$

当压力梯度等于启动压力压力梯度时，对应的注采井距为极限注采井距，即 $\frac{\mathrm{d}P}{\mathrm{d}R} = \lambda$

对西峰油田用25块岩心实验所的数据进行综合，回归得到启动压力梯度与渗透率关系式为：

$$\lambda = 0.0608K^{-1.1522} \tag{4-8}$$

将式(4-8)带入式(4-7)，得：

$$\frac{P_{\mathrm{inj}} - P_{\mathrm{w}}}{\ln\frac{R}{r_{\mathrm{w}}}} \cdot \frac{2}{R} = 0.0608K^{-1.1522} \tag{4-9}$$

由式(4-9)可知，特低渗透油藏极限距离与驱动压力成正比(图4-3)，与启动压力梯度成反比。而理论与实践表明启动压力与渗透率成反比。因此，储层各向极限驱动距离也不同。沿裂缝方向最大，垂直裂缝方向最小。

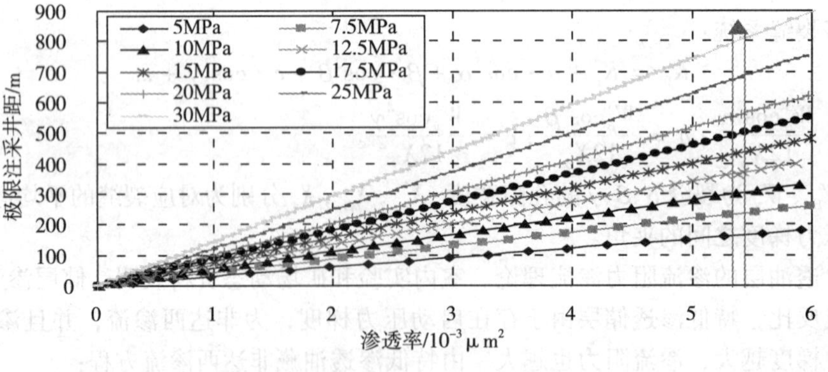


图4-3 不同生产压差下渗透率与极限注采井距的关系图

由图4-3求得不同渗透率储层极限井距。计算表明当渗透率为 $3\times10^{-3}\mu m^2$ 时，其极限井距为300m；而当渗透率为 $1.5\times10^{-3}\mu m^2$ 时，其极限井距为200m，当渗透率为 $1\times10^{-3}$

$\mu m^2$ 时，其极限井距为100m；当渗透率为 $0.5\times10^{-3}\mu m^2$ 时，其极限井距为50m。对注水开发的特低渗透油田来说，油井必须具有一定的产液能力才可能获得一定产油量(表4-3)。

**表4-3　西峰主要区块基本井网参数**

| 区　块 | 物性 | | | 井网参数 | | | |
|---|---|---|---|---|---|---|---|
| | 有效厚度/m | 孔隙度/% | 渗透率/$10^{-3}\mu m^2$ | 井网 | 井距/m | 排距/m | 井网密度/(口/$km^2$) |
| 白马中 | 15.8 | 10.5 | 2.72 | 菱形反九点 | 520 | 180 | 10.29 |
| 白马南 | 11.5 | 12.3 | 1.43 | 菱形反九点 | 540 | 220 | 8.42 |
| 董志 | 13.9 | 9.35 | 0.7 | 菱形反九点 | 540 | 130 | 14.24 |

从历年开发试井资料压力传导半径分析，与岩心实验数据接近。但是白马南区渗透率只有 $1.33\times10^{-3}\mu m^2$，而排距达到220m，驱替系统难以建立。

根据试采、地层测试、压力恢复及压力降落测试成果确定了各井的探测半径(图4-4)，其大小差异较大，最大的可达798m，最小的只有11m，西峰油田历年233个测试资料回归得有效渗透率与探测半径关系曲线，其相关式及计算结果如下：

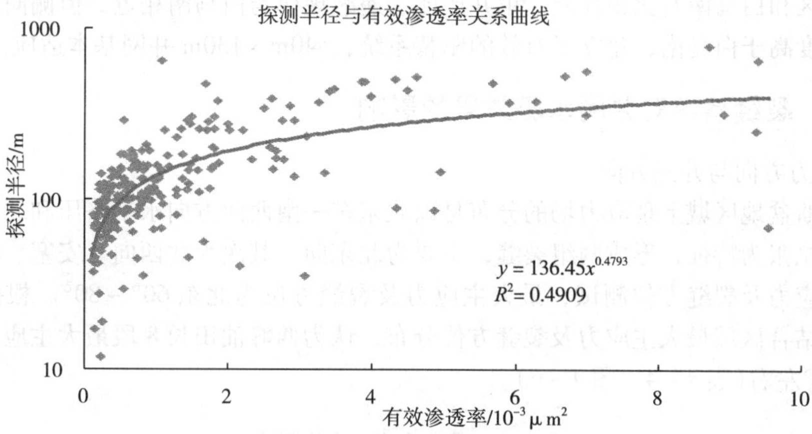


图4-4　探测半径与有效渗透率关系

$$r = 136.45K^{0.4793} \tag{4-10}$$

从岩石的水平渗透率和垂向渗透率的差异来看，储层的垂向渗透率与水平渗透率的比值为0.0968~0.8216，平均0.3682，说明储层沿水平方向的渗流能力远大于垂直方向。平均渗透率越低，层内非均质性相对低；平均渗透率越高，渗透率非均质性越大。

通过对西峰油田各主力区块渗透率与注采驱动距离研究，对白马中、白马南、董志区分别实施了180m、220m、130m的排距。通过极限井距与渗透率关系可以看出，当能量传递到侧向油井裂缝中时，白马中极限排距270m，白马南极限排距140m，董志极限排距120m(图4-5)。

从探测半径频度分布直方图上分析，白马中探测半径较为集中，主要分布在40~160，区块内建立了有效的驱替系统；白马南频度分散，探测半径相对较小，主要分布在60~120，动态反映该区长期注水不见效，有效的驱替系统难于建立；董志区探测半径60~

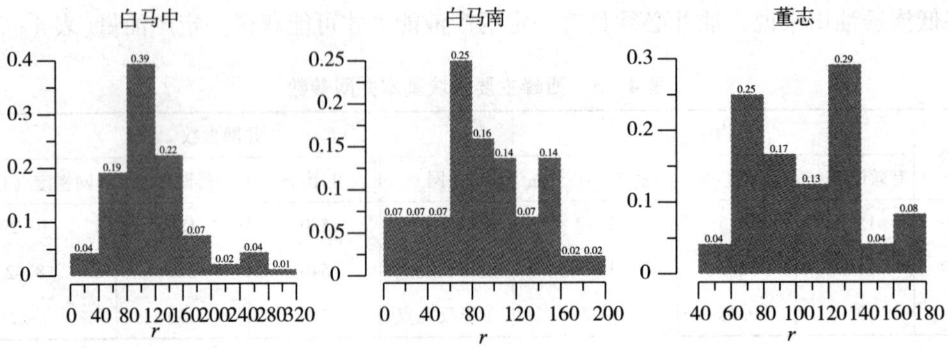


图 4-5　西峰油田主力区探测半径频度分布直方图

140m，基本建立有效的驱替系统。

总体评价，白马中主力井网 520m×180m，投产后单井产量运行平稳，压力保持水平高，油井见效比较均匀，基本建立了有效驱替系统，井网适应性好；白马南主力井网 540m×220m，从油井见水特征、平面压力分布情况分析，井网井距偏小，排距偏大，井网适应性差；董志区和白马南对比物性差，单井产能、递减规律与白马南相近，但侧向压力保持水平和见效程度高于白马南，建立了有效的驱替系统，540m×130m 井网基本适应。

### 4.2.3　裂缝系统对井网水驱效果的影响

1. 主应力方向与井网方向

鄂尔多斯盆地区域上现应力场的分布是以北东东—南西西方向水平挤压和北北西—南南东方向水平拉张为特征，形成两组裂缝，主要为北东向，其次为北西向。安塞、靖安、华池油田根据地应力及裂缝方位测试，最大主应力及裂缝方位为北东 60°~80°。根据目前各种测试结果并结合区域最大主应力及裂缝方位分布，认为西峰油田长 8 段最大主应力及裂缝方位为北东 75°左右(表 4-4、图 4-6)。

**表 4-4　最大主应力方位测试**

| 白马区 | | | 董志区 | | |
|---|---|---|---|---|---|
| 测试方法 | 井号 | 结果 | 测试方法 | 井号 | 结果 |
| 5700 测井解释 | 西 43 | NE99 | 5700 测井解释 | 西 120 | 近东-西向 |
| | 西 103 | NE30-60 | | 董 75-54 | 近东-西向 |
| | 西 105 | 各向异性不明显 | | 董 77-49 | 各向异性不明显 |
| | 西 31-35 | 各向异性不明显 | 大地电位法 | 西 124 | 近东-西向 |
| | 庄 13 | NE73 | | 董 82-50 | NE75 |
| | 宁 4 | NE70 | | 董 77-49 | NE76.9 |
| 岩心分析 | 西 26-29 | NE71.8 | 岩心分析 | 西 129 | NE89.1 |
| 大地电位法 | 西 27 | NE75 | | 西 114 | NE81.5 |
| | 西 29-19 | NE75 | | 西 66 | NE75 |

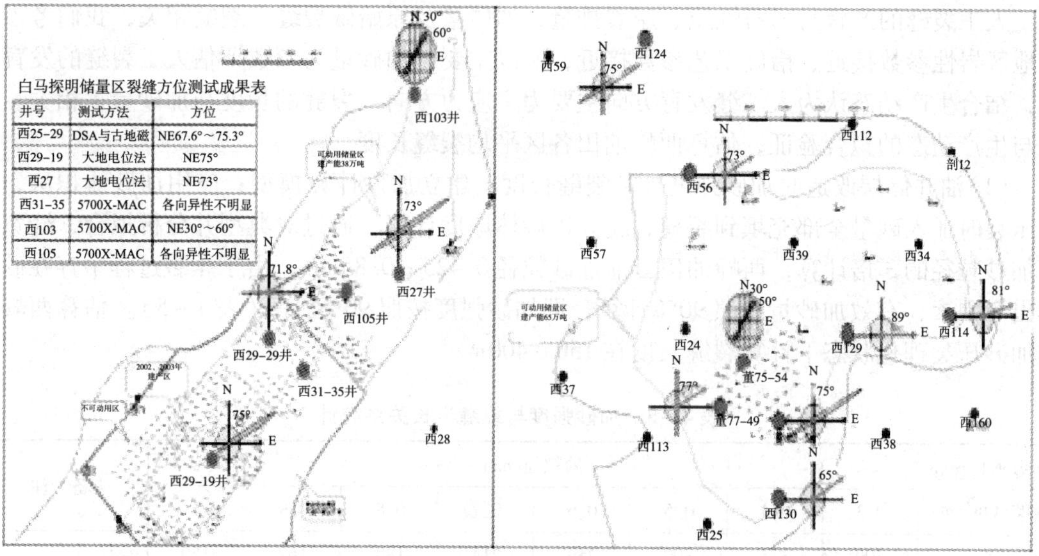


图 4－6　西峰油田主力区裂缝方位示意图

在初期布井时，白马中、白马南、董志区均以北东 75°井网设计。开发过程中白马南、董志区、白马中南部西 13 井区，油井主要见水方向与裂缝方向一致，井网方向与裂缝方向相符。

但从开发动态判断，白马中区北部西 17 井区见水方向与井网设计方向不一致，该区试油出水及早期水淹井集中在井网的侧向井，通过试井及动态验证，裂缝发育方向为 60°。

主要依据：一是西 31－38 水淹后，经脉冲试井井验证与西 30－35 对应，同样西 29－36 水淹后验证与西 30－39 对应明显，水淹井方位均在注水井 60°方位。二是超前注水期早期水淹井也分布在 60°方位，按 60°方位分析该区水淹现象，该区见水、水淹形势得到较好解释(图 4－7)。

该区井网井网设计为北东 75°由于实际主应力方向在该区的变化，目前井网实际为 750m × 120m 的等效井网。裂缝与井网不配套，排距过小，油井易见水，油藏低含水采油期短。

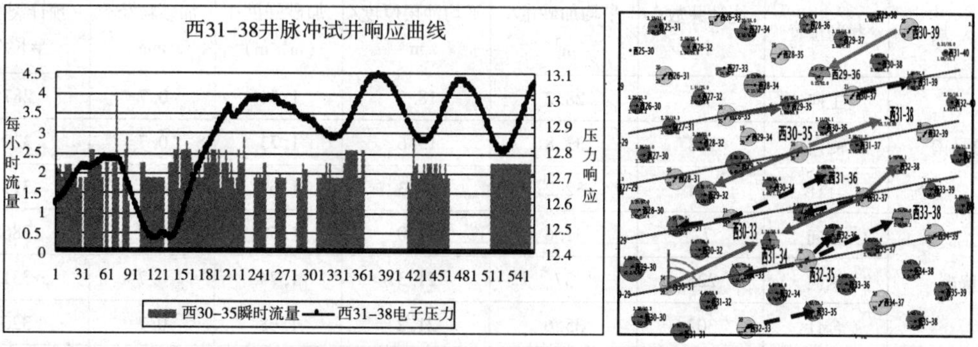


图 4－7　西 31－33 井组脉冲试井响应曲线图

2. 人工裂缝对水驱效果的影响

西峰油田长 8 油藏一般增色需较大砂量压裂才具有基本产能，研究人工裂缝的产状是分析油藏渗流的前提。

人工裂缝的产状与岩石性质、压裂排量、加砂量及原始微裂缝－裂缝相关，我们考虑西峰地区岩性参数接近、措施工艺参数接近，所以主要以加砂量为参数评估人工裂缝的发育情况，结合生产动态认为人工缝发育方向主要为主应力方向，裂缝的长度与加砂量正相关。通过与生产动态的拟合验证，估算西峰油田各区平均裂缝长度。

(1)油井储层改造时加砂强度计算裂缝长度。建立加砂计算模型：应用加砂体积法，油层压裂时加入砂量全部充填到裂缝，缝高以砂体厚度计算，通过对典型井分析拟合，缝宽按照加砂粒径的3倍计算，西峰油田目前加砂粒径0.425～0.85mm，由于压裂过程中存在砂量排出等因素，有效加砂量按照90%计算，即加砂强度按照90%计算(表4－5)。估算西峰油田加砂压裂理想状态下计算裂缝长度在150～400m。

**表4－5　加砂强度与裂缝半长关系统计**

| 裂缝半长加砂强度/($m^3$/m) | 砂粒径/mm | | | | | | | | 备　注 |
|---|---|---|---|---|---|---|---|---|---|
| | 0.3 | 0.4 | 0.5 | 0.6 | 0.7 | 0.8 | 0.9 | 1 | |
| 1 | 500 | 375 | 300 | 250 | 214 | 188 | 167 | 150 | 缝宽按照沙粒径的3倍计算，目前粒径0.425～0.85mm |
| 1.5 | 750 | 563 | 450 | 375 | 321 | 281 | 250 | 225 | |
| 2 | 1000 | 750 | 600 | 500 | 429 | 375 | 333 | 300 | |
| 2.5 | 1250 | 938 | 750 | 625 | 536 | 469 | 417 | 375 | |
| 3 | 1500 | 1125 | 900 | 750 | 643 | 563 | 500 | 450 | |
| 3.5 | 1750 | 1313 | 1050 | 875 | 750 | 656 | 583 | 525 | |
| 4 | 2000 | 1500 | 1200 | 1000 | 857 | 750 | 667 | 600 | |

对西峰油田各主力区块加砂强度进行统计，西峰油田平均加砂强度1.75$m^3$/m，加砂粒径按照0.7mm计算，估算西峰油田平均裂缝半长在330m左右(表4－6)。

**表4－6　西峰油田分布加砂强度统计表**

| 区　块 | 井网位置 | 统计井数/口 | 平均加砂量/$m^3$ | 平均沙层厚度/m | 加砂强度/($m^3$/m) | 加砂粒径/mm | 预计裂缝缝半长/m |
|---|---|---|---|---|---|---|---|
| 白马南 | 主向 | 76 | 28.2 | 18.7 | 1.51 | 0.7 | 287 |
| | 侧向 | 188 | 33.8 | 19.6 | 1.73 | 0.7 | 329 |
| | 合计 | 264 | 32.2 | 19.3 | 1.67 | 0.7 | 317 |
| 董志 | 主向 | 77 | 31.6 | 21.0 | 1.50 | 0.7 | 286 |
| | 侧向 | 225 | 37 | 21.3 | 1.74 | 0.7 | 331 |
| | 合计 | 302 | 35.6 | 21.2 | 1.68 | 0.7 | 320 |
| 白马中 | 主向 | 123 | 30.5 | 17.0 | 1.79 | 0.7 | 341 |
| | 侧向 | 243 | 32.2 | 16.7 | 1.93 | 0.7 | 367 |
| | 合计 | 366 | 31.7 | 16.8 | 1.88 | 0.7 | 358 |
| 西峰油田 | 合计 | 933 | 33.1 | 19.0 | 1.75 | 0.7 | 332 |

(2)应用水淹模型法计算裂缝长度。西峰油田主向井水淹现象明显，但是大部分井水淹后液量变化不明显，我们通过数值模拟验证认为：油井水淹是因为油井裂缝沟通注水井注入水体(而不是裂缝贯通)。

模型建立：应用物质平衡原理，水井注入流体驱动油层中流体，当注入水前缘推进到裂缝或油井附近时，油井见水或水淹，而注水推进的距离与油水井距之差就是油水井之间裂缝长度。

根据相关资料，西峰油田考虑主向与侧向渗透率为3∶1，假设注水在油藏中推进成3∶1的长方体均匀推进，当注水推进到裂缝处时，油井很快含水上升，因此裂缝半长就是井距与注水推进距离之差(表4-7)。

注入水体积就是推动孔隙中流体的体积，假设孔隙度一定，残余流体50%，垂向上水驱厚度为砂层厚度50%。

因此裂缝长度就是：

$$Q_{累计注水} = 0.5 \times (0.5 \times H \times L_{侧向水驱半长} \times L_{主向水驱半长}) \tag{4-11}$$

$$L_{裂缝半长} = L_{油水井距} - L_{主向水驱半长} \tag{4-12}$$

**表4-7　西25区见水井裂缝长度计算表(长方体)**

| 序　号 | 井号 | 见水周期 | 见水方向 | 油井见水时累计注水量/m | 砂层厚度/m | 孔隙/% | 水驱半径/m | 油水井距/m | 裂缝半长度/m |
|---|---|---|---|---|---|---|---|---|---|
| 1 | 董83-40 | 171 | 董82-39 | 7199 | 18.3 | 9.0 | 137 | 540 | 403 |
| 2 | 董79-46 | 35 | 董78-45 | 11485 | 15.4 | 9.0 | 189 | 540 | 351 |
| 3 | 董83-44 | 446 | 董82-43 | 19585 | 16.6 | 9.0 | 238 | 540 | 302 |
| 4 | 董85-36 | 79 | 董86-37 | 3647 | 17.5 | 9.0 | 100 | 540 | 440 |
| 5 | 董81-44 | 499 | 董82-45 | 6003 | 19.1 | 9.0 | 123 | 540 | 417 |
| 6 | 董83-42 | 74 | 董82-43 | 2941 | 16.6 | 9.0 | 92 | 540 | 448 |
| 7 | 董85-40 | 69 | 董84-39 | 1493 | 18.6 | 9.0 | 62 | 540 | 478 |
| 8 | 董85-38 | 130 | 董84-37 | 5396 | 25.3 | 9.0 | 101 | 540 | 439 |
| 9 | 西130 | 463 | 董86-43 | 20496 | 17.6 | 9.0 | 236 | 270 | 34 |
| 合计 | | 218 | | 8694 | 18 | 9.0 | 138 | 540 | 402 |

为了估算方便，我们把注入水体按3∶1的长方体计算，拟合计算水淹井的裂缝半长。通过对西25井区见水、水淹井进行拟合计算，主向水淹油井人工裂缝长402m和加砂模型接近。

(3)应用动态监测裂缝模型分析解释裂缝长度。通过油井试井解释，可以计算有效裂缝长度。在西峰油田油井压力恢复测试中，可以普遍发现曲线形态符合裂缝模型，通过解释，可以得出裂缝有效渗流长度(图4-8)。

西峰油田所有油井均为压裂投产，因此，油井的首选模型便是裂缝模型。其次，西峰油田长8油层尽管为三角洲沉积体系，但在平面上分布着三角洲前缘分流河道、主河道、河口坝、天然堤、分流间弯、浅湖、席状砂等多个微相，造成平面上地层系数分布差异较大在储层物性特征上，孔隙度从1.6%到16%，相差了10倍，渗透率从小于$0.1 \times 10^{-3}\mu m^2$到$19.134 \times 10^{-3}\mu m^2$，差异较大，储层具有极强的非均质性，所以，复合油藏模型在试井解释过程中得到了广泛应用。

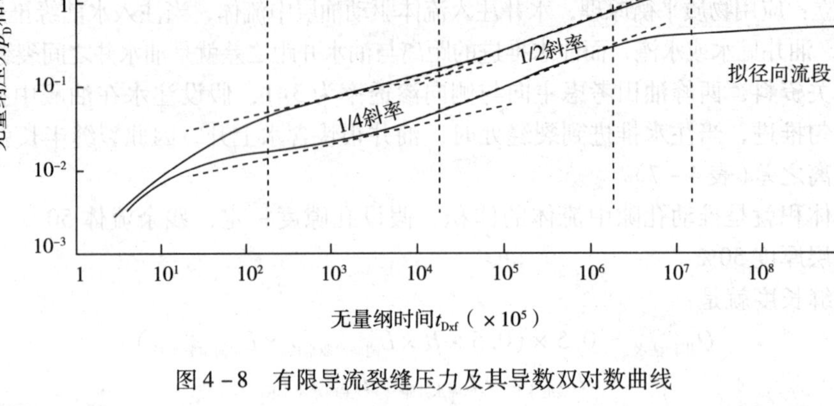

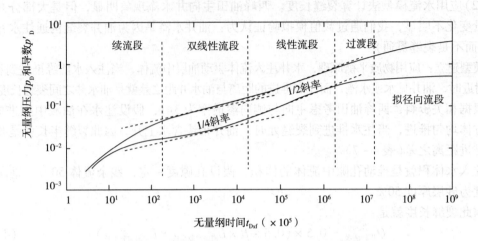

图 4－8　有限导流裂缝压力及其导数双对数曲线

压裂裂缝中充填砂子而且砂子的粒度混合比达到某种合适程度时，裂缝的导流能力成为能与地层的渗透性相比较的有限导流能力。这种有限导流裂缝的曲线形态如图所示。这种有限导流裂缝不稳定曲线可分成五段，即续流段、双线性流段、线性流段、过渡段、拟径向流段。

（4）动态监测判断裂缝的发育（脉冲试井法）。西 28－22 井为了搞清来水方向，决定采用井下关井及脉冲试井工艺技术进行判断。由于西 27－22、西 29－24 井投注较晚，因此只对西 27－20、西 29－22 井进行脉冲试井。从脉冲对应关系看，西 29－22 与西 28－22 井对应关系不明显，而西 27－20 与西 28－22 井的对应关系比较明显，主要有以下特征：①西 27－20 井前期停井 400h 在西 28－22 井也有一个 400h 的压力下降段；②西 27－20 井激动时，注水量上提，在西 28－22 井上压力一次比一次有所上升，两个激动周期也比较明显；从以上分析可以得出以下结论：西 28－22 井的来水方向为西偏南方向的西 27－20 井，说明这两口之间存在有比较明显的裂缝沟通（图 4－9、图 4－10）。

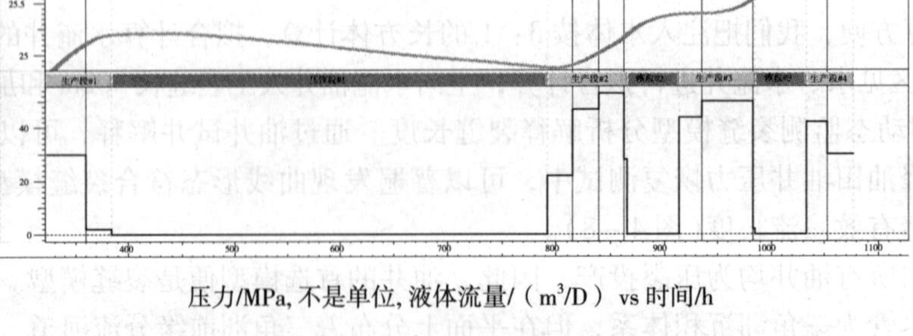


图 4－9　西 28－22 与西 27－20 井脉冲结果图

（5）应用动态分析法判断裂缝发育。通过对见水油井对因应注水井分时期地调整注水，观察油井产量、含水、动液面的变化而区分油井见水方向来判断裂缝发育情况。共停注观察

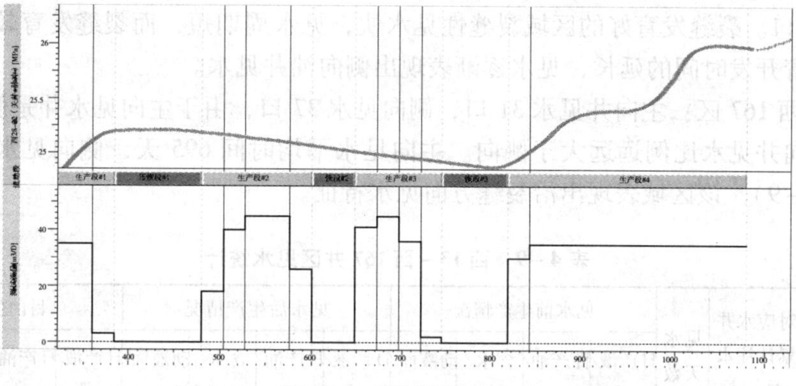


图 4－10　西 28－22 与西 29－22 井脉冲结果图

68 口水井，判断出了 36 口油井的见水方向，主向见水井 26 口，侧向 10 口。

通过分析油井对应注水量变化与油井产量含水变化趋势情况，认为最拟合的水井方向是主要见水方向。确定了 87 口油井的见水方向，主向见水井 53 口，侧向 34 口。

3. 见水现状

由于西峰油田微裂缝发育油井见水快，见水井 435 口，主向井见水 175 口，占主向总井数的 65.3%，侧向井见水 164 口。主力区基础井网水淹关井 63 口，其中主向井水淹 37 口，侧向水淹 26 口(表 4－8)。

**表 4－8　西峰油田主侧向见水统计**

| 区块 | 分类 | 井数 | 对应水井累计注水量/m³ | 见水天数 | 见水前生产情况 | | | | 目前生产情况 | | | |
|---|---|---|---|---|---|---|---|---|---|---|---|---|
| | | | | | 日产液/m³ | 日产油/t | 含水/% | 动液面/m | 日产液/m³ | 日产油/t | 含水/% | 动液面/m |
| 白马南 | 主向 | 42 | 12188 | 350 | 168.0 | 135.1 | 4.3 | 1598 | 118.0 | 24.6 | 75.2 | 1300 |
| | 侧向 | 21 | 12227 | 340 | 74.1 | 59.0 | 5.2 | 1614 | 72.5 | 30.7 | 49.6 | 1573 |
| | 投产见水 | 34 | | | 128.0 | 23.2 | 78.5 | 1445 | 68.5 | 14.7 | 74.5 | 1507 |
| 白马中 | 主向 | 86 | 24883 | 750 | 587.0 | 468.6 | 6.2 | 1372 | 425.5 | 193.7 | 46.5 | 1227 |
| | 侧向 | 109 | 22360 | 838 | 695.0 | 540.8 | 8.5 | 1304 | 548.8 | 276.3 | 40.8 | 1192 |
| | 投产见水 | 23 | | | 114.1 | 62.9 | 34.4 | 1346 | 56.7 | 30.5 | 36.0 | 1186 |
| 董志 | 主向 | 47 | 9790 | 269 | 170.4 | 131.5 | 8.1 | 1554 | 116.7 | 44.2 | 54.9 | 1492 |
| | 侧向 | 34 | 10108 | 287 | 138.8 | 108.0 | 7.4 | 1492 | 103.1 | 40.0 | 53.8 | 1502 |
| | 投产见水 | 39 | | | 171.0 | 55.5 | 61.4 | 1444 | 60.7 | 19.7 | 61.4 | 1616 |
| 合计 | 主向 | 175 | 17783 | 525 | 925.9 | 735.3 | 5.5 | 1475 | 660.2 | 262.4 | 52.7 | 1340 |
| | 侧向 | 164 | 18522 | 660 | 907.9 | 707.8 | 7.2 | 1383 | 724.3 | 347.0 | 43.0 | 1423 |
| | 投产见水 | 96 | | | 413.2 | 141.5 | 59.2 | 1420 | 185.9 | 64.9 | 58.5 | 1437 |
| | 合计 | 435 | 18141 | 590 | 2247.0 | 1584.5 | 16 | 1428 | 1570.3 | 674.3 | 48.9 | 1392 |

(1)白马中。白马中主向油井见水86口，井网侧向井见水109口，由于油藏边部投产初期见水井23口。裂缝发育好的区域裂缝性见水快，见水周期短，而裂缝发育较差区域见水周期长。随着开发时间的延长，见水逐渐表现出侧向油井见水。

西13－西167区：主向井见水31口，侧向见水37口，由于主向见水井是侧向井数的2倍，因此主向井见水比例远远大于侧向。主向见水平均时间695天，侧向见水平均时间为908天(表4－9)。该区域表现出沿裂缝方向见水特征。

**表4－9　西13－西167井区见水统计**

| 分类 | 井数 | 对应水井累计注水量/$m^3$ | 见水天数 | 见水前生产情况 | | | | 见水后生产情况 | | | | 目前生产情况 | | | |
|---|---|---|---|---|---|---|---|---|---|---|---|---|---|---|---|
| | | | | 日产液/$m^3$ | 日产油/t | 含水/% | 动液面/m | 日产液/$m^3$ | 日产油/t | 含水/% | 动液面/m | 日产液/$m^3$ | 日产油/t | 含水/% | 动液面/m |
| 主向 | 38 | 24197 | 695 | 309.3 | 249.2 | 5.2 | 1252 | 319.6 | 177.4 | 34.7 | 1280.2 | 210.8 | 96.4 | 46.2 | 1120 |
| 侧向 | 24 | 24223 | 908 | 197.4 | 158.4 | 5.6 | 1082 | 211.9 | 153.8 | 14.6 | 1070.0 | 162.6 | 97.6 | 29.4 | 1035 |
| 投产见水 | 15 | | | 22.6 | 18.0 | 6.2 | 1422 | 101.9 | 33.7 | 61.1 | 1450.2 | 60.3 | 19.3 | 62.4 | 1471 |
| 合计 | 77 | 19491 | 626 | 529.3 | 425.6 | 4.3 | 1252 | 633.1 | 364.8 | 31.4 | 1267 | 433.7 | 213.3 | 41.5 | 1208 |

西17区：由于裂缝方向发生偏转，原来的侧向井变为主向井，同时油水井排距缩小到120m，主侧向关系不明显，因此该区见水井比例大(表4－10)。因此，从见水情况分析白马中区西13井区井网较为适应，而西17井区见水过快，井网适应性较差。

**表4－10　重新划分西17区主侧向关系**

| 区域 | 主侧向 | 井数 | 平均见水周期 | 平均累计注水量 | 见水前生产情况 | | | | 见水后生产情况 | | | |
|---|---|---|---|---|---|---|---|---|---|---|---|---|
| | | | | | 日产液/$m^3$ | 日产油/t | 含水/% | 动液面/m | 日产液/$m^3$ | 日产油/t | 含水/% | 动液面/m |
| 西17区 | 主向 | 34 | 780 | 19984 | 191.6 | 150.2 | 7.7 | 1325 | 202.3 | 128.3 | 25.4 | 1307 |
| | 侧向 | 81 | 895 | 24496 | 466.2 | 258.9 | 9.4 | 1402 | 486.2 | 320.2 | 22.5 | 1322 |
| | 合计 | 115 | 861 | 23250 | 658 | 509 | 8.9 | 1381 | 688 | 448 | 23.4 | 1317 |

(2)白马南。白马南区因储层物性差、井网井排距大(540m×220m)，现有井网没有建立起有效驱替系统，侧向井见效程度低。主向井见水快，表现出较强的裂缝油藏水驱特征，主向见水42口(占注水见水总井数的66.7%)，平均见水时间为225天，主向井见水时对应水井平均单井注水12188$m^3$(表4－11)。由地层系数分布图和含水分布图可以看出，地层物性较好区域，主向油井含水上升快。对比主侧向目前含水和见水井比例，白马南井距偏小、排距偏大，主向井易见水，见水后含水上升速度快，侧向油井不易见效，含水低，油藏有效的驱替系统难以建立，井网不适应。

(3)董志区。由于裂缝油井见水81口，其中主向油井见水47口(见水率61%)，平均见水时间为269天，因此在董志区裂缝方向与见水方向同时受沉积环境影响在分流间湾及河口坝处含水较高，投产见水35口(表4－12)。以主向井裂缝见水为主，见水方向与裂缝方向保持一致。

**表 4-11　白马南区见水井统计**

| 分类 | 井数 | 对应水井累计注水量/$m^3$ | 见水天数 | 见水前生产情况 | | | | 见水后生产情况 | | | | 目前生产情况 | | | |
|---|---|---|---|---|---|---|---|---|---|---|---|---|---|---|---|
| | | | | 日产液/$m^3$ | 日产油/t | 含水/% | 动液面/m | 日产液/$m^3$ | 日产油/t | 含水/% | 动液面/m | 日产液/$m^3$ | 日产油/t | 含水/% | 动液面/m |
| 主向 | 42 | 12188 | 350 | 168 | 135.1 | 4.3 | 1598 | 158.7 | 76.8 | 42.4 | 1592 | 118 | 24.6 | 75.2 | 1300 |
| 侧向 | 21 | 12227 | 340 | 74.1 | 59 | 5.2 | 1614 | 73.2 | 36.8 | 40.2 | 1572 | 72.5 | 30.7 | 49.6 | 1573 |
| 投产见水 | 34 | | | 128 | 23.2 | 78.5 | 1445 | 126.9 | 19.7 | 81.6 | 1445 | 68.5 | 14.7 | 74.5 | 1507 |
| 合计 | 97 | 7924 | 225 | 370.2 | 217.3 | 30.1 | 1552 | 358.8 | 133.3 | 55.8 | 1536 | 258.9 | 69.9 | 67.8 | 1460 |

**表 4-12　董志区见水井统计**

| 分类 | 井数 | 对应水井累计注水量/$m^3$ | 见水天数 | 见水前生产情况 | | | | 见水后生产情况 | | | | 目前生产情况 | | | |
|---|---|---|---|---|---|---|---|---|---|---|---|---|---|---|---|
| | | | | 日产液/$m^3$ | 日产油/t | 含水/% | 动液面/m | 日产液/$m^3$ | 日产油/t | 含水/% | 动液面/m | 日产液/$m^3$ | 日产油/t | 含水/% | 动液面/m |
| 主向 | 47 | 9790 | 269 | 170.4 | 131.5 | 8.1 | 1554 | 213.3 | 85.2 | 52.2 | 1565 | 116.7 | 44.2 | 54.9 | 1492 |
| 侧向 | 34 | 10108 | 287 | 138.8 | 108.0 | 7.4 | 1492 | 164.3 | 76.3 | 44.7 | 1546 | 103.1 | 40.0 | 53.8 | 1502 |
| 投产见水 | 39 | | | 171.0 | 55.5 | 61.4 | 1444 | 166.5 | 49.9 | 64.3 | 1444 | 60.7 | 19.7 | 61.4 | 1616 |
| 合计 | 120 | 6698 | 187 | 480.2 | 295.0 | 26.9 | 1497 | 544.0 | 211.4 | 53.7 | 1518 | 280.5 | 103.9 | 55.9 | 1537 |

# 4.3　西峰油田现在的开发水平

2013 年，通过细分开发单元、精细注水调整、堵水调剖、周期注水、精细分层注水、完善注采井网等工作，油田整体压力保持水平、水驱状况保持稳定，两项递减减小，开发形势变好。

## 4.3.1　能量保持稳定，压力分布趋于合理

2013 年西峰油田在细分开发单元的基础上，利用油藏工程方法、结合动态变化、能量分布及排状注水区面强点弱的注水政策，主要结合压力、含水等变化特征在局部进行调整，开展注水参数优化，控制注水强度。整体注水强度由 2012 年 12 月的 1.6 $m^3/m\cdot d$ 下降到目前的 1.47$m^3/m\cdot d$，优化后油田能量保持稳定（表 4-13）。针对白马中区高采出程度含水上升快的西 33-17、西 13 单元、西 41 区平面矛盾突出主向井含水上升快的西 134、西 131、西 47 单元、白马南裂缝发育区主向井含水上升的西 187、西 137 开发单元等，开展注水参数优化与控制注水强度，整体注水强度由 2012 年 12 月的 1.6 $m^3/m\cdot d$ 下降到目前的 1.47$m^3/m\cdot d$。对应油井 752 口，见效 86 口，单井日增油 0.14t，累积增油 5961t（表 4-14）。

**表4－13　西峰油田分区开发注水参数优化汇总**

| 区　块 | 上调情况 | | | 下调情况 | | |
|---|---|---|---|---|---|---|
| | 单元数/个 | 井数/口 | 水量/$m^3$ | 单元数/个 | 井数/口 | 水量/$m^3$ |
| 白马中 | 8 | 16 | 81 | 2 | 52 | 153 |
| 董志 | 2 | 5 | 16 | 1 | 2 | 48 |
| 西41 | | | | 5 | 35 | 222 |
| 白马南 | | | | 8 | 12 | 99 |
| 庄58 | | | | 1 | 3 | 25 |
| 西峰油田 | 10 | 21 | 97 | 17 | 104 | 547 |

**表4－14　西峰油田分单元开发注水参数优化汇总**

| 注水开发单元 | 2013年调整井组/个 | 对应油井/口 | 见效油井/口 | 见效前单井生产情况 | | | | 见水后生产情况 | | | | 单井日增油/t | 2013年累计增油量/t |
|---|---|---|---|---|---|---|---|---|---|---|---|---|---|
| | | | | 日产液/$m^3$ | 单井产能/t/d | 含水/% | 动液面/m | 日产液/$m^3$ | 单井产能/(t/d) | 含水/% | 动液面/m | | |
| 白马中西33－17单元 | 23 | 122 | 10 | 7.5 | 4.1 | 35.7 | 1054 | 7.2 | 4.3 | 29.7 | 1044 | 0.2 | 768 |
| 白马中西40－24单元 | 14 | 61 | 11 | 4.1 | 2.2 | 37.5 | 1307 | 4.5 | 2.4 | 37.8 | 1300 | 0.2 | 668 |
| 白马中西20－10单元 | 1 | 8 | 3 | 7.3 | 5.2 | 16.9 | 1153 | 7.5 | 5.3 | 16.9 | 1130 | 0.1 | 139 |
| 白马中西105单元 | 1 | 5 | 0 | | | | | | | | | | |
| 白马中西13单元 | 10 | 60 | 11 | 8.8 | 4.9 | 34.6 | 1074 | 9.0 | 5.0 | 34.6 | 1002 | 0.1 | 745 |
| 白马中西23单元 | 2 | 12 | 5 | 7.1 | 5.5 | 8.9 | 1279 | 7.4 | 5.6 | 11.0 | 1277 | 0.1 | 32 |
| 白马中西16单元 | 8 | 47 | 2 | 4.7 | 3.6 | 9.6 | 1393 | 4.9 | 3.7 | 11.2 | 1386 | 0.1 | 68 |
| 白马中西30－35单元 | 3 | 22 | 0 | | | | | | | | | | |
| 白马南西137单元 | 6 | 24 | 1 | 2.5 | 2.0 | 6.8 | 1425 | 3.1 | 2.4 | 8.9 | 1439 | 0.4 | 161 |
| 白马南西187单元 | 1 | 7 | 0 | | | | | | | | | | |
| 白马南西58单元 | 1 | 5 | 1 | 1.6 | 1.2 | 5.7 | 1504 | 1.8 | 1.4 | 8.5 | 1549 | 0.2 | 59 |
| 白马南西36单元 | 1 | 3 | 0 | | | | | | | | | | |
| 白马南西45单元 | 3 | 12 | 0 | | | | | | | | | | |
| 西41区西131单元 | 32 | 201 | 24 | 2.9 | 1.9 | 21.6 | 1460 | 3.1 | 2.0 | 24.1 | 1395 | 0.1 | 2374 |
| 西41区西98单元 | 8 | 55 | 5 | 2.7 | 2.0 | 14.0 | 1235 | 2.8 | 2.0 | 16.0 | 1212 | 0.0 | 204 |
| 西41区西41单元 | 5 | 17 | 0 | | | | | | | | | | |
| 西90区 | 1 | 8 | 0 | | | | | | | | | | |
| 宁21 | 6 | 21 | 3 | 2.8 | 1.5 | 36.2 | 1089 | 3.2 | 1.7 | 37.5 | 1073 | 0.2 | 181 |
| 庄58单元 | 3 | 9 | 0 | | | | | | | | | | |
| 庄19单元 | 3 | 9 | 3 | 2.4 | 1.6 | 20.6 | 1546 | 2.7 | 1.8 | 23.7 | 1573 | 0.2 | 92 |
| 董志区西25单元 | 2 | 6 | 2 | 1.1 | 0.8 | 9.1 | 1468 | 1.5 | 1.1 | 9.4 | 1466 | 0.3 | 89 |
| 董志区东70－55单元 | 1 | 5 | 0 | | | | | | | | | | |
| 董志区西33单元 | 7 | 33 | 5 | 2.0 | 1.6 | 7.1 | 1366 | 2.4 | 1.8 | 11.8 | 1365 | 0.2 | 381 |
| 西峰油田 | 142 | 752 | 86 | 4.64 | 2.87 | 26.4 | 1293 | 4.83 | 3.01 | 25.9 | 1262 | 0.14 | 5961 |

调整后含水上升减缓，压力分布日趋合理，油田平均地层压力由16.3MPa上升至16.5MPa，压力保持水平由97.4%下降至99.0%，其中可对比井数71口，可对比压力由16.4MPa上升至16.6MPa，上升0.2MPa(图4－11、表4－15)。

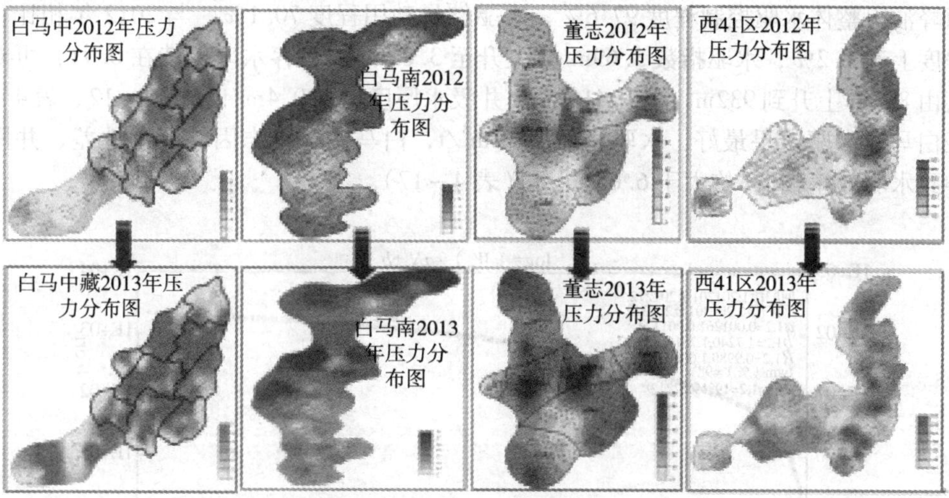


图4－11　白马中区压力分布图

**表4－15　西峰油田主力区2013年能量保持及利用统计**

| 区块 | 位置 | 原始地层压力/Mp | 2012年 | | | 2013年 | | | 可对比压力/MPa | | | 备注 |
|---|---|---|---|---|---|---|---|---|---|---|---|---|
| | | | 计算井数/口 | 压力MPa | 保持水平/% | 计算井数/口 | 压力MPa | 保持水平/% | 井数 | 201212 | 201312 | |
| 董志区 | 主向 | 14.4 | 13 | 17.2 | 119.4 | 5 | 16.8 | 116.7 | 2 | 17.6 | 16.7 | 保持稳定 |
| | 侧向 | | 28 | 13.1 | 90.8 | 15 | 13.6 | 94.4 | 11 | 14.2 | 14.0 | |
| | 平均 | | 41 | 14.4 | 99.9 | 20 | 14.4 | 100.0 | 13 | 14.7 | 14.4 | |
| 白马中区 | 主向 | 18.1 | 27 | 19.6 | 108.3 | 14 | 18.6 | 102.8 | 9 | 18.7 | 18.7 | 趋于合理 |
| | 侧向 | | 28 | 17.6 | 97.2 | 35 | 18.0 | 99.4 | 24 | 17.9 | 18.0 | |
| | 平均 | | 55 | 18.6 | 102.7 | 49 | 18.2 | 100.4 | 33 | 18.1 | 18.2 | |
| 西41区 | 主向 | 16.65 | 12 | 18.3 | 109.9 | 8 | 17.1 | 102.4 | 2 | 17.2 | 17.9 | 保持稳定 |
| | 侧向 | | 9 | 13.1 | 78.7 | 17 | 15.6 | 93.7 | 4 | 14.0 | 15.2 | |
| | 平均 | | 21 | 16.1 | 36.5 | 25 | 16.1 | 96.5 | 6 | 15.1 | 16.1 | |
| 白马南区 | 主向 | 16.5 | 11 | 18.9 | 114.5 | 6 | 19.2 | 116.4 | 5 | 20.4 | 21.8 | 上升 |
| | 侧向 | | 31 | 13.8 | 83.6 | 17 | 13.1 | 79.4 | 14 | 12.9 | 13.1 | |
| | 平均 | | 42 | 15.1 | 91.7 | 23 | 15.4 | 99.1 | 19 | 14.9 | 15.4 | |
| 西峰 | 主向 | 16.8 | 63 | 18.7 | 112.2 | 33 | 18.5 | 111.0 | 18 | 18.9 | 19.3 | 上升 |
| | 侧向 | | 96 | 14.6 | 87.6 | 84 | 15.7 | 94.2 | 53 | 15.5 | 15.7 | |
| | 平均 | | 159 | 16.3 | 97.4 | 117 | 16.5 | 99.0 | 71 | 16.4 | 16.6 | |

### 4.3.2 水驱状况平稳，水驱可采储量增加

2013 年通过检串分注、补孔分注，实施堵水调剖、周期注水，整体水驱状况保持平稳，水驱动用可采储量增加 258.8 $\times 10^4$t。

西峰油田整体水驱控制程度 97.6%，水驱储量动用程度 70.1%，与 2012 年相比，水驱动用程度上升 1.2%，水驱指数 3.69$m^3$/t 上升至 3.81$m^3$/t，存水率保持在 0.91，可对比吸水厚度由 891m 上升到 932m，上升 41m，单井吸水厚度增加 0.4m/口(图 4-12、表 4-16)。主力区白马中水驱效果最好，水驱指数 2.12$m^3$/t，白马南、董志因储层物性差、井网适应性差导致水驱效率较低(均大于 6.65 $m^3$/t)(表 4-17)。

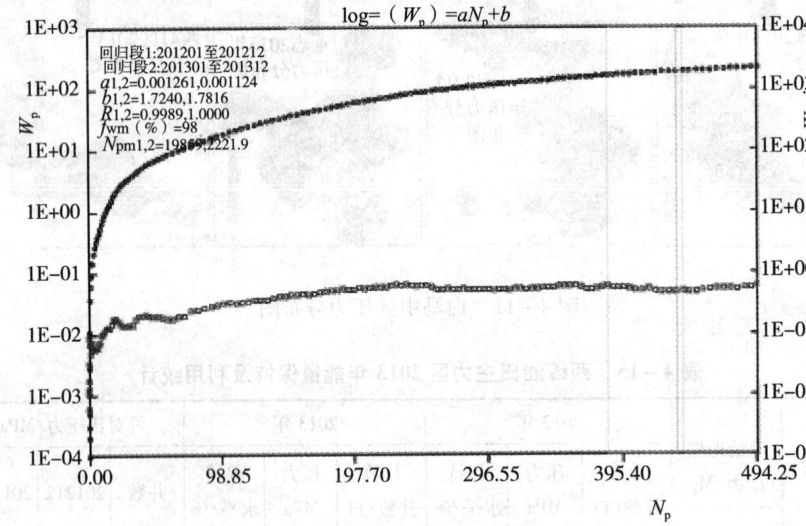


图 4-12 西峰油田水驱特征曲线

**表 4-16 西峰油田主力区块水驱指数和存水率统计**

| 区 块 | 2012 年 | | 2013 年 | |
|---|---|---|---|---|
| | 存水率 | 水驱指数 | 存水率 | 水驱指数 |
| 董志 | 0.941 | 6.31 | 0.943 | 6.65 |
| 白马南 | 0.963 | 6.92 | 0.964 | 7.15 |
| 白马中 | 0.863 | 2.08 | 0.855 | 2.12 |
| 西 40 井区 | 0.758 | 1.02 | 0.819 | 1.32 |
| 西 41 井区 | 0.891 | 4.40 | 0.882 | 4.01 |
| 白马西 | 0.805 | 3.52 | 0.813 | 3.38 |
| 庄 19 井区 | 0.928 | 9.73 | 0.928 | 9.92 |
| 庆阳 | 0.916 | 6.88 | 0.916 | 7.19 |
| 西 90 井区 | 0.760 | 1.29 | 0.769 | 1.34 |

续表

| 区　块 | 2012 | | 2013 | |
|---|---|---|---|---|
| | 存水率 | 水驱指数 | 存水率 | 水驱指数 |
| 宁 21 井区 | 0.864 | 4.10 | 0.865 | 4.23 |
| 西峰 | 0.913 | 3.69 | 0.910 | 3.81 |

**表 4－17　西峰油田主力区块水驱状况统计**

| 油田（区块） | 井口日产油/t | 去年同期 | | | | | | 目前 | | | | | |
|---|---|---|---|---|---|---|---|---|---|---|---|---|---|
| | | 水驱储量控制程度 | | | 水驱储量动用程度 | | | 水驱储量控制程度 | | | 水驱储量动用程度 | | |
| | | 子项 | 母项 | 值 | 子项 | 母项 | 值 | 子项 | 母项 | 值 | 子项 | 母项 | 值 |
| 董志 | 272 | 5441 | 5550 | 98.0 | 163 | 241 | 67.6 | 5441 | 5550 | 98.0 | 824 | 1170 | 70.4 |
| 白马南 | 372 | 4930 | 5036 | 97.9 | 628 | 915 | 68.6 | 4930 | 5036 | 97.9 | 693 | 997 | 69.5 |
| 西 13－17 | 1109 | 8325 | 8562 | 97.2 | 801 | 1142 | 70.1 | 8379 | 8590 | 97.5 | 995 | 1401 | 71.1 |
| 西 41 | 709 | 3833 | 3942 | 97.2 | 242 | 369 | 65.6 | 6862 | 7061 | 97.2 | 331 | 495 | 66.8 |
| 白马西 | 17 | 160 | 168 | 95.0 | 37 | 54 | 69.6 | 160 | 168 | 95.0 | 37 | 54 | 69.6 |
| 庆阳 | 60 | 5062 | 5179 | 97.7 | 79 | 124 | 63.9 | 5062 | 5179 | 97.7 | 133 | 189 | 70.4 |
| 西 90 | 118 | 731 | 742 | 98.6 | 94 | 127 | 73.9 | 731 | 742 | 98.6 | 94 | 127 | 73.9 |
| 宁 21 | 34 | 323 | 338 | 95.6 | 21 | 28 | 76.5 | 333 | 346 | 96.3 | 25 | 35 | 72.4 |
| 采二西峰 | 2698 | 28903 | 29618 | 97.6 | 2065 | 2999 | 68.9 | 31996 | 32772 | 97.6 | 3132 | 4466 | 70.1 |

1. 精细分层注水，提高剖面动用程度

西峰油田长 8 油藏属浅湖沉积环境，主要发育三角洲沉积体系中的前缘亚相－水下河道微相，水下河道微相主要为河道砂体与河口坝砂体的叠加体，纵向上非均质性较强，注水开发过程中部分注水井纵向上剖面吸水不均，水驱效率低。

针对以上情况，2013 年主要实施补孔分注 19 口，检串分注 20 口，对应油井 486 口，见效油井 28 口，单井日增油 0.2t，累计增油 2083t（表 4－18）。

**表 4－18　西峰油田 2013 分注井统计**

| 类　型 | 区　块 | 井数/口 | 措施前 | | | 措施前 | | | 累计增注/$m^3$ |
|---|---|---|---|---|---|---|---|---|---|
| | | | 油压/MPa | 套压/MPa | 日注/$m^3$ | 油压/MPa | 套压/MPa | 日注/$m^3$ | |
| 补孔分注 | 白马南 | 4 | 19 | 18 | 21 | 19 | 19 | 23 | 1933 |
| | 白马中 | 10 | 18 | 18 | 24 | 18 | 18 | 28 | 4560 |
| | 董志 | 1 | 8 | 8 | 40 | 6 | 6 | 32 | 0 |
| | 宁 21 | 3 | 18 | 17 | 17 | 14 | 14 | 23 | 4748 |
| | 西 90 | 1 | 21 | 21 | 25 | 18 | 20 | 28 | 132 |
| | 小计 | 19 | 18 | 17 | 23 | 17 | 17 | 27 | 11373 |

续表

| 类型 | 区块 | 井数/口 | 措施前 | | | 措施前 | | | 累计增注/$m^3$ |
|---|---|---|---|---|---|---|---|---|---|
| | | | 油压/MPa | 套压/MPa | 日注/$m^3$ | 油压/MPa | 套压/MPa | 日注/$m^3$ | |
| 检串分注 | 白马南 | 6 | 19 | 19 | 25 | 19 | 19 | 22 | 15 |
| | 白马中 | 8 | 19 | 19 | 22 | 19 | 19 | 22 | 1171 |
| | 董志 | 5 | 15 | 14 | 30 | 15 | 14 | 33 | 2340 |
| | 西90 | 1 | 12 | 11 | 30 | 7 | 8 | 30 | 0 |
| | 小计 | 20 | 17 | 17 | 25 | 17 | 17 | 25 | 3526 |
| 合计 | | 39 | 17 | 17 | 24 | 17 | 17 | 26 | 14899 |

2. 开展周期注水，提高水驱波及体积

为改善层间矛盾，减缓含水上升速度，结合油藏数值模拟及2009～2012年调整效果进行注水周期及参数的优化，采取整体区域实施、沿裂缝排进行交互增注的注水方式，对白马中西17区、董志区及西41区局部平面矛盾突出、高压、高含水、水驱效率低的区域101个井组实施周期注水，对应油井334口，见效油井85口，油井见效率25.4%，日增油37t，累积增油5551t(图4－13、表4－19)。目前周期注水区域，压力保持水平日趋合理，水驱动用程度稳步提高。

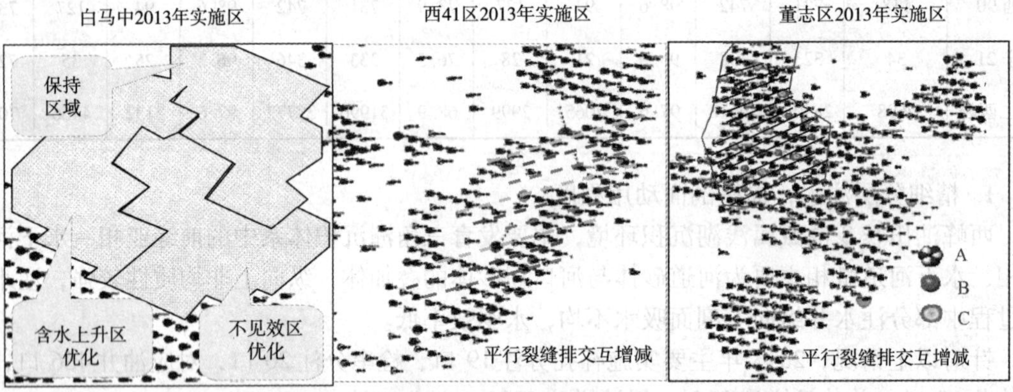


图4－13　西峰油田2013年周期注水区域示意图

**表4－19　西峰油田2013周期注水效果统计**

| 区块 | 调整井数/口 | 对应油井数/口 | 见效油井数/口 | 见效前油井生产情况 | | | | 见效后油井生产情况 | | | | 日增油/t | 累计增油/t | 见效率/% |
|---|---|---|---|---|---|---|---|---|---|---|---|---|---|---|
| | | | | 日产液/$m^3$ | 日产油/t | 含水/% | 动液面/m | 日产液/$m^3$ | 日产油/t | 含水/% | 动液面/m | | | |
| 白马中 | 52 | 185 | 42 | 208 | 73 | 58.6 | 1233 | 217 | 95 | 48.6 | 1214 | 22 | 3151 | 22.7 |
| 董志 | 21 | 77 | 18 | 26 | 17 | 21.4 | 1460 | 31 | 20 | 23.0 | 1457 | 3 | 762 | 13.4 |
| 西41 | 20 | 55 | 19 | 41 | 11 | 67.7 | 1356 | 57 | 22 | 54.3 | 1265 | 11 | 1493 | 34.5 |
| 庄19 | 8 | 17 | 6 | 10 | 6 | 36.8 | 1432 | 13 | 7 | 31.1 | 1527 | 1 | 146 | 35.3 |
| 西峰 | 101 | 334 | 85 | 285 | 107 | 55.7 | 1323 | 318 | 144 | 46.7 | 1299 | 37 | 5551 | 25.4 |

3. 开展水井调剖，改善水驱效果

2013年以西17堵水调剖示范区为契机，重点在白马中西17、西13部分区域开展“区域连片”堵水调剖，针对水井有明显裂缝吸水特征(试井、测井有依据)或对应油井有明显裂缝水淹特征，而侧向油井见效程度较差，对应油井储层较厚，剩余可采储量较高的井组开展水井调剖，改善井组整体水驱效果，促进注入水向裂缝侧向推进，扩大驱替面积，改变水驱方向，促使侧向井见效。

2013年共实施水井调剖24口，对应油井192口，油井见效38口，见效井含水由60.7%下降到52.9%，下降7.8%，单井日增油量0.26t，累计增3044t(表4－20)。

**表4－20　西峰油田2013年堵水调剖效果统计**

| 2013年调剖井数/口 | 对应油井数/口 | 见效井数/口 | 见效前单井生产情况 | | | | 见效后单井生产情况 | | | | 单井日增油/t | 2013年增油量/t |
|---|---|---|---|---|---|---|---|---|---|---|---|---|
| | | | 日产液/$m^3$ | 日产油/t | 含水/% | 动液面/m | 日产液/$m^3$ | 日产油/t | 含水/% | 动液面/m | | |
| 24 | 208 | 42 | 4.15 | 1.33 | 61.8 | 1189 | 4.09 | 1.58 | 54.1 | 1156 | 0.24 | 3293 |

从产液结构变化来看，实施水井调剖后位于裂缝方向上的油井日产液、含水下降，但是有效期较短，增油效果不明显，建议优化地面交联体系施工参数，进一步完善油水井堵水调剖工艺技术。

复合凝胶调剖体系优化：改进了段塞设计，将无机凝胶分解成多个段塞注入，使裂缝主窜流通道得到控制同时又保证了裂缝的渗流能力，中间注入可动凝胶运移封堵，通过调整波及体积，进一步提高调剖效果。

有机延缓交联体系优化：在保证性能的前提下，优化聚合物浓度由0.3%降低至0.15%，从而降低单方成本，增加单井的液量，提高侧向井的产量。针对前期弱交联剂成胶时间短，运移过程已冲刷的缺点，选用了更为稳定的酚醛类交联剂，成胶时间为24～120h，便于深部调剖，同时成胶后凝胶黏度大于70000mPa·s，抗剪切性能好。

## 4.3.3　两项递减变小

西峰油田2013年通过精细注采双向调整、水井精细分层注水、低产井治理、转排状注水、堵水调剖等工作，西峰油田递减减缓，开发形势稳定。2013年12月份年综合递减7.9%，年自然递减9.6%，与去年同期对比，分别下降0.8%与0.4%(表4－21)。

**表4－21　表西峰油田分区块递减指标对比**

| 区　块 | 日产油/t | 2012年12月 | | | 2013年12月 | | |
|---|---|---|---|---|---|---|---|
| | | 综合递减/% | 自然递减/% | 含水上升率/% | 综合递减/% | 自然递减/% | 含水上升率/% |
| 白马中 | 1087 | 8.3 | 10.1 | 2.4 | 9.4 | 11.7 | 3.2 |
| 白马南 | 368 | 9.1 | 9.4 | －4.4 | 9.0 | 9.3 | －4.4 |
| 董志 | 268 | 12.0 | 13.2 | －5.7 | 10.4 | 11.1 | 1.6 |
| 白马西 | 16 | 2.1 | 2.1 | －15.8 | －6.2 | －6.2 | －15.8 |

续表

| 区 块 | 日产油/t | 2012 年 12 月 | | | 2013 年 12 月 | | |
|---|---|---|---|---|---|---|---|
| | | 综合递减/% | 自然递减/% | 含水上升率/% | 综合递减/% | 自然递减/% | 含水上升率/% |
| 西 40 井区 | 8 | -32.9 | -32.9 | -13.5 | -15.6 | -15.6 | -13.5 |
| 西 41 井区 | 705 | -0.1 | 0.9 | 9.7 | -2.5 | -0.7 | 9.7 |
| 庄 19 井区 | 45 | -7.7 | -5.0 | -8.9 | 1.2 | 2.7 | 12.8 |
| 庆阳 | 55 | 5.1 | 6.8 | 1.8 | 9.7 | 12.6 | 1.8 |
| 西 90 井区 | 114 | 12.8 | 13.4 | 3.3 | 11.4 | 11.8 | 3.3 |
| 宁 21 井区 | 33 | -5.4 | 31.4 | 15.7 | -51.7 | 2.4 | 15.7 |
| 西峰 | 2655 | 8.6 | 10.2 | 3.7 | 8.0 | 10.0 | 3.7 |

1. 挖掘油藏潜力，提高单井产能

根据西峰油田三叠系长 8 油藏特征、开发特征，分析油藏潜力，推广成熟工艺技术，提高工艺技术的针对性。对物性较差、注水见效程度低的区域实施压裂引效；对高含水、采出程度低的区域实施暂堵压裂；对结垢、黏土颗粒运移造成的堵塞，采用前置酸压裂，通过储层改造，提高导流能力，2013 年共实施 77 口，措施后有效 66 口，有效率 85.7%，日增产能 78.3t，累计增油 16249t(表 4-22)。

**表 4-22　西峰油田 2013 年油井措施效果统计**

| 区 块 | 措施井/口 | 无效井/口 | 日产液/$m^3$ | 日产油/t | 含水/% | 动液面/m | 日产液/$m^3$ | 日产油/t | 含水/% | 动液面/m | 日产液/$m^3$ | 日产油/t | 含水/% | 动液面/m | 日增油/t | 累计增油/t |
|---|---|---|---|---|---|---|---|---|---|---|---|---|---|---|---|---|
| 白马中 | 49 | 6 | 95 | 53 | 34.7 | 1382 | 248 | 87 | 58.6 | 979 | 183 | 98 | 36.7 | 1331 | 48.6 | 9828 |
| 宁 21 井区 | 13 | 1 | 8 | 4 | 38.5 | 1258 | 91 | 18 | 76.5 | 415 | 45 | 21 | 45.0 | 1209 | 16.7 | 3702 |
| 董志 | 5 | 1 | 4 | 2 | 30.5 | 1473 | 18 | 7 | 53.7 | 1226 | 6 | 3 | 36.2 | 1444 | 1.4 | 658 |
| 庄 19 井区 | 4 | 1 | 2 | 0 | 76.2 | 1078 | 10 | 1 | 92.6 | 1566 | 9 | 3 | 54.4 | 1538 | 2.9 | 265 |
| 西 90 井区 | 2 | | 3 | 2 | 21.8 | 1013 | 9 | 3 | 59.5 | 846 | 5 | 3 | 32.7 | 986 | 1.0 | 189 |
| 庄 58 井区 | 2 | 2 | 3 | 2 | 18.3 | 1521 | 8 | 1 | 88.8 | | 6 | 4 | 28.4 | 1714 | 2.0 | 8 |
| 白马南 | 1 | | 2 | 0 | 73.8 | 1273 | 8 | 1 | 79.7 | 405 | 5 | 3 | 39.3 | 1240 | 2.1 | 440 |
| 西 41 井区 | 1 | | 泵卡 | | | | 3 | 2 | 7.3 | 769 | 4 | 3 | 7.4 | 770 | 3.4 | 1159 |
| 总计 | 77 | 11 | 117 | 64 | 35.5 | 1352 | 395 | 121 | 64.1 | 873 | 263 | 139 | 38.0 | 1310 | 78.3 | 16249 |

2. 流压优化调整，合理能量利用

西峰油田微裂缝发育，按照菱形反九点法井网建产，主向和侧向表现出不同的渗流特征：主向以裂缝渗流为主，渗流阻力较小；侧向以基质渗流为主，渗流阻力较大。

2013 年主要针对西 41 平面矛盾突出、白马中高采出程度区域含水上升，在优化注水技术政策的基础上，不断优化主侧向生产压差，提高水驱波及体积，1～12 月共实施流压调整 90 口，调整区域平均流压由 6.9MPa 上升至 8.4MPa，平均单井流压上升 1.5MPa，油井见效 19 口，见效率 21.1%，累计增油 1289t，流压调整有效减缓了含水上升速度(表 4-23)。

表 4－23　西峰油田 2013 年优化生产压差效果统计

| 区　块 | 井数 | 优化前生产情况 | | | | | 优化后生产状况 | | | | | 目前生产能力 | | | | | 流压差/MPa | 累计增油/t |
|---|---|---|---|---|---|---|---|---|---|---|---|---|---|---|---|---|---|---|
| | | 液量/$m^3$ | 油量/t | 含水/% | 动液面/m | 流压/MPa | 液量/$m^3$ | 油量/t | 含水/% | 动液面/m | 流压/MPa | 液量/$m^3$ | 油量/t | 含水/% | 动液面/m | 流压/MPa | | |
| 白马南 | 4 | 9 | 4 | 40 | 1540 | 6.4 | 8 | 4 | 39 | 1353 | 7.6 | 12 | 7 | 35 | 1232 | 8.8 | 2.4 | 15 |
| 白马中 | 38 | 200 | 84 | 50 | 1354 | 7.3 | 198 | 80 | 53 | 1158 | 8.8 | 182 | 80 | 48 | 1141 | 8.9 | 1.6 | 615 |
| 董志 | 3 | 15 | 2 | 87 | 1035 | 9.6 | 17 | 3 | 83 | 925 | 9.4 | 13 | 3 | 75 | 962 | 9.3 | | |
| 宁 21 | 3 | 13 | 0 | 96 | 728 | 5.6 | 18 | 6 | 63 | 540 | 6.9 | 10 | 7 | 22 | 963 | 3.3 | | |
| 西 41 | 32 | 127 | 47 | 56 | 1389 | 6.7 | 126 | 45 | 58 | 1072 | 9.2 | 133 | 40 | 65 | 1103 | 8.9 | 2.2 | 414 |
| 西 90 | 6 | 28 | 17 | 29 | 910 | 5.4 | 27 | 17 | 27 | 806 | 6.3 | 27 | 17 | 25 | 826 | 6.1 | 0.7 | 115 |
| 庆阳 | 4 | 8 | 4 | 37 | 1412 | 6.2 | 11 | 5 | 47 | 1359 | 6.2 | 12 | 6 | 40 | 1448 | 5.5 | | 131 |
| 西峰 | 90 | 400 | 159 | 53 | 1316 | 6.9 | 405 | 158 | 54 | 1093 | 8.6 | 389 | 159 | 52 | 1112 | 8.4 | 1.5 | 1289 |

# 4.4 西峰油田的重点稳产区块及稳产技术

## 4.4.1 白马中区

1. 基本概况

白马中区位于鄂尔多斯盆地西南角，属于西峰油田主力区块，层系长 8，日产油水平 1130t，占西峰油田产量的 41.5%，占全厂产量的 15.4%。

白马中区位于陕北斜坡中段，整体呈向西倾斜的单斜构造，坡度较缓，坡降为 5～10m/km。主力油藏长 8 沉积相为三角洲前缘亚相，埋深 1950～2300m，平均 2120m。

白马中区位于鄂尔多斯盆地伊陕斜坡的中段，构造的基本形态为一个由东向西倾伏的单斜，坡度较缓，平均地层坡降 5～10m/km，没有大的构造起伏，但从长 8 顶构造图上可以看出，在西倾单斜背斜上发育 5 个与区域倾向一致的鼻状构造，鼻轴 50～60km，宽 3～5km，隆起高度 8～10m，这些鼻状构造的存在，在区域上控制了含油的分布，在岩性变化的配合下，长 8 油层基本上分布在海拔 -770m 以上，油层埋深在 1950～2300m 之间，砂体厚度在 10～30m，基本无边、底水，属特低渗透、高饱和的大型岩性油藏。

三角洲是西峰地区最重要的沉积体系，主要发育在长 8 层，包括三角洲前缘水下分流河道、前缘河口坝、决口扇、水下天然堤、分流间湾、前缘席状砂 6 个微相，其中白马中发育水下分流河道和分流河道间湾等微相，水下分流河道砂层厚、物性好成为白马中区的主力油层(图 4 -14)。

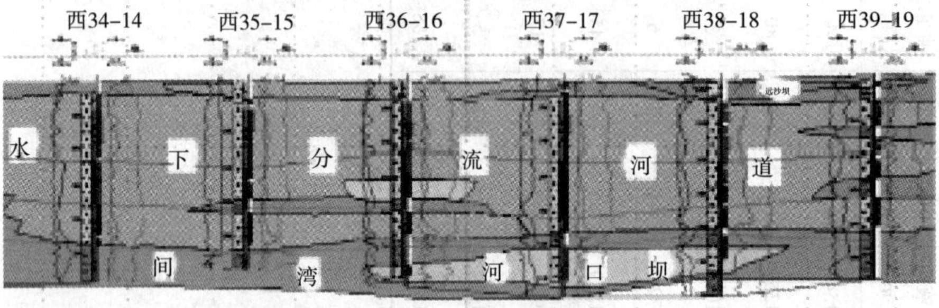


图 4 -14 白马中西 34 -14 至西 39 -19 油藏剖面图

该区长 $8_1$ 储层油层岩性致密，风化程度中等，颗粒分选较好，储层岩性以灰绿色、褐灰色细 - 中粒岩屑长石砂岩为主，次为细 - 中粒岩屑长石砂岩，还有少量的细粒岩屑砂岩。碎屑成分以长石(32.3%)、石英(28.4%)、岩屑(24.0%)为主。胶结物以绿泥石为主，绿泥石膜发育，平均含量 7.1%，次为铁方解石和硅质。岩性致密，颗粒分选中等，线状接触，胶结类型以孔隙 - 薄膜型为主。磨圆度为次棱。孔隙以粒间孔、长石溶孔为主，其余为次生溶蚀孔隙、晶间孔隙及裂缝、微裂缝。长 8 储层以中孔、中细喉和小孔细喉型为主，并见少量大孔中细喉型。具有最大孔喉半径小(1.63μm)，中值半径小(0.21μm)，排驱压力高(0.62MPa)的特点。白马中长 8 储层可分为长 $8_1^1$、长 $8_1^2$、长 $8_1^3$ 三个小层，其中长 $8_1^2$ 层为主产层，平均有效厚度 15.8m，平均孔隙度 10.5%，储层孔隙度发育中等，原始地层压力

18.1MPa，平均渗透率 $2.72\times10^{-3}\mu m^2$，属特低渗透储层。

白马中区的原油分析资料表明本区的原油属于低密度($0.8579g/cm^3$)、低黏度(6.84mPa·s)、低凝固点(20.5℃)、低沥青质(1.795%)以及不含硫、不含蜡、含水低(痕迹)的特点。原始地层压力18.1MPa，饱和压力13.02MPa，原油黏度为1－1.54mPa·s，平均1.21mPa·s，平均气油比 $106m^3/t$，地层原油密度0.723～0.745g/mL。天然气的相对密度平均为1.062。地层水水型以 $CaCl_2$ 为主，总矿化度达到49.35g/L，属于原生地层水，反映出本区油气保存条件较好。储层敏感性分析表明，长 $8_1$ 储层属弱酸敏、弱－无速敏、中等－弱水敏、弱－中等偏弱盐敏；长 $8_2$ 储层属弱酸敏、弱速敏、中等偏弱水敏、盐敏。

2. 开发历程

白马中区位于鄂尔多斯盆地西南部，北起庆阳，南到宁县，西至驿马西，东抵固城川，面积约 $5000km^2$。

始探于1974年，当年完钻的剖11井在长8钻遇油水层7.1m，分五次压裂，共加砂 $32.11\ m^3$，压后试油日产油2.95t，日产水 $1.52m^3$。2001年，长庆油田公司按照宏观找油理论和“三个重新认识”的指导思想，对西峰油田进行了第三次勘探，在西17井获得重大突破，长8层获得日产 $40.8m^3$ 的高产工业油流，试采3个月后，日产油稳定在5.0t，成为西峰油田勘探成功的重要标志，由此拉开了西峰油田大规模勘探开发的序幕。

1)开发准备阶段(2000～2002年)

2000年在西17井获得重大突破后，2001年10月，白马中区西13井区长8层开展超前注水开发试验。见到明显效果，2002年，在立足“提高单井产量”的开发思想指导下，围绕西13和西17井区，采取“超前注水”的原则，开辟了白马试验区，开展以超前注水、井网优化和储层改造为主的开发试验，部署、实施6口评价井和54口开发井，建设产能 $10.6\times10^4t$，年原油生产能力达到 $14.6\times10^4t$。试验区单井产能达到6t以上，为长8大规模开发奠定了基础、积累了经验。

到2002年底，白马中油井开井69口，日产液能力404.3t，日产油能力391t，综合含水3.3%，平均动液面1250m，平均单井日产能为5.7t；注水井开井25口，日注水量 $818m^3$。

2)开发设计和投产阶段

白马中区于2003～2004年采用菱形反九点井网(520m×180m)，进行超前注水滚动建产，共新投油井286口，水井100口，井网密度达到8.6口/$km^2$，建成日产油达到1800t的大区块，成为西峰油田的主力开发区块。截止2004年底白马中油井开井355口，日产液能力1970t，日产油能力1789t，综合含水9.2%，平均动液面1205m，平均单井日产能为5.0t；注水井开井118口，日注水量 $3168m^3$。随后区块处于稳产开发阶段，平均单井日产能保持在4.5t左右。

3)方案调整及完善阶段

(1)滚动扩边：2007～2008年在白马中区围绕产量较高、油层厚度大且稳定的井区向两边滚动扩边建产，动用含油面积 $12.2km^2$，地质储量 $610\times10^4t$。部署100口，建井100口，其中油井85口，水井15口，截止2008年底西峰油田白马中区探明含油面积 $126.6km^2$，探明地质储量 $6063.29\times10^4t$，动用含油面积 $75.2km^2$，动用地质储量 $4026.71\times10^4t$。

(2)井网调整试验：白马中井网调整主要在南部裂缝发育区，由于人工裂缝的存在，投入开发后，主向油井随着注入水波及体积的增大，含水呈上升趋势，并逐步水淹，开井数逐步减少，是西峰油田早期水驱的主要特征。根据白马中见水特征分析，主向井见水时间主要受人工-天然裂缝长度控制，白马中区平均见水时间为797天。截止2006年见水井188口（侧向井28口，主向井160口），其中水淹井17口，见水后日损失产能441t，产能损失较大，且受水淹影响，部分区域储量失控，水驱效果逐渐变差。

为了恢复可控储量，提高剩余油采出程度，2007年9月起在白马中南部西13~西167区开展井网调整试验，截止2008年底共新投油井52口，调整前区域井网密度8.6口/$km^2$，调整后井网密度12.6口/$km^2$。

2013年12月油井总井数509口，开井491口，日产液水平1966t，日产油水平1087t，平均单井日产油水平2.2t，综合含水44.7%，平均动液面1281m，水井总井数200口，开井191口，日注水3997$m^3$，注水强度1.35$m^3$/m·d，月注采比1.56，累计注采比1.30，地质储量采油速度1.14%，地质储量采出程度16.53%，可采储量采油速度5.45%，可采储量采出程度78.73%，剩余采油速度18.4%。年综合递减9.4%，年自然递减11.7%，年含水上升率3.2%，开发水平保持Ⅰ类。

与2012年12月相比，油井总井数不变，开井数不变，日产液水平下降62t，日产油水平下降109t，综合含水上升3.7%，平均动液面上升4m，水井总井数上升1口，开井数下降2口，日注水上升91$m^3$。

3. 2013年开发形势

2013年通过进一步细化注采技术政策，开展排状注水、周期注水、见水井治理、剖面治理、低产井治理等工作，白马中区2013年10月份年综合递减9.3%，年自然递减11.2%，年含水上升率3.2%，与2012年同期对比年综合递减上升1.1%，年自然递减上升1.3%，区域开发形势稳定。区块压力保持水平、水驱动用程度变好。

1）能量保持稳定，平面压力分布日趋合理

在前期细分开发单元的基础上，根据各开发单元压力分布、见水、见效特征，持续优化分单元注采技术政策，白马中压力保持水平日趋合理，目前地层压力18.2MPa，压力保持水平100.4%，与2007年相比，压力下降2.8MPa，全区主向压力由2007年22.5MPa下降到18.6MPa，高压区减小；侧向井压力由2007年20.3MPa下降到18.0MPa（图4-15、图4-16、表4-24）。

**表4-24 白马中区历年压力状况**

| 时间/年 | 主向压力/MPa | 侧向压力/MPa | 水井压力/MPa | 平均压力/MPa | 压力保持水平/% |
|---|---|---|---|---|---|
| 2007 | 22.5 | 20.3 | 25.7 | 20.9 | 115.5 |
| 2008 | 22.2 | 18.8 | 28.2 | 19.3 | 106.6 |
| 2009 | 22.6 | 17.8 | 27.5 | 18.6 | 102.8 |
| 2010 | 20.3 | 18.2 | 28.6 | 18.9 | 104.4 |
| 2011 | 19.9 | 18.3 | 30.0 | 18.9 | 104.4 |
| 2012 | 19.6 | 17.6 | 31.5 | 18.5 | 102.2 |
| 2013 | 18.6 | 18.0 | 32.7 | 18.2 | 100.4 |

2013年遵循“整体平稳、局部调整”的原则，在细分开发单元的基础上，结合压力及含水变化情况，不断进行生产参数优化，对低压区采取加强注水技术政策，提高压力保持水平，

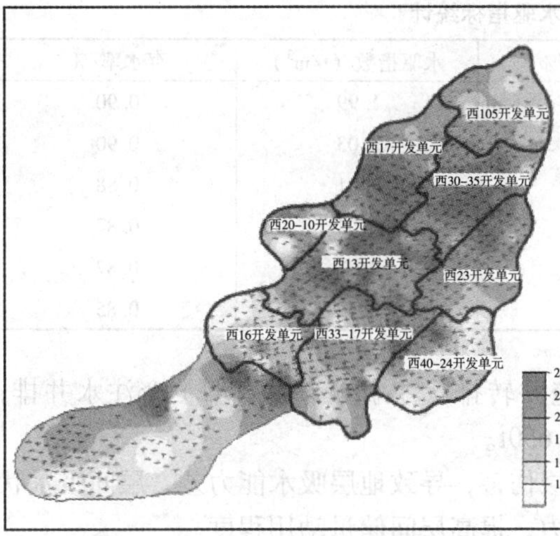


图4－15　白马中区2012年压力分布图

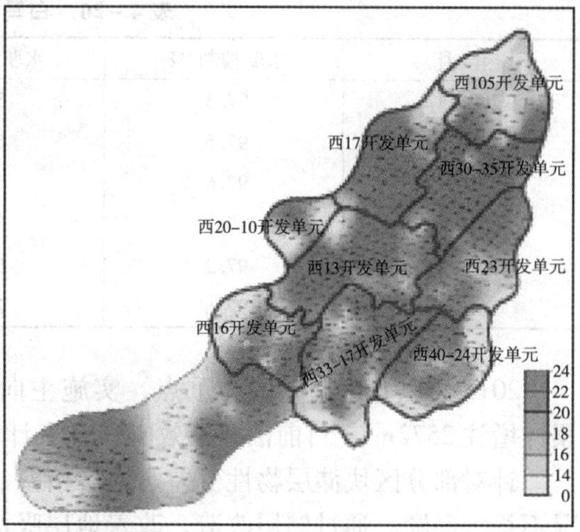


图4－16　白马中区2013年压力分布图

高压区采取温和注水技术政策，减缓油井含水上升，2013年共实施注水调整68口，其中针对西16、西40－24单元低压区加强注水22口，上调注水81m³/d，中部高压区西17及含水上升区西33－17、西13单元控制注水33口，下调水量153m³/d，调整区注水强度由1.48下降至1.37m³/m·d，全区注水强度保持在1.47m³/m·d。调整后压力分布日趋合理，平面矛盾得到有效缓解，油井见效42口，单井日增油0.1t，累计增油2420t(表4－25)。

**表4－25　白马中区2013年注水调整效果统计**

| 注水开发单元 | 2013年调整井组/个 | 对应油井/口 | 见效油井/口 | 见效前单井生产情况 | | | | 见水后生产情况 | | | | 单井日增油/t | 2013年累计增油量/t |
|---|---|---|---|---|---|---|---|---|---|---|---|---|---|
| | | | | 日产液/m³ | 单井产能/t/d | 含水/% | 动液面/m | 日产液/m³ | 单井产能/t/d | 含水/% | 动液面/m | | |
| 白马中西33－17 | 23 | 122 | 10 | 7.5 | 4.1 | 35.7 | 1054 | 7.2 | 4.3 | 29.7 | 1044 | 0.2 | 768 |
| 白马中西40－24 | 14 | 61 | 11 | 4.1 | 2.2 | 37.5 | 1307 | 4.5 | 2.4 | 37.8 | 1300 | 0.2 | 668 |
| 白马中西20－10 | 1 | 8 | 3 | 7.3 | 5.2 | 16.9 | 1153 | 7.5 | 5.3 | 16.9 | 1130 | 0.1 | 139 |
| 白马中西105 | 1 | 5 | 0 | | | | | | | | | | |
| 白马中西13 | 10 | 60 | 11 | 88 | 4.9 | 34.6 | 1074 | 9.0 | 5.0 | 34.6 | 1002 | 0.1 | 745 |
| 白马中西23 | 2 | 12 | 5 | 7.1 | 5.5 | 8.9 | 1279 | 7.4 | 5.6 | 11.0 | 1277 | 0.1 | 32 |
| 白马中西16 | 8 | 47 | 2 | 4.7 | 3.6 | 9.6 | 1393 | 4.9 | 3.7 | 11.2 | 1386 | 0.1 | 68 |
| 白马中西30－35 | 3 | 22 | 0 | | | | | | | | | | |
| 白马中 | 62 | 337 | 42 | 39.54 | 4.2 | 23.8 | 1210 | 40.5 | 4.4 | 23.5 | 1190 | 0.1 | 2420 |

2)水驱状况变好，水驱动用程度稳步上升

2013年通过细分开发单元，通过开展堵水调剖、水井剖面治理、措施增注及油井转排状注水等工作，整体水驱状况变好。目前水驱储量控制程度97.3%，水驱储量动用程度70.7%，水驱指数2.09，存水率稳定在0.86左右。与2012年相比，水驱动用程度增加2.0%(表4－26)。

**表 4-26　白马中区水驱指标统计**

| 年/月 | 水驱控制/% | 水驱动用/% | 水驱指数/($t/m^3$) | 存水率/% |
|---|---|---|---|---|
| 2008/12 | 97.3 | 62.3 | 1.99 | 0.90 |
| 2009/12 | 97.5 | 65.4 | 2.03 | 0.90 |
| 2010/12 | 97.6 | 66.8 | 2.01 | 0.88 |
| 2011/12 | 97.2 | 67.6 | 2.04 | 0.87 |
| 2012/12 | 97.2 | 68.7 | 2.07 | 0.87 |
| 2013/12 | 97.6 | 70.1 | 2.12 | 0.85 |

2013 年以井网调整区为重点，实施主向水淹井转排状注水 1 口，新增 1 个注水井排，累计增注 2572$m^3$，目前油井见效 1 口，累计增油 650t。

针对部分区块储层物性变差、地层堵塞、储层伤害，导致地层吸水能力差、层间吸水状况不均等问题。通过储层改造，改善地层吸水能力，提高层间储量动用程度。

针对层间物性差异导致剖面吸水不均井，实施检串分注 18 口，补孔分注 10 口，水驱动用程度显著提高，驱油面积增加。针对砂体厚度大，水驱动用程度低的问题，实施补孔增注，2013 年水井措施增注 4 口，日增注 25$m^3$，累计增注 3466$m^3$。针对部分采出水回注井导致渗流通道堵塞，实施增注 2 口，日增注 15$m^3$，累计增注 800$m^3$。加强日常洗井措施，共开展洗井、挤注等措施 62 井次，有效确保井筒注水正常。

通过开展以上工作，剖面吸水状况得到明显改善，水驱动用程度由 70.1% 上升至 71.1%，油井见效 13 口，日增油能力 0.1t，累计增油 778t(图 4-17、图 4-18)。

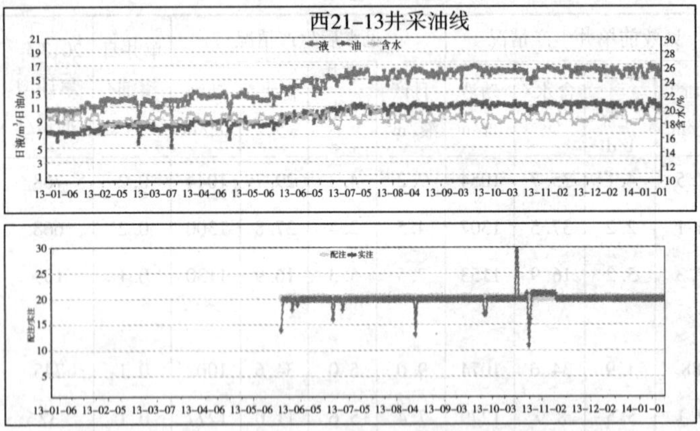


图 4-17　白马中西 21-13 转注井见效曲线

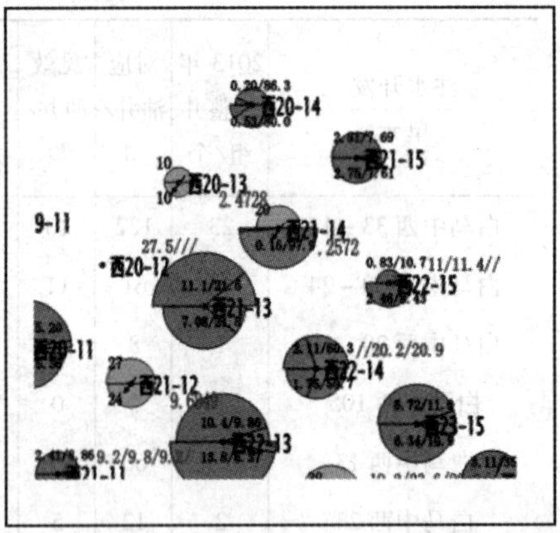


图 4-18　白马中转注井示意图

3)持续周期注水，提高水驱效率

针对白马中区裂缝发育、特低渗透层水驱效率低的现状，2013 年扩大周期注水区域，优化周期注水参数。

在西 17 区，通过分析 2009~2012 年周期注水实施效果，针对效果减弱区优化周期注水参数，优选实施周期注水 37 个井组。

在西 13 区，局部压力保持水平高、采出程度高、含水高的区域，优选 15 个井组实施，促使渗流场的改变，提高水驱效率。

2013年实施52个井组，对应油井185口，见效42口，见效率22.7%，见效井含水由58.6%下降至48.6%，单井日增油能力0.5t，累计增油3151t(表4-27)。

**表4-27　白马中区2013年周期注水见效井统计**

| 调整井数/口 | 见效油井井数/口 | 见效前油井生产情况 | | | | 见效后油井生产情况 | | | | 日增油/t | 累计增油/t |
|---|---|---|---|---|---|---|---|---|---|---|---|
| | | 日产液/$m^3$ | 日产油/t | 含水/% | 动液面/m | 日产液/$m^3$ | 日产油/t | 含水/% | 动液面/m | | |
| 52 | 42 | 207.9 | 73.1 | 58.6 | 1233 | 217.1 | 94.8 | 48.6 | 1214 | 21.7 | 3151 |

4)区块整体堵水调剖，改善水驱效果

针对裂缝发育导致油藏局部水驱效率低、累计注水量的增加导致见水呈多向性的现状，2013年在白马中区计划堵水调剖24口，其中西13单元实施4口，西17单元实施7口，西30-35单元实施5口，西23单元实施8口(表4-28、图4-19)。

**表4-28　白马中区2013年堵水调剖井统计**

| 类别 | 开发单元 | 井　号 | 井数 |
|---|---|---|---|
| 白马中 | 西17 | 西22-23、西24-21、西24-23、西24-25、西24-27、西26-25、西26-29 | 7 |
| | 西30-35 | 西30-31、西32-33、西34-31、西34-33、西34-35 | 5 |
| | 西13 | 西13、西27-16、西29-16、西29-18 | 4 |
| | 西23 | 西35-32、西36-35、西36-39、西37-34、西37-38、西39-36、西39-38、西39-40 | 8 |
| 合计 | | | 34 |

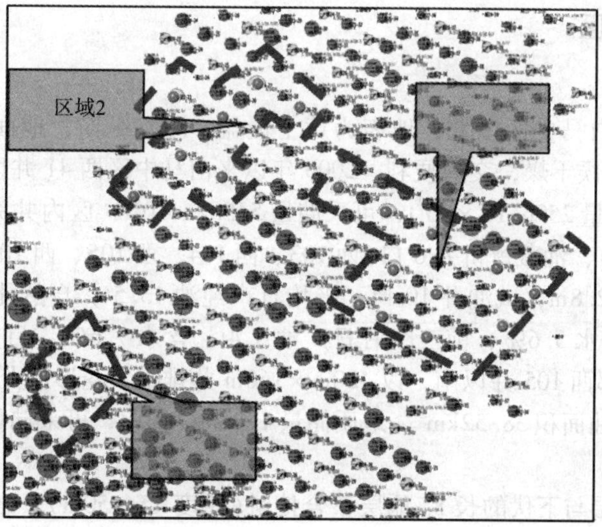


图4-19　白马中区堵水调剖区域分布图

完井24口，调剖后水驱状况得到明显改善，剖面吸水厚度由172.3m增加到198.1m，吸水厚度增加25.8m，水驱动用程度由61.12%上升至67.2%，驱油效率提高，油井见效38口，累计增油3044t(表4－29)。

**表4－29　白马中区2013年堵水调剖见效统计**

| 2013年调剖井数/口 | 对应油井数/口 | 见效井数/口 | 见效前单井生产情况 | | | | 见效后单井生产情况 | | | | 单井日增油/t | 2013年增油量/t |
|---|---|---|---|---|---|---|---|---|---|---|---|---|
| | | | 日产液/$m^3$ | 日产油/t | 含水/% | 动液面/m | 日产液/$m^3$ | 日产油/t | 含水/% | 动液面/m | | |
| 24 | 192 | 38 | 4.25 | 1.42 | 60.7 | 1186 | 4.20 | 1.68 | 52.9 | 1153 | 0.26 | 3044 |

5)两项递减平稳，含水上升速度较快

通过细分开发单元，优化注采技术政策、开展排状注水、水井分类治理、堵水调剖及低产井治理等工作，白马中区2013年12月份年综合递减9.4%，年自然递减11.7%，年含水上升率3.2%，受含水上升速度快影响，与去年同期对比年综合递减上升1.1%，年自然递减上升1.6%，年含水上升率上升0.8%(表4－30)。

**表4－30　白马中区同期指标对比统计**

| 年　月 | 年递减 | | 标定递减 | | 含水上升率 | |
|---|---|---|---|---|---|---|
| | 综合/% | 自然/% | 综合/% | 自然/% | 年/% | 期末/% |
| 2012年12月 | 8.3 | 10.1 | 5.2 | 7.1 | 2.4 | 3.0 |
| 2013年12月 | 9.4 | 11.7 | 7.0 | 9.3 | 3.2 | 3.1 |
| 对比 | 1.1 | 1.6 | 1.8 | 2.2 | 0.8 | 0.1 |

### 4.4.2　西41区

1. 基本概况

西41井区位于白马中区以北，地表为黄土覆盖，沟谷纵横，地面海拔1274～1327m，平均1294m，区内气候干燥，交通便利。2003年以来白马中区西41井区长$8^1$层探明含油面积60.0$km^2$，地质储量2596.18×$10^4$t，可采储量545.2×$10^4$t，区内共完钻探井4口(西27、西40、西41、西47)，油藏评价井6口(西103、西104、西105、西106、西119、西135)，平均钻遇油层厚度12.8m，试油井10口，平均日产纯油13.5t，自然能量条件下投产8口，初期日产油4.1t，含水5.6%，前三个月日产油3.4t，含水7.6%，目前日产油1.5t，含水16.5%。2010年紧邻西105井以南，以480m×160m井排距、菱形反九点井网进行开发。截止2012年底动用含油面积38.52$km^2$，地质储量1996.6×$10^4$t，可采储量419.29×$10^4$t。

1)沉积相特征

该井区长$8^1$地层与下伏的长$8^2$地层整合接触(厚度45～50m)，岩性主要为黑色泥岩、页岩、灰黑色粉砂质泥岩及灰黑色细～粉砂岩、细、中砂岩组成，表现为上部以泥岩为主，下部以砂岩为主的二元结构，砂层总体表现为由粗到细的正韵律性，局部为反韵律。基本沉积特征、单井相分析及其相标志，认为西峰油田长$8^1$以三角洲沉积体系中的前缘亚相沉积为主，主要发育三角洲前缘水下分流河道、河口坝和席状砂 3 个沉积微相，以水下分流河道与席状砂为主(图 4－20)。

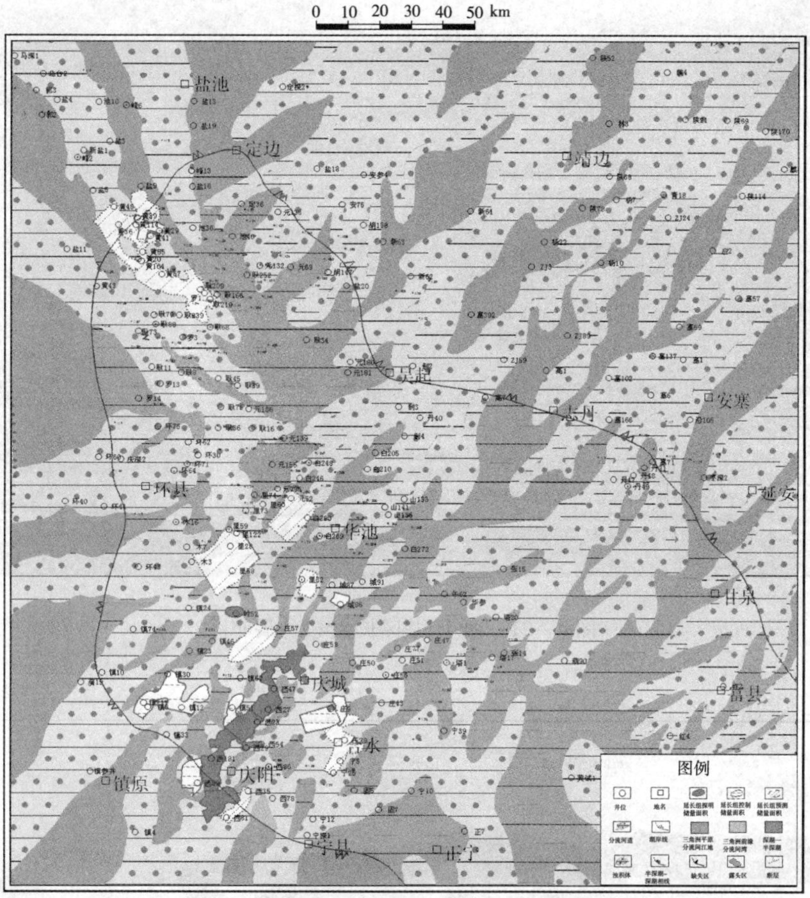


图 4－20　鄂尔多斯盆地长 8 期沉积相图

2）砂体展布特征

西 41 井区平面上砂体展布受砂体及岩性控制，该区长 $8^1$ 层水下分流河道微相最发育，是主要的储集体。砂体呈南西—北东向条带状分布，砂体主体带宽 8～15km，地层厚度45～50m，主体带厚度较稳定(图 4－21)。

该井区平面发育两支砂体，一支是西 41 砂体，另一支是西 98－西 266 砂体，主体带砂厚度稳定，物性好，主要发育水下分流河道，由于河道不停侧向迁移，砂体两侧地层厚度变薄，泥质含量增多，物性变差。

纵向剖面可以看出，长 $8_1$ 小层发育三套沉积体，上部长 $8_1^1$ 以泥岩沉积为主，中部长 $8_1^2$ 小层沉积厚度一般 20～30m，砂层发育，储层物性好；下部长 $8_1^3$ 小层与上部长 $8_1^1$ 相近，以泥岩沉积为主(图 4－22)。

3）油层分布特征

该井区整体发育两支河道，由于河道运移过程中不断侧向迁移，局部粘连，局部发育间湾，间湾处砂体厚度薄，自然电位曲线呈齿状，储层物性变差。从油藏剖面图和油层等厚图

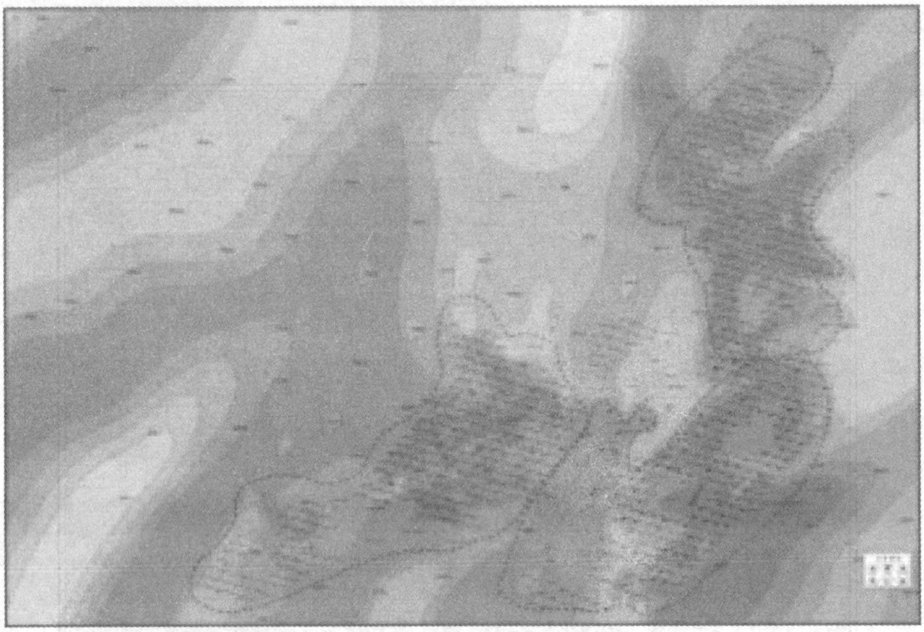

图 4－21　西 41 井区长 $8^1$ 砂体展布图

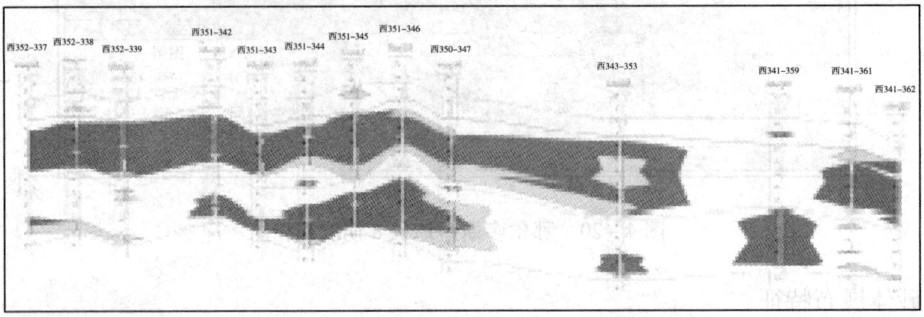


图 4－22　西 41 区长 8 油藏西 352－337～西 341－362 井油藏剖面

上可以看出，该区长 $8^1$ 油层厚度稳定，南东方向油层厚度大，物性好，试油高产，甚至自喷(图 4－23)。北部油层厚度稳定，物性较好，投产后产量稳定，含水较低。

4)构造特征

该井区构造比校简单，位于陕北斜坡西南部，整体上是一个西倾单斜，构造坡度较缓，每公里下降 5～10m，没有大的构造起伏，但在西倾单斜的背景上发育着与区域倾向一致的鼻状构造，该区块构造由北向南依次排列着三排鼻隆，试油出水井及试油低产井均位于构造低部位；西 98 井和西 266 井处于两个不同的鼻状隆起带(图 4－24)。在单井物性相当的情况下，构造对油藏具有一定影响。

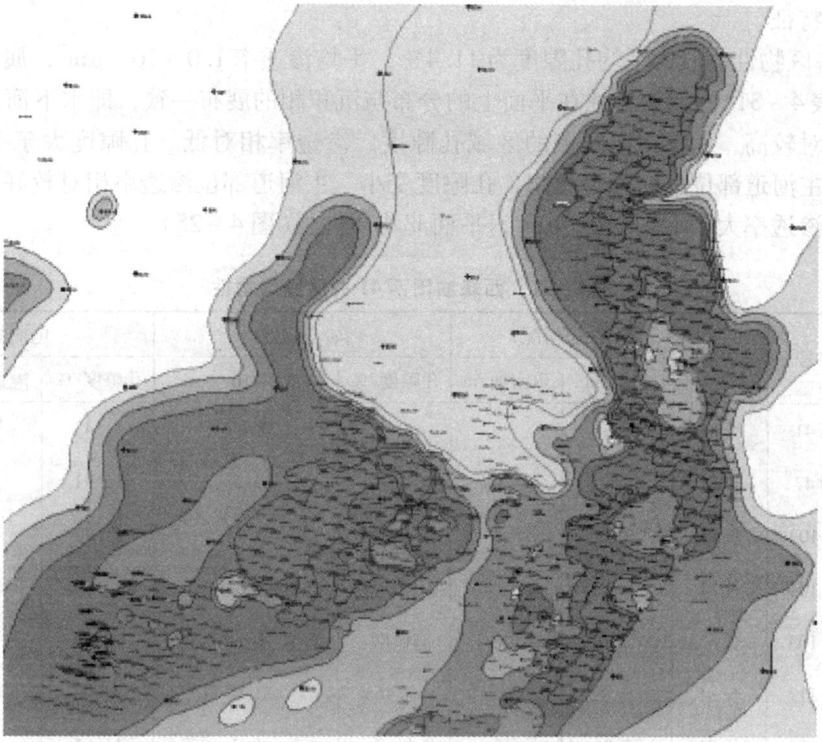

图 4－23　白马北西 41 井区长 $8^1$ 层油层等厚图

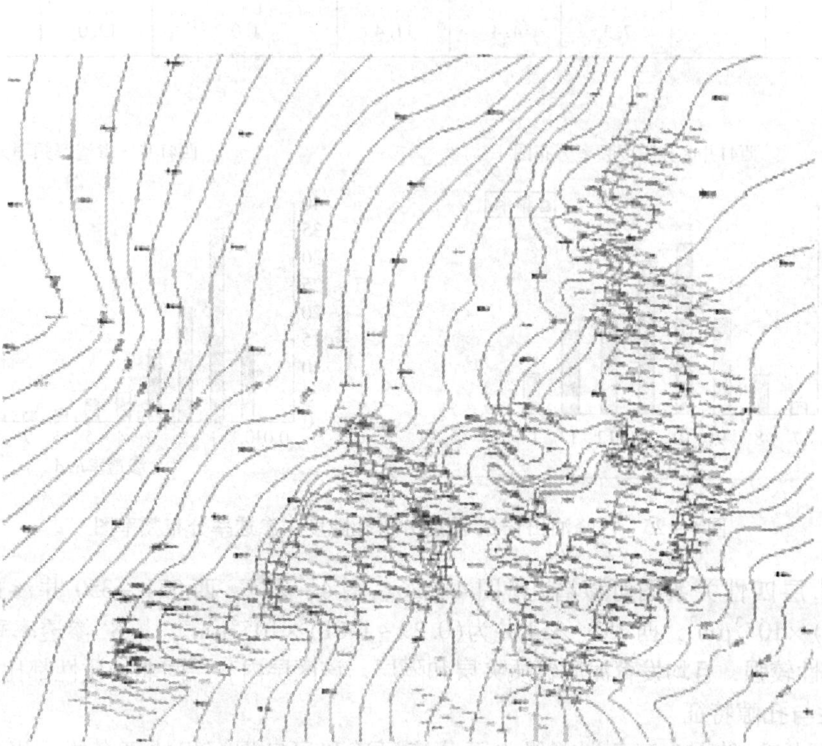

图 4－24　白马北西 41 井区长 $8^1$ 层构造等值线图

5)储层特征

西41井区物性一般，平均孔隙度为11.4%，平均渗透率$1.0\times10^{-3}\mu m^2$，属于低孔、特低渗储层(表4-31)。储层物性在平面上的分布与沉积相的展布一致，即水下河道发育的区域渗透率相对较高，而在河道两侧的区域孔隙度、渗透率相对低。孔隙度大于10%的范围主要分布在主河道部位，向河道两侧，孔隙度变小。主河道部位渗透率相对较好，但也仅在局部区域上渗透率大于$1.0\times10^{-3}\mu m^2$，平面非均质性强(图4-25)。

**表4-31 西峰油田西41井区储层物性**

| 序号 | 井号 | 层位 | 油层情况 | | 岩心物性 | | 电测物性 | |
|---|---|---|---|---|---|---|---|---|
| | | | 油层/m | 致密油/m | 孔隙度/% | 渗透率/$10^{-3}\mu m^2$ | 孔隙度/% | 渗透率/$10^{-3}\mu m^2$ |
| 1 | 西41 | 长81 | 6.6 | | 11.0 | 0.456 | 11.43 | 1.73 |
| 2 | 西47 | 长81 | 6.6 | 4.4 | 12.75 | 1.5 | 11.91 | 1.84 |
| 3 | 西103 | 长81 | 9.1 | 3.8 | 11.3 | 0.47 | 11.72 | 2.0 |
| 4 | 西104 | 长81 | 9.4 | | 14.31 | 2.07 | 14.19 | 2.37 |
| 5 | 西105 | 长81 | 12.0 | 1.8 | 10.67 | 1.14 | 10.99 | 1.67 |
| 6 | 西117 | 长81 | | 11.7 | 7.46 | 0.88 | 10.5 | 0.8 |
| 7 | 西119 | 长81 | 5.0 | 4.8 | 11.7 | 0.2 | 11.65 | 1.68 |
| 8 | 西135 | 长81 | 9.5 | 8.3 | 11.7 | 1.23 | 13.42 | 1.74 |
| 8口 | | | 7.3 | 4.4 | 11.4 | 1.0 | 12.0 | 1.7 |

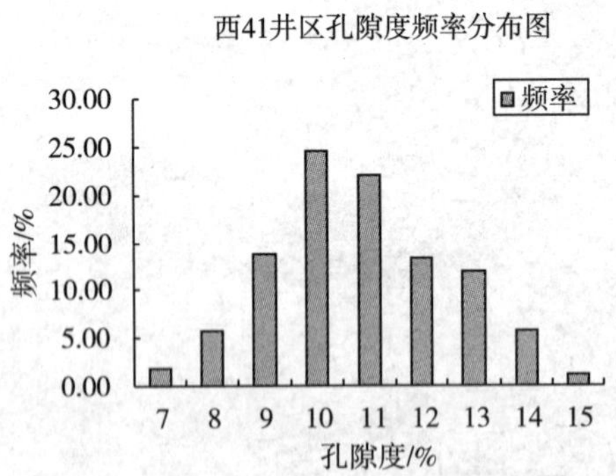


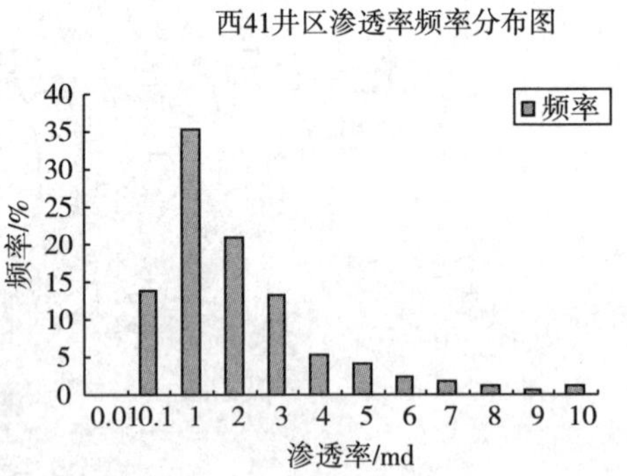


图4-25 西峰油田长$8^1$油层分析孔隙度、渗透率分布频率图

从长$8^1$层四性关系图可以看出(图4-26、图4-27)，西354-350井渗透率一般在$(0.23\sim1.9)\times10^{-3}\mu m^2$，西352-354井为$(0.29\sim1.61)\times10^{-3}\mu m^2$，长$8^1$渗透率垂向变化大，纵向非均质性较强，且均发育泥质钙质夹层和隔层，该区层内和层间非均质性都比较强。

6)岩性与孔隙特征

西41区长$8_3$储层为三角洲前缘水下分流河道和河口坝沉积的复合体，岩性主要为黑色、灰黑色细—中粒岩屑长石砂岩。石英含量16%~38%，平均28.39%；岩屑4.26%~

37%，平均24.00%；长石10% ~47.5%，平均32.25%。颗粒分选中等，粒径一般(0.1 ~ 0.5)mm，最大0.8mm，胶结物以云母和绿泥石为主，含量平均3.08%和0.21%，次为方解石。颗粒分选中等，粒径一般0.17 ~0.4mm，最大0.60mm。胶结物以铁方解石为主，含量平均7.38%，次为绿泥石。

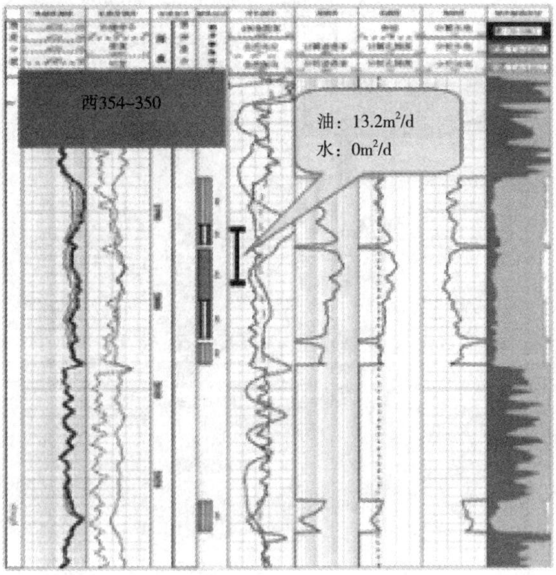


图4-26　西354-350井长$8_1$四性关系图

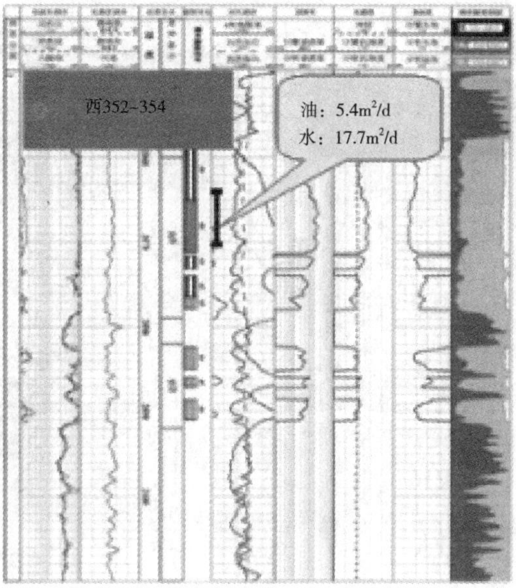


图4-27　西352-354井长$8_1$四性关系图

长$8^1$层填隙物绝对含量11.8%，主要为黏土矿物、碳酸盐和硅质。黏土矿物主要有绿泥石、伊利石、伊/蒙混层等，其中绿泥石的相对含量45.3%，伊利石相对含量为29.00%，伊/蒙间层相对含量为13.75%，混层比≤10%，填隙物成分中水敏矿物含量较低，利于注水开发。

砂岩储层孔隙类型以粒间孔为主，次为溶孔溶孔主要为长石、岩屑溶孔，孔隙组合以溶孔-粒间孔为主，面孔率为5.1%；粒间孔含量3.9%、占总面孔率的75.9%，粒内溶孔含量1.1%、占总面孔率的22.1%。华192区长3储层孔隙结构以小孔隙、细喉道和小孔隙、微细喉道为主，平均孔径25 ~50μm，平均喉道半径0.2 ~0.8μm。

平均排驱压力0.62MPa，平均中值压力3.51MPa，中值半径0.21μm；主要以微细喉为主，喉道分选系数2.47，变异系数0.23，分选较差；最大进汞量80.1%；退汞效率平均为27.3%，属中孔微细喉型。

7)油藏流体与渗流特征

长8油藏原油性质较好，具有低密度(0.7365g/cm³)，低黏度(1.21mPa·s)，微含或不含沥青质、含水低等特点；地面原油物性好，密度较低(0.848g/cm³)，黏度较低(4.87 mPa·s)，凝固点(17.3℃)比较低的特点。

地层水总矿化度平均49.35g/L，水型为$CaCl_2$型，pH值6.0(表4-32)。

37%，平均24.00%；长石10%～47.5%，平均32.25%。颗粒分选中等，粒径一般(0.1～0.5)mm，最大0.8mm，胶结物以云母和绿泥石为主，含量平均3.08%和0.21%，次为方解石。颗粒分选中等，粒径一般0.17～0.4mm，最大0.60mm。胶结物以铁方解石为主，含量平均7.38%，次为绿泥石。

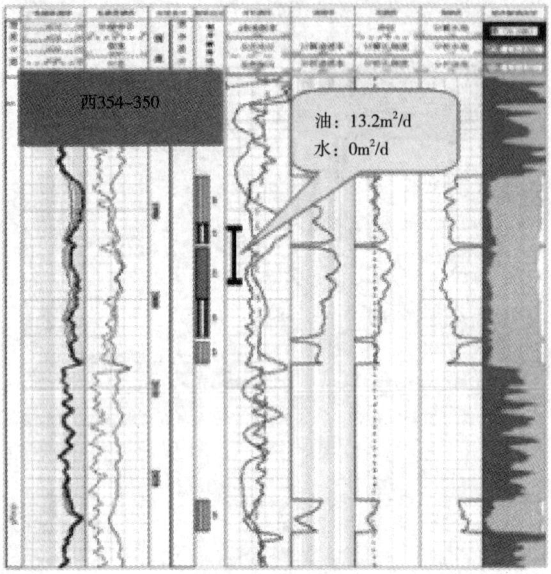


图4－26　西354－350井长$8_1$四性关系图

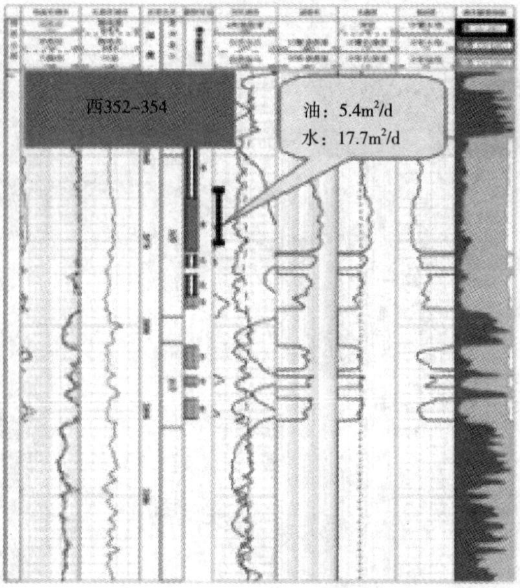


图4－27　西352－354井长$8_1$四性关系图

长$8^1$层填隙物绝对含量11.8%，主要为黏土矿物、碳酸盐和硅质。黏土矿物主要有绿泥石、伊利石、伊/蒙混层等，其中绿泥石的相对含量45.3%，伊利石相对含量为29.00%，伊/蒙间层相对含量为13.75%，混层比≤10%，填隙物成分中水敏矿物含量较低，利于注水开发。

砂岩储层孔隙类型以粒间孔为主，次为溶孔溶孔主要为长石、岩屑溶孔，孔隙组合以溶孔－粒间孔为主，面孔率为5.1%；粒间孔含量3.9%、占总面孔率的75.9%，粒内溶孔含量1.1%、占总面孔率的22.1%。华192区长3储层孔隙结构以小孔隙、细喉道和小孔隙、微细喉道为主，平均孔径25～50μm，平均喉道半径0.2～0.8μm。

平均排驱压力0.62MPa，平均中值压力3.51MPa，中值半径0.21μm；主要以微细喉为主，喉道分选系数2.47，变异系数0.23，分选较差；最大进汞量80.1%；退汞效率平均为27.3%，属中孔微细喉型。

7)油藏流体与渗流特征

长8油藏原油性质较好，具有低密度(0.7365g/cm³)，低黏度(1.21mPa·s)，微含或不含沥青质、含水低等特点；地面原油物性好，密度较低(0.848g/cm³)，黏度较低(4.87 mPa·s)，凝固点(17.3℃)比较低的特点。

地层水总矿化度平均49.35g/L，水型为$CaCl_2$型，pH值6.0(表4－32)。

西41区非均质性强，无水驱油效率低，水驱油试验结果表明：长8层无水期驱油效率17.9%，含水95%时驱油效率为31.9%，含水98%时驱油效率为36.5%，最终驱油效率为44.9%(表4-34)。

**表4-34　西峰油田白马中区长8储层油水相对渗透率综合参数**

| 区块 | 层位 | 无水期驱油效率/% | 含水95%时 | | 含水98%时 | | 最终期 | |
|---|---|---|---|---|---|---|---|---|
| | | | 驱油效率/% | 注入倍数/PV | 驱油效率/% | 注入倍数/PV | 驱油效率/% | 注入倍数/PV |
| 西41 | 长8 | 17.9 | 31.9 | 1.23 | 36.5 | 3.38 | 44.9 | 20.60 |

根据室内实验结果，长$8^1$层总体表现为弱-无速敏；水敏指数在0.0~0.45，表现为弱水敏；中-弱酸敏；弱盐敏；中等-弱碱敏(表4-35)。

**表4-35　西峰油田白马中区长8储层敏感性评价结果**

| 区块 | 层位 | 井数/口 | 样品数/块 | 速敏程度评价 | 水敏程度评价 | 盐敏程度评价 | 碱敏程度评价 | 酸敏程度评价 |
|---|---|---|---|---|---|---|---|---|
| 西41区 | 长8′ | 5 | 8 | 弱速敏 | 弱水敏 | 弱盐敏 | 弱碱敏中等碱敏 | 弱酸敏 |

随着油藏深度的增加，地层压力增大、油层温度升高。西41长8平均地层温度68.3℃，地温梯度为3.2℃/100m，平均原始地层压力16.65MPa，压力梯度为0.78MPa/100m。

西41长8油层分布主要受三角洲前缘水下分流河道控制，砂体厚度大，为岩性油藏，圈闭成因与砂岩的侧向尖灭及岩性致密遮挡有关，受岩性与构造双重控制的岩性油藏，原始驱动类型为弹性溶解气驱。

2. 开发概况

1)开发现状

2013年12月份，油井开井499口，井口日产液水平1122t，日产油水平705t，平均单井日产油水平1.4t，综合含水37.1%，平均动液面1379m，水井开井162口，日注水水平3189$m^3$，月注采比2.12，累计注采比2.19，地质储量采油速度1.04%，地质储量采出程度2.07%，剩余可采采油速度5.21%(图4-29)。

与2012年12月相比，油井开井数上升14口，井口日产液水平上升224t，井口日产油水平上升68t，综合含水上升8.1%，平均动液面下降34m，水井开井数上升13口，日注水量上升290$m^3$。

2)开发形势

2013年通过进一步细化注采技术政策，开展周期注水、精细分层注水、流压调整等工作，取得了较好的效果。

地层能量保持平稳，2013年在开发初期注水技术政策的基础上，结合动态变化对新老区域进行分类优化。一是受注水系统影响停注区域西266、西135、西98开发单元及时加强注水，注水强度控制在1.2~1.3$m^3$/m·d之间；二是对物性较好裂缝较发育含水上升的西131、西134、西47开发单元控制注水，注水强度控制在1.0~1.1$m^3$/m·d之间，调整后，西41区整体含水上升速度得到有效控制(表4-36)。

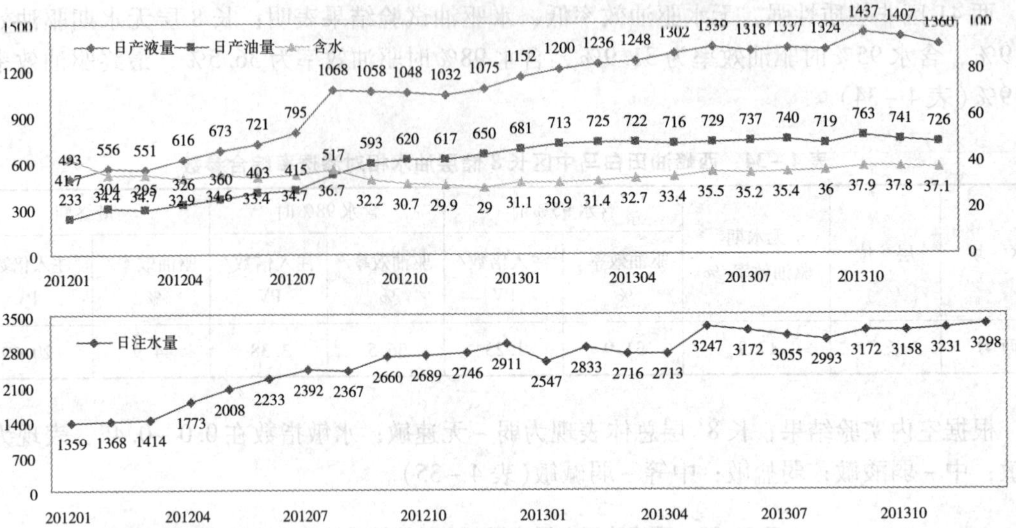


图 4－29　西 41 区综合开采曲线

**表 4－36　西 41 区主侧向压力统计**

| 位置 | 原始地层压力/MPa | 2012 年 | | | 2013 年 | | | 可对比压力/MPa | | |
|---|---|---|---|---|---|---|---|---|---|---|
| | | 计算井数/口 | 压力/MPa | 保持水平/% | 计算井数/口 | 压力/MPa | 保持水平/% | 井数/口 | 2012.12 | 2013.12 |
| 主向 | 16.65 | 12 | 18.3 | 109.9 | 8 | 17.1 | 102.4 | 2 | 17.2 | 17.9 |
| 侧向 | | 9 | 13.1 | 78.7 | 17 | 15.6 | 93.7 | 4 | 14.0 | 15.2 |
| 平均 | | 21 | 16.1 | 96.5 | 25 | 16.1 | 96.5 | 6 | 15.1 | 16.1 |

平均地层压力 16.10MPa，压力保持水平 96.5%；主向压力 17.1MPa，压力保持水平 102.4%，侧向压力 15.6MPa，压力保持水平 93.7%，压力保持水平较 2012 年保持平稳（图 4－30、图 4－31）。

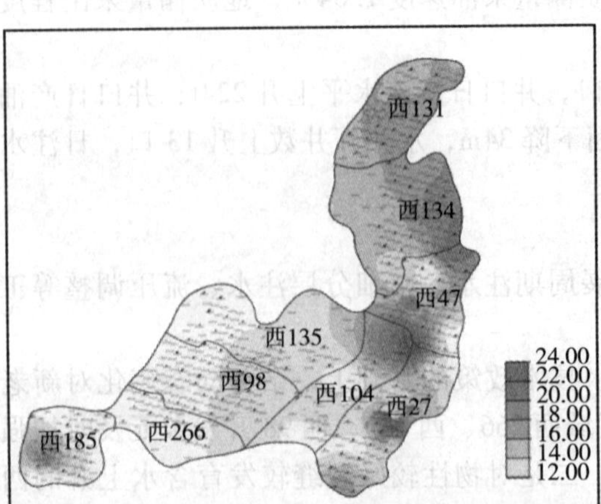


图 4－30　西 41 区 2012 年 12 月压力分布图

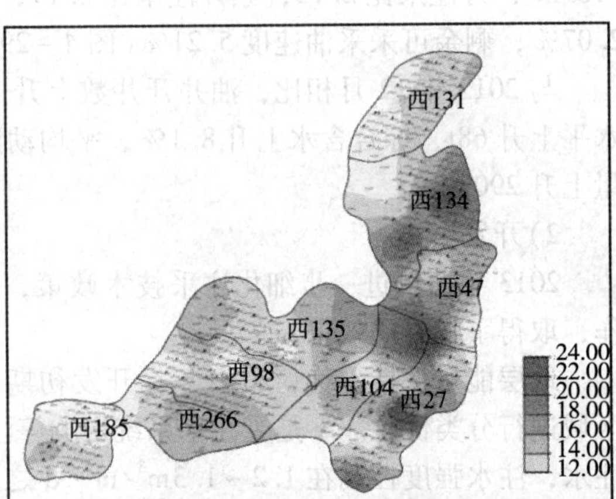


图 4－31　西 41 区 2013 年 12 月压力分布图

水驱状况变好，西 41 区 2013 年通过开展精细注采调控、周期注水、水井增注等工作，油藏整体水驱状况变好，存水率稳定在 0.88，水驱指数上升至 4.01(表 4－37、图 4－32)。

**表 4－37　西 41 区水驱状况统计表**

| 区块 | 2012 年 12 月 | | | | 2013 年 12 月 | | | | 水驱状况 |
|---|---|---|---|---|---|---|---|---|---|
| | 水驱控制/% | 水驱动用/% | 水驱指数/($m^3$/t) | 存水率 | 水驱控制/% | 水驱动用/% | 水驱指数/($m^3$/t) | 存水率 | |
| 西 41 | 97.2 | 65.6 | 4.03 | 0.88 | 97.2 | 66.8 | 4.01 | 0.88 | 稳定 |

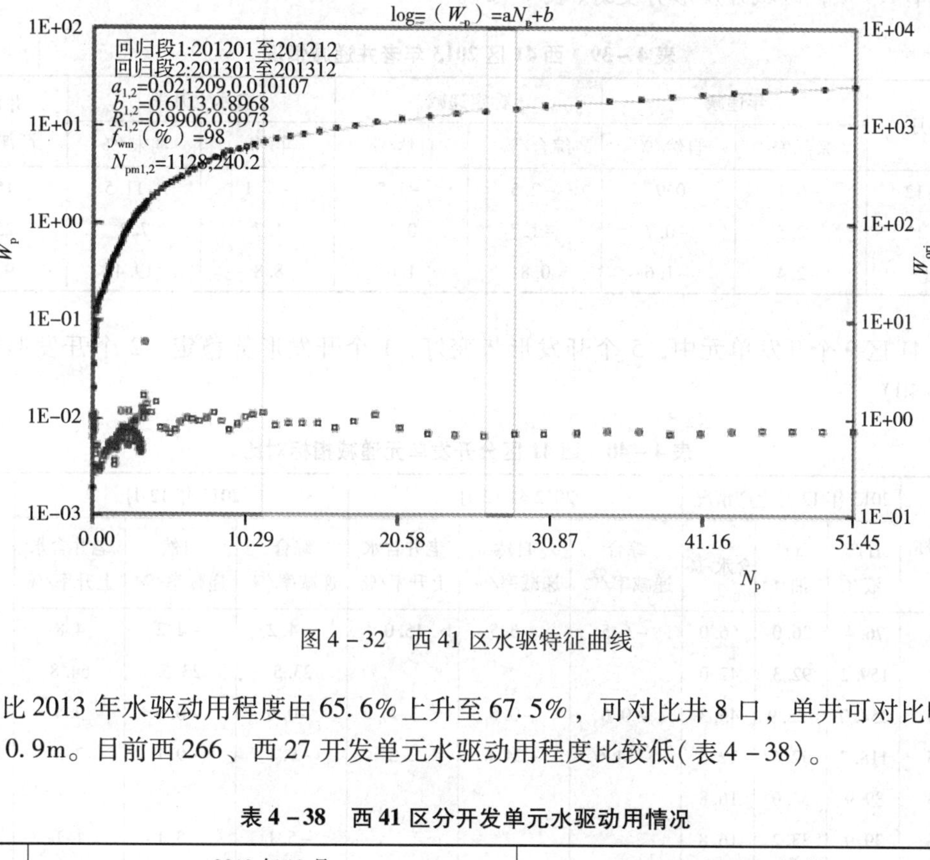


图 4－32　西 41 区水驱特征曲线

对比 2013 年水驱动用程度由 65.6% 上升至 67.5%，可对比井 8 口，单井可对比吸水厚度增加 0.9m。目前西 266、西 27 开发单元水驱动用程度比较低(表 4－38)。

**表 4－38　西 41 区分开发单元水驱动用情况**

| 单元名称 | 2012 年 12 月 | | | 2013 年 12 月 | | |
|---|---|---|---|---|---|---|
| | 存水率/% | 水驱储量控制程度/% | 水驱储量动用程度/% | 存水率/% | 水驱储量控制程度/% | 水驱储量动用程度/% |
| 西 104 | 0.86 | 96.4 | 62.5 | 0.84 | 96.4 | 67.5 |
| 西 131 | 0.94 | 97.3 | 65.2 | 0.87 | 97.3 | 72.2 |
| 西 134 | 0.89 | 97.5 | 62.4 | 0.86 | 97.5 | 65.3 |
| 西 135 | 0.92 | 97.2 | 62.4 | 0.95 | 97.2 | 68.7 |
| 西 185 | 0.92 | 97.7 | 69.6 | 0.91 | 97.7 | 72.6 |
| 西 266 | 0.96 | 96.9 | 60.3 | 0.94 | 96.9 | 59.6 |
| 西 27 | 0.83 | 96.8 | 57.5 | 0.83 | 96.8 | 60.5 |

续表

| 单元名称 | 2012 年 12 月 | | | 2013 年 12 月 | | |
|---|---|---|---|---|---|---|
| | 存水率/% | 水驱储量控制程度/% | 水驱储量动用程度/% | 存水率/% | 水驱储量控制程度/% | 水驱储量动用程度/% |
| 西 47 | 0.87 | 97.0 | 58.9 | 0.89 | 97.0 | 58.4 |
| 西 98 | 0.94 | 98.0 | 66.8 | 0.95 | 98.0 | 68.3 |

两项递减减小，西 41 区 2013 年 12 份年综合递减 -2.5%，年自然递减 -0.7%，年含水上升率 1.7%，区域开发形势变好(表 4-39)。

**表 4-39　西 41 区 2013 年老井递减情况**

| 年　月 | 年递减 | | 标定递减 | | 含水上升率 | | 井口年产油/$10^4$t |
|---|---|---|---|---|---|---|---|
| | 综合/% | 自然/% | 综合/% | 自然/% | 年/% | 期末/% | |
| 2012.12 | -0.1 | 0.9 | -2.5 | -1.5 | -7.1 | -11.5 | 15.7 |
| 2013.12 | -2.5 | -0.7 | -1.7 | 0.1 | 1.7 | 7.9 | 25.3 |
| 对比 | -2.4 | -1.6 | 0.8 | 1.6 | 8.8 | 19.4 | 9.60 |

西 41 区 9 个开发单元中，5 个开发形势变好，1 个开发形势稳定，2 个开发形势变差(表 4-40)。

**表 4-40　西 41 区分开发单元递减指标对比**

| 单元名称 | 2013 年 12 月生产情况 | | | 2012 年 12 月 | | | 2013 年 12 月 | | | 备注 |
|---|---|---|---|---|---|---|---|---|---|---|
| | 日产液/t | 日产油/t | 含水/% | 综合递减率/% | 自然递减率/% | 老井含水上升率/% | 综合递减率/% | 自然递减率/% | 老井含水上升率/% | |
| 西 104 | 76.4 | 26.0 | 66.0 | -6.5 | -6.5 | 15.0 | -4.2 | -4.2 | 4.8 | 变好 |
| 西 131 | 159.2 | 92.3 | 42.0 | | | | 23.5 | 23.5 | 64.8 | 变差 |
| 西 134 | 254.0 | 138.9 | 45.3 | -0.6 | -0.6 | 3.3 | -0.6 | -0.6 | 9.4 | 稳定 |
| 西 135 | 118.7 | 92.6 | 22.0 | -24.6 | -24.6 | 2.2 | -9.1 | -9.1 | 2.3 | 变好 |
| 西 185 | 39.9 | 34.0 | 16.8 | | | | | | | |
| 西 266 | 39.9 | 33.2 | 16.8 | | | | -5.1 | -5.1 | 1.1 | 变好 |
| 西 27 | 152.6 | 47.4 | 68.9 | 8.5 | 8.5 | 12.2 | 13.1 | 13.1 | 4.2 | 变差 |
| 西 47 | 111.2 | 80.6 | 27.5 | -19.4 | -19.4 | -14.7 | -29.5 | -29.5 | -6.5 | 变好 |
| 西 98 | 176.3 | 155.3 | 11.9 | | | | -2.2 | -2.2 | 6.3 | 变好 |

## 4.4.3　董志区

1. 基本概况

董志位于西峰油田南部，油层平均厚度 14.6m，平均孔隙度 9.97%，平均渗透率 $0.74\times10^{-3}\mu m^2$，油层原始地层压力 14.4MPa。2003 ~ 2004 年开始开发试验，2005 ~ 2006 年按 540m×130m 菱形反九点井网大规模建产。为西峰油田的主力开发区块之一，截至 2012 年底西峰油田董志区动用探明含油面积 35.51km$^2$，动用探明地质储量 3236.20×$10^4$t，可采储量 647.24×$10^4$t。

1）构造特征

董志区构造较为简单，整体呈向东南高、西北低的宽缓单斜构造，坡度较缓，每公里下降 5～10m，没有大的构造起伏，主产区局部出现多处鼻状隆起。各小层构造基本上为单一的单斜形态，砂深顶构造具有很好的继承性。具体特征详述如下：

长 $8_1^1$ 地层构造大致呈向西倾斜的单斜构造，呈现东南高、西北低。整体上坡度较缓，没有大的构造起伏。该地层顶海拔高度范围为 -686.61～-603.43m，最高点位于董 66-62 井附近，最低点位于董 56-69 井附近，本层埋深 1881～2040m。

长 $8_1^2$ 砂深顶构造也呈现东南高、西北低单斜构造，没有大的构造起伏。该小层砂深顶海拔高度范围为 -702.91～-599.46m，最高点位于西 35 井附近，最低点位于董 56-69 井附近，本层埋深 1891～2050m。整个砂深顶构造与长 $8_1^1$ 砂深顶构造相比具有良好的继承性。

长 $8_1^3$ 砂深顶构造也呈现东南高、西北低单斜构造，没有大的构造起伏。该小层砂深顶海拔高度范围为 -725.11～-622.6m，最高点位于西 83 井附近，最低点位于董 56-69 井附近，本层埋深 1905～2081m。整个砂深顶构造与长 $8_1^2$ 砂深顶构造相比具有良好的继承性。

2）沉积特征

本区长 8 地层中常见的岩类有灰绿色细砂岩、粉砂岩、深灰色泥质粉砂岩、砂质泥岩、黑色泥岩、碳质泥岩及页岩。特殊岩类有油页岩、泥灰岩、凝灰岩及煤线。特殊岩类尽管少见，但是为分析环境的指相标志。例如长 7 底部的油页岩，如果厚度较大可作为湖盆中心的局部深洼子（半深湖相中局部的深湖相）；若油页岩与碳质泥岩共生，则做为半深湖相标志。夹于细砂岩中的薄层碳质泥岩，作为浅湖相的沉积依据；而碳质泥岩与煤线共生，作为划分三角洲平原分流间沼泽亚相的主要标志。根据岩性、构造古生物及电测曲线分析，结合相序的变化，认为西峰地区长 $8_1$ 属浅湖沉积环境，主要发育三角洲沉积体系中的前缘亚相，主要包括三角洲前缘水下分流河道、前缘河口坝、决口扇、水下天然堤、分流间湾、前缘席状砂 6 个沉积微相。水下河道微相主要为河道砂体与河口坝砂体的迭加体构成。

3）储层岩矿特征

通过对岩石薄片镜下鉴定分析，董志区长 81 储层以细～中粒长石岩屑砂岩为主，其石英含量 23.5%～33.0%，平均 27.13%；长石含量 27.07%～42.25%，平均 33.01%；岩屑成分中火成岩岩屑含量 4.5%～12.5%，平均 10.15%；变质岩岩屑含量 4.0%～17.76%，平均 11.09%；沉积岩岩屑含量平均 1.18%；其他成分平均 3.2%。填隙物含量平均 13.65%。

4）孔隙结构特征

孔隙的分类既考虑成因又考虑几何形状。西峰油田长 8 储层的孔隙类型主要有原生粒间孔隙、次生溶蚀孔隙、晶间孔隙与微裂缝（表 4-41）。

**表 4-41　董志区长 8 砂岩储层孔隙组合特征**

| 百分含量 | 粒间孔 | 溶孔 | | | 晶间孔 | 杂基溶孔 | 微裂隙 | 破裂孔 | 面孔率 |
|---|---|---|---|---|---|---|---|---|---|
| | | 长石 | 岩屑 | 小计 | | | | | |
| 绝对值/% | 2 | 1.1 | 0.3 | 1.3 | 0.5 | 0.3 | 0.1 | 0.2 | 3.8 |
| 相对值/% | 53.2 | 29.8 | 7.7 | 35.1 | 12.0 | 6.7 | 3.5 | 5.3 | |

根据董志区压汞资料，岩样中岩心分析孔隙度8.5%～12.5%，平均10.06%，渗透率为(0.1～1.69)×$10^{-3}$μ$m^2$，平均0.43×$10^{-3}$μ$m^2$。排驱压力为0.37～1.84MPa，平均1.04 MPa；最大汞饱和度59.2%～84.8%，平均72.33%；退出效率21.7%～37.7%，平均29.65%(表4-42)。

**表4-42　西峰油田长8孔隙结构特征参数**

| 区　块 | 层位 | 孔隙度/% | 渗透率/mD | 排驱压力/MPa | 中值压力/MPa | 中值半径/μm | 分选系数 | 变异系数 | 最大进汞量/% | 退汞效率/% |
|---|---|---|---|---|---|---|---|---|---|---|
| 白马中 | 长$8_1$ | 10.56 | 0.92 | 0.62 | 3.51 | 0.21 | 2.47 | 0.23 | 80.1 | 27.3 |
| 白马南 | 长$8_1$ | 9.96 | 1.33 | 0.93 | 4.39 | 0.18 | 2.20 | 0.21 | 71.2 | 31.6 |
| 董志 | 长$8_1$ | 10.99 | 0.78 | 1.04 | 4.80 | 0.15 | 2.03 | 0.23 | 76.1 | 29.0 |

由图表中可以看到与白马区相比，董志区具有排驱压力、中值压力较高，中值半径较低的特点。但分选较白马好，退汞效率较高。

根据董志区孔隙图像资料统计，面孔率平均3.68%，孔隙半径平均19.297μm，均质系数平均0.34(表4-43)。

**表4-43　西峰油田各区块孔隙结构特征统计**

| 区块 | 层位 | 粒间孔/% | | 溶孔/% | | | | 晶间孔/% | 微裂隙/% | 破裂孔/% | 面孔率/% | 平均孔径/μm |
|---|---|---|---|---|---|---|---|---|---|---|---|---|
| | | 绝对含量/% | 占总面孔率/% | 粒间溶孔/% | 长石/% | 岩屑/% | 杂基溶孔/% | | | | | |
| 白马中 | 长$8_1$ | 3.9 | 75.9 | | 0.9 | 0.2 | | 0.10 | 0.1 | | 5.1 | 40 |
| 白马南 | 长$8_1$ | 2.1 | 46.6 | | 1.4 | 0.3 | 0.1 | 0.40 | 0.2 | 0.10 | 4.4 | 39 |
| 董志 | 长$8_1$ | 2.0 | 54.2 | 0.0 | 1.1 | 0.1 | 0.1 | 0.28 | 0.1 | 0.01 | 3.8 | 30 |

5)储层物性特征

董志区单井平均孔隙度为7%～12.65%，平均9.35%，大于10.0%的范围，主要分布在西24、西33、西56、西58、西110、西138等井区。渗透率为(0.05～3.16)×$10^{-3}$μ$m^2$，平均0.59×$10^{-3}$μ$m^2$，大于1.0×$10^{-3}$μ$m^2$的范围，主要分布在西29、西110、西129、西138等四个区域。

渗透率突进系数为0.73～20.7，平均5.17，突进系数大于4的井点占43.8%，渗透率级差3.0～558，平均83.6，大于100的井点占18.75%。长$8_1$储层渗透率突进系数与级差的平面分布与砂体沉积微相的变化有关，沉积微相的变化大，储层渗透率突进系数与级差就大，反之则小，非均质性也弱。以上说明长$8_1$储层层内非均质性严重。

6)流体性质

董志区长8地层原油黏度小，1.9～2.33mPa·s，平均2.14mPa·s，油层温度平均62.63℃，油层压力平均14.4MPa，饱和压力9.44MPa，地饱压差小5.0MPa，体积系数1.233，气油比78.2$m^3$/t，天然气相对密度1.029～1.0987，平均1.0637(表4-44)。长8地面原油性质较好，地面原油具有低密度(0.8560g/$cm^3$)、低黏度(6.67mPa·s)、低凝固点(22℃)的特点。

**表4-44　西峰油田董志区长8地层原油分析数据**

| 井号 | 层位 | 油层压力/MPa | 油层温度/℃ | 饱和压力/MPa | 压缩系数/$10^{-4}$/MPa | 地层原油黏度/mPa·s | 汽油比/($m^3$/t) | 体积系数 | 收缩率/% | 地层原有密度/(g/mL) | 溶解系数/($m^3$/$m^3$/MPa) | 天然气相对密度 |
|---|---|---|---|---|---|---|---|---|---|---|---|---|
| 西35 | 长$8_2$ | 11.84 | 66.2 | 8.66 | 11.1 | 19 | 80.1 | 1.24 | 19.4 | 0.761 | 7.887 | 1.0881 |
| 西33 | 长$8_1$ | 12.86 | 62.9 | 9.28 | 11.1 | 2.15 | 78.6 | 1.236 | 19.1 | 0.766 | 7.263 | 1.0987 |
| 董79-54 | 长$8_1$ | 18.04 | 60.8 | 9.82 | 10.7 | 2.33 | 76.4 | 1.223 | 18.3 | 0.767 | 6.67 | 1.029 |
| 董80-52 | 长$8_1$ | 15.01 | 60.6 | 9.99 | 11.1 | 2.18 | 77.7 | 1.234 | 19 | 0.764 | 6.677 | 1.0408 |
| 平均 | 长8 | 14.44 | 62.63 | 9.44 | 11 | 2.14 | 78.2 | 1.233 | 18.95 | 0.7645 | 7.124 | 1.0637 |

根据董志区3口井(西125、西129、董81-51)24块样品，有10块为弱亲水，2块为亲水，5块为中性，5块为弱亲油，2块亲油，判断董志地区长8润湿性为中性。

2. 开发形势

1)开发历程

2002年12月至2003年相继投注水井7口，进行超前注水；2003年建产油井19口，水井2口，建产能$0.97 \times 10^4$t；2004年建产油井25口，水井8口，建产能$1.25 \times 10^4$t；2005年建产油井216口，水井63口，建产能$6.09 \times 10^4$t；2006年建产油井48口，水井23口，建产能$1.39 \times 10^4$t；2010年建产油井16口，注水井2口，建产能$0.06 \times 10^4$t。累计建产油井357口，注水井11口，累计建产$10.4 \times 10^4$t(表4-45)。

**表4-45　董志区分年建产统计**

| 时间 | 油井 | | | | 水井 | |
|---|---|---|---|---|---|---|
| | 井数/口 | 主要建产单元 | 年底能力/t | 年产能/t | 井数/口 | 主要投注区 |
| 2002 | 10 | 西33 | 26 | 2955 | 5 | 西33 |
| 2003 | 19 | 西33 | 60 | 9697 | 2 | 西33 |
| 2004 | 25 | 西33、西129 | 86 | 12454 | 8 | 西33、西56 |
| 2005 | 216 | 西56、西129、西34、西24 | 565 | 60851 | 63 | 西56、西129、董70-55、西25、西34 |
| 2006 | 48 | 董70-55、西25 | 100 | 13871 | 23 | 董70-55、西34、西25 |
| 2007 | 6 | 西25、西33 | 5 | 891 | 2 | 西25、西34 |
| 2008 | 无 | | | | 2 | 西25、西56 |
| 2009 | 无 | | | | 7 | 西33、西25 |
| 2010 | 16 | 西33扩边 | 32 | 595 | 2 | 西33扩边 |
| 2011 | 12 | 西33扩边 | 8 | 1382 | 0 | |
| 2012 | 5 | 西33扩边 | 10 | 1456 | | 西33扩边 |

续表

| 时间 | 油井 | | | | 水井 | |
|---|---|---|---|---|---|---|
| | 井数/口 | 主要建产单元 | 年底能力/t | 年产能/t | 井数/口 | 主要投注区 |
| 2013 | 14 | 西33扩边 | 21 | 2678 | 3 | 西33扩边 |
| 合计 | 371 | 西33扩边 | 914 | 106830 | 118 | 西33扩边 |

2）开发现状

董志为西峰油田的主力开发区块之一，截止2012年底西峰油田董志区动用探明含油面积35.51$km^2$，动用探明地质储量3236.20×$10^4$t，可采储量647.24×$10^4$t。

2013年12月份油井开井304口，日产液水平424t，日产油水平268t，平均单井日产油水平0.9t，综合含水36.6%，平均动液面1428m，水井开井114口，日注水3135$m^3$，月注采比5.81，累计注采比3.84。地质储量采油速度0.30%，地质储量采出程度4.15%，剩余可采采油速度1.86%（图4－33）。

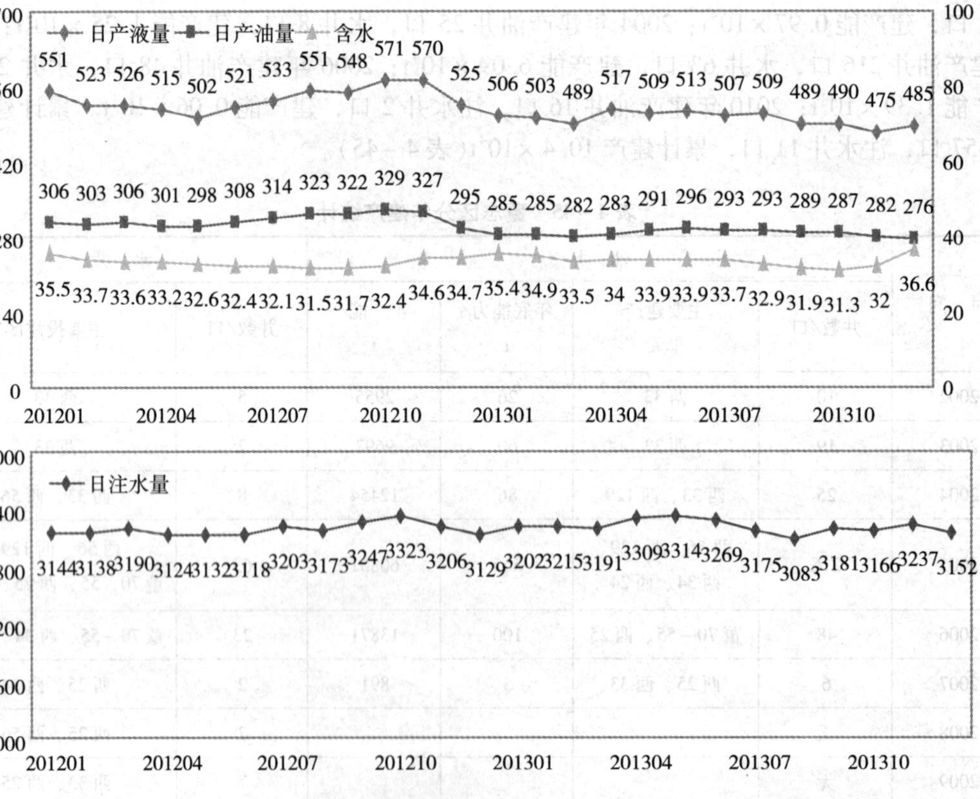

图4－33　董志区综合开采曲线

3）压力状况

可对比压力上升、压力保持水平稳定，董志区经过2011～2013年注采调整，压力分布逐步趋于合理，侧向压力保持水平逐步提高。全区平均地层压力14.4MPa，压力保持水平

100%，主向压力16.8MPa，侧向压力13.6MPa，主侧向压差3.2MPa(表4-46)。

表4-46　董志区2012-2013年主侧向压力对比

| 区块 | 井网位置 | 2012年 | | | 2013年 | | | 可对比 | | |
|---|---|---|---|---|---|---|---|---|---|---|
| | | 井数/口 | 压力/MPa | 压力保持水平/% | 井数/口 | 压力/MPa | 压力保持水平/% | 井数/口 | 2012压力/MPa | 2013压力/MPa |
| 董志 | 主向 | 13 | 15.0 | 104.2 | 9 | 16.2 | 1125 | 6 | 15.40 | 16.2 |
| | 侧向 | 28 | 13.7 | 95.1 | 22 | 13.6 | 94.4 | 16 | 13.00 | 13.3 |
| | 小计 | 41 | 14.1 | 98.0 | 31 | 14.4 | 99.7 | 22 | 13.7 | 14.1 |

4)水驱状况

水驱状况稳中有升，水驱动用可采储量增加。2013年加强水井治理，通过水井剖面调整、措施增注、检串分注、周期注水、氮气驱试验等工作，整体水驱状况保持平稳(图4-34)。

水驱可采储量528.1×$10^4$t上升至560.4×$10^4$t，水驱控制程度稳定在98.0%，水驱储量动用程度稳定在从67.7%上升至70.4%，水驱指数由6.24$m^3$/t上升到6.57$m^3$/t，存水率稳定在0.94(表4-47)。

表4-47　董志区2012-2013年水驱状况对比

| 区块 | 2012.12 | | | | 2013.12 | | | | 水驱状况 |
|---|---|---|---|---|---|---|---|---|---|
| | 水驱控制/% | 水驱动用/% | 水驱指数/($m^3$/t) | 存水率 | 水驱控制/% | 水驱动用/% | 水驱指数/($m^3$/t) | 存水率 | |
| 董志 | 98.0 | 67.7 | 6.24 | 0.94 | 98.0 | 70.4 | 6.58 | 0.94 | 稳定 |

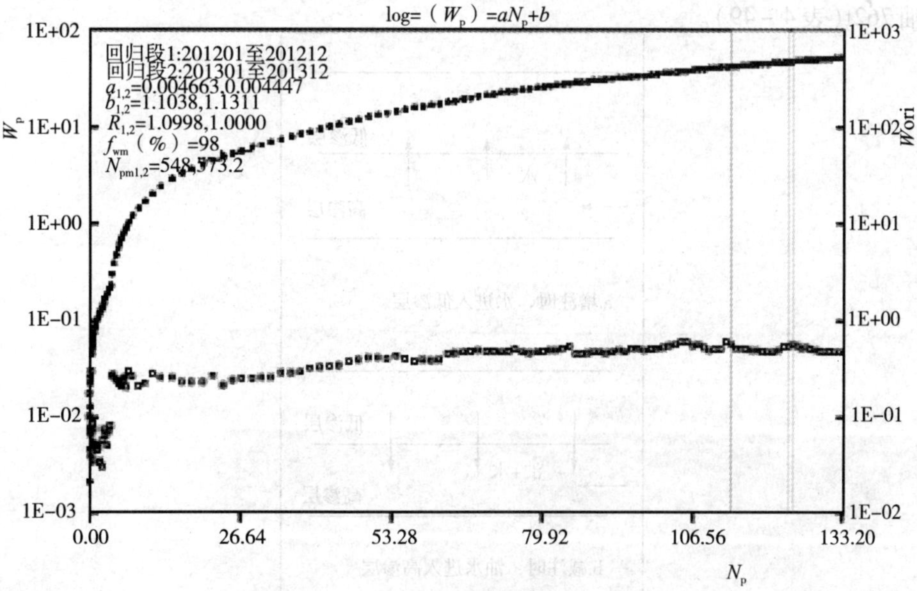


图4-34　董志区水驱特征曲线

水井分注，提高水驱动用程度。2013 年董志加强水井治理工作，主要针对射孔程度低和吸水剖面不均的注水井分别实施补孔分注和检串分注，共实施措施分注 1 口(董 76 -55)，检串分注 6 口(董 60 -71、董 66 -59、董 78 -49、董 74 -53、董 86 -63、董 78 -59)(表 4 -48)。

**表 4 -48 董志区分单元水驱动用情况**

| 开发单元 | 射孔程度/% | 水驱动用程度/% | | | 备注 |
|---|---|---|---|---|---|
| | | 2011 | 2012 | 2013 | |
| 西 25 | 59.3 | 59.5 | 63.4 | 74.3 | 上升 |
| 扩边区 | 68.8 | 58.9 | 67.6 | 76.8 | |
| 西 33 | 51.0 | 54.8 | 62.3 | 65.8 | |
| 西 24 | 61.1 | 44.1 | 64.1 | 69.2 | |
| 西 56 | 64.3 | 75.4 | 65.7 | 67.6 | |
| 董 70 -55 | 58.8 | 56.2 | 61.7 | 62.5 | |
| 西 34 | 59.3 | 68.9 | 82.6 | 80.6 | 稳定 |
| 西 129 | 57.0 | 59.5 | 53.7 | 52.3 | |
| 全区 | 60.1 | 60.2 | 67.7 | 70.4 | 上升 |

周期注水，提高注入水波及效率。董志局部区域累计注水量大(单井累计注水 66648$m^3$，每米累注 3948$m^3$)，投入开发后，含水上升快，主向井见水程度高，侧向井不受效，平面矛盾突出。2013 年针对部分区域地层压力高(保持水平大于 108%)，含水高，平面矛盾图的 21 个井组开展周期注水，利用高渗层和低渗层之间，裂缝和岩石基质之间产生不断变化的压力梯度场，促使其间发生油水交渗流动，提高注入水的波及效率，达到提高水驱波及体积的目的(图 4 -35、图 4 -36)。2013 年对应 18 口油井见效，见效率 23.4%，日增油 2.9t，累计增油 762t(表 4 -49)。

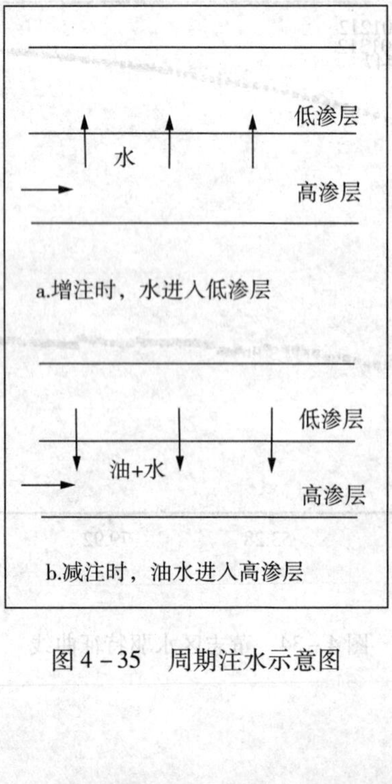


图 4 -35 周期注水示意图

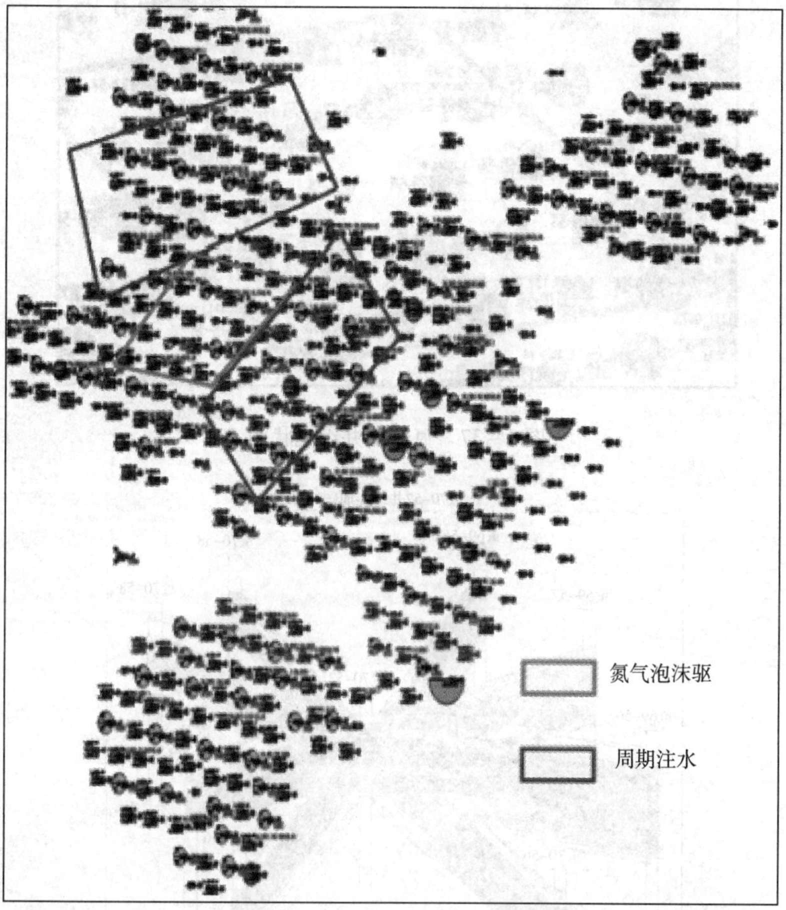


图4－36　董志区周期注水区域示意图

**表4－49　董志区周期注水井组见效表**

| 周期注水井数/口 | 见效油井井数/口 | 见效前油井生产情况 | | | 见效后油井生产情况 | | | | 日增油/t | 累计增油/t | 见效率/% |
|---|---|---|---|---|---|---|---|---|---|---|---|
| | | 日产液/$m^3$ | 日产油/t | 含水/% | 日产液/$m^3$ | 日产油/t | 含水/% | 动液面/m | | | |
| 21 | 18 | 26.1 | 17.5 | 21.4 | 31.0 | 20.3 | 23.0 | 1457 | 2.9 | 762.0 | 23.4 |

开展氮气驱试验，提高油藏采收率。针对董志区区块物性较差，孔喉半径小，在董志区油藏中部，剖面吸水不均，水驱效率低，见水比例高的4个井组开展氮气泡沫驱试验。2012年10月份至2013年4月份对其中2口水井(董70－57、董72－55井)开展第一阶段试验(图4－37、图4－38)。严格按照方案要求，在过程中氮气与聚合物微球交替注入，第一阶段累计注入氮气$10\times10^4Nm^3$，聚合物微球累计注入$1000m^3$，并于2013年10月份开展第二阶段试验(表4－50)。

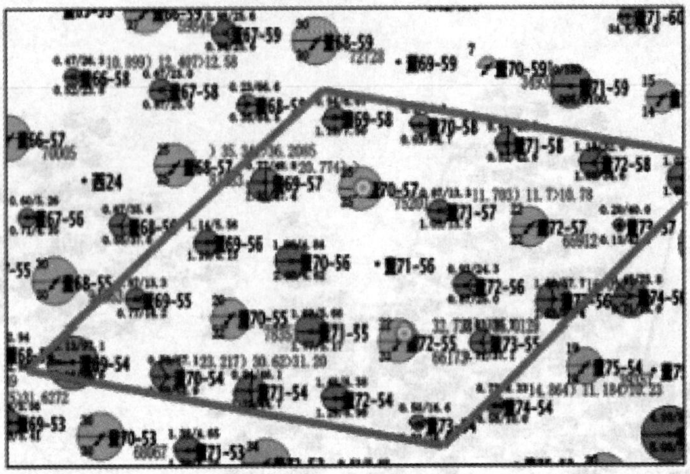

图 4－37　氮气驱井组现状图

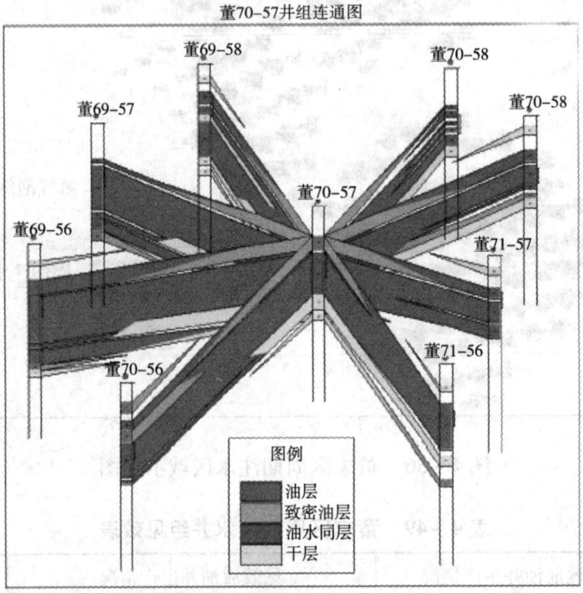


图 4－38　氮气驱井组栅状图

**表 4－50　董志区氮气驱井组注入情况表**

| 水井井号 | 开始日期 | 第一阶段结束 | 试验前注水情况 | | | 注入情况 | | | | | 注入体积 |
|---|---|---|---|---|---|---|---|---|---|---|---|
| | | | 油压/MPa | 套压/MPa | 日注/m³/d | 油压/MPa | 日注入量/(m³/d) | | 累计注入量/Nm³ | | |
| | | | | | | | 氮气 | 微球 | 氮气 | 微球 | |
| 董 72－55 | 2012－9－22 | 2013－4－10 | 17 | 16.8 | 25 | 22.6 | 4446 | | 555288 | 500 | 0.0046 |
| 董 70－57 | 2012－10－15 | 2013－4－10 | 16.8 | 16.4 | 23 | 22.4 | 4536 | | 451000 | 500 | 0.0037 |
| 合计 | | | 16.9 | 16.6 | 48 | 22.5 | 8982 | | 1006288 | 1000 | |

第一阶段结束后井组对应油井 15 口，见效 6 口，日增油 2.2t/d，含水保持下降，截至目前，两个井组共计累增油 612t，油藏递减减缓。从水驱特征曲线可看出氮气驱井组采出程度上升($23.8\times10^4$t 上升至 $24.9\times10^4$t)(图 4-39、图 4-40)。

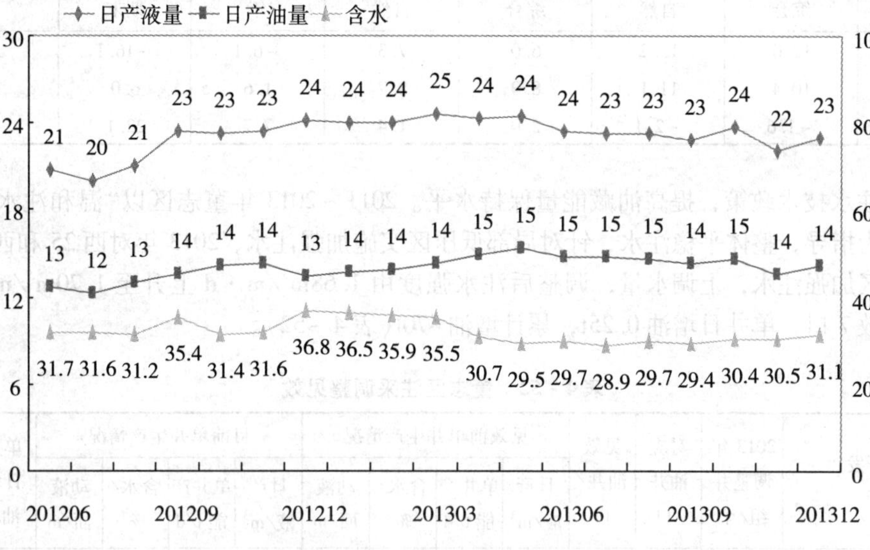


图 4-39　氮气驱井组生产曲线

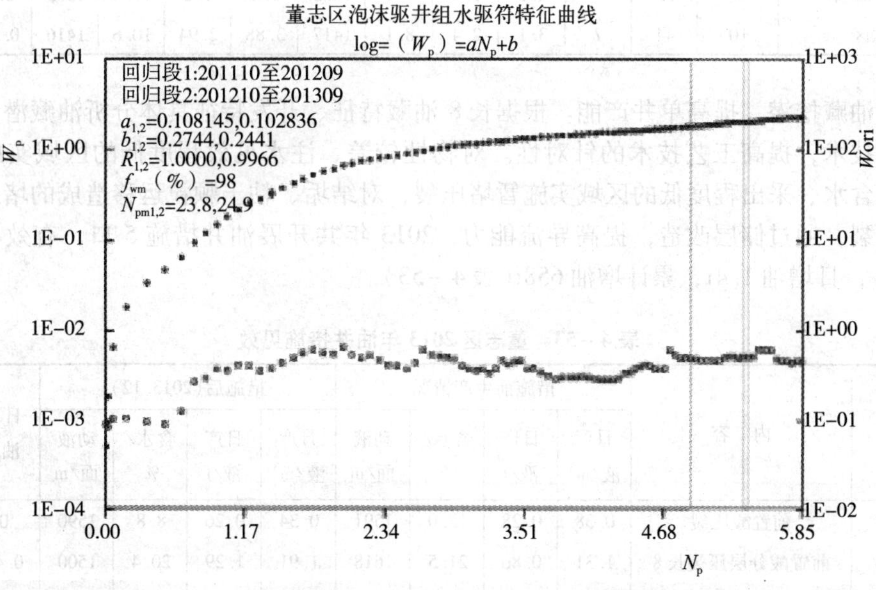


图 4-40　氮气驱井组水驱特征曲线

5) 递减状况

年递减、标定递减减小，开发形势平稳。董志 2013 年 12 月份年综合递减 10.4%，年自然递减 11.1%，与去年同期相比年综合递减下降 1.6%，年自然递减下降 2.1%。通过 2011

年至2013年注采精细调控、周期注水等工作，递减趋势减小，开发形势变好(表4－51)。

**表4－51　董志区指标对比**

| 时　间 | 年递减/% | | 标定递减/% | | 含水上升率/% | | 当年产油/$10^4t$ |
|---|---|---|---|---|---|---|---|
| | 综合 | 自然 | 综合 | 自然 | 年 | 期末 | |
| 2012.12 | 12.0 | 13.2 | 6.0 | 7.3 | -6.1 | -16.1 | 11.07 |
| 2013.12 | 10.4 | 11.1 | 8.0 | 8.7 | 1.6 | 6.0 | 10.20 |
| 同期对比 | -1.6 | -2.1 | 2.0 | 1.4 | 7.7 | 22.1 | -0.87 |

优化注水技术政策，提高油藏能量保持水平。2011～2013年董志区以“温和注水”的注水技术政策为指导，整体平稳注水，针对局部低压区实施加强注水，2013年对西25和西33开发单元低压区加强注水，上调水量，调整后注水强度由1.68$m^3$/m·d上升至1.70$m^3$/m·d，对应油井见效7口，单井日增油0.25t，累计增油470t(表4－52)。

**表4－52　董志区注采调整见效**

| 注水开发单元 | 2013年调整井组/个 | 对应油井/口 | 见效油井/口 | 见效前单井生产情况 | | | | 目前单井生产情况 | | | | 单井日增油/t | 2013年累计增油量/t |
|---|---|---|---|---|---|---|---|---|---|---|---|---|---|
| | | | | 日产液/$m^3$ | 单井产能t/d | 含水/% | 动液面/m | 日产液/$m^3$ | 单井产能t/d | 含水/% | 动液面/m | | |
| 董志区西25单元 | 2 | 6 | 2 | 1.1 | 0.8 | 9.1 | 1468 | 1.5 | 1.1 | 9.4 | 1466 | 0.3 | 89 |
| 董志区董70－55单元 | 1 | 5 | 0 | | | | | | | | | | |
| 董志区西33单元 | 7 | 33 | 5 | 2.0 | 1.6 | 7.1 | 1366 | 2.4 | 1.8 | 11.8 | 1365 | 0.2 | 381 |
| 董志区 | 10 | 44 | 7 | 3.1 | 2.4 | 8.1 | 1417 | 3.88 | 2.94 | 10.6 | 1416 | 0.25 | 470 |

加强油藏挖潜，提高单井产能。根据长8油藏特征、开发特征具体分析油藏潜力，推广成熟工艺技术，提高工艺技术的针对性。对物性较差、注水见效程度低的区域实施压裂引效；对高含水、采出程度低的区域实施暂堵压裂；对结垢、粘土颗粒运移造成的堵塞，采用前置酸压裂，通过储层改造，提高导流能力，2013年共开展油井措施5口，有效4口，有效率80%，日增油1.4t，累计增油658t(表4－53)。

**表4－53　董志区2013年油井措施见效**

| 井　号 | 内　容 | 措施前生产情况 | | | | 措施后(2013.12) | | | | 日增油/t | 累计增油/t |
|---|---|---|---|---|---|---|---|---|---|---|---|
| | | 日产液/$m^3$ | 日产液/t | 含水/% | 动液面/m | 日产液/$m^3$ | 日产液/t | 含水/% | 动液面/m | | |
| 董71－57 | 前置酸压裂 | 0.38 | 0.28 | 12.0 | 1591 | 0.34 | 0.26 | 8.8 | 1590 | 0 | 54 |
| 董77－53 | 前置酸分层压裂长8 | 1.31 | 0.86 | 21.5 | 1618 | 1.91 | 1.29 | 20.4 | 1500 | 0.43 | 157 |
| 董77－57 | 前置酸多级压裂长8 | 0.63 | 0.30 | 43.1 | 1276 | 2.04 | 0.91 | 47.5 | 1252 | 0.61 | 208 |
| 董83－65 | 水力喷射压裂长8 | 1.07 | 0.54 | 39.5 | 1502 | 1.29 | 0.74 | 32.6 | 1488 | 0.20 | 20 |
| 董85－54 | 补孔长8前置酸分层压裂长8 | 0.13 | 0.10 | 6.8 | 1377 | 0.86 | 0.29 | 60.5 | 1388 | 0.19 | 219 |
| 合计 | | 3.52 | 2.08 | 24.6 | 1473 | 6.44 | 3.49 | 34.0 | 1444 | 1.43 | 658 |

## 参 考 文 献


1 丁晓琪，张哨楠，葛鹏莉，易超．鄂尔多斯盆地东南部延长组储层成岩体系研究[J]．沉积学报，2011，01：97～104.

2 丁晓琪，张哨楠．鄂尔多斯盆地西南缘中生界成岩作用及其对储层物性的影响[J]．油气地质与采收率，2011，01：18～22+112.

3 高辉，孙卫，费二战，齐银，李达5．特低－超低渗透砂岩储层微观孔喉特征与物性差异[J]．岩矿测试，2011，02：244～250.

4 屈红军，杨县超，曹金舟，范玉海，关利群．鄂尔多斯盆地上三叠统延长组深层油气聚集规律[J]．石油学报，2011，02：243～248.

5 杨华，付金华，欧阳征健，孙六一．鄂尔多斯盆地西缘晚三叠世构造—沉积环境分析[J]．沉积学报，2011，03：427～439.

6 张其超，王多云，李建霆，李树同，辛补社，左博，刘军锋．马岭—镇北地区长8段三角洲前缘砂体成因与岩性油气藏特征[J]．天然气地球科学，2011，05：807～814.

7 孟祥宏，王多云，李树同，李建霆，刘军锋，张其超，左博．马岭—镇北地区延长组长8油组的砂体类型与多层叠置的连续型油藏特征[J]．沉积学报，2011，06：1206～1212.

8 邓秀芹，姚泾利，胡喜锋，李士祥，刘鑫．鄂尔多斯盆地延长组超低渗透岩性油藏成藏流体动力系统特征及其意义[J]．西北大学学报(自然科学版)，2011，06：1044～1050.

9 何金先，段毅，张晓丽，吴保祥，徐丽．鄂尔多斯盆地华庆地区延长组长8烃源岩生烃潜力评价[J]．兰州大学学报(自然科学版)，2011，06：18～22+32.

10 张晓丽，段毅，何金先，吴保祥，徐丽．鄂尔多斯盆地林镇地区延长组长2沉积微相与油气分布[J]．地质科技情报，2012，01：51～55.

11 何金先，段毅，张晓丽，吴保祥，徐丽，夏嘉．鄂尔多斯盆地林镇地区延安组延9油层组地层对比与沉积微相展布[J]．天然气地球科学，2012，02：291～298.

12 李渭，白薷，李文厚．鄂尔多斯盆地合水地区长6储层成岩作用与有利成岩相带[J]．地质科技情报，2012，04：22～28.

13 刘自亮．三角洲前缘储集砂体的成因组合与分布规律——以松辽盆地大老爷府地区白垩系泉头组四段为例[J]．沉积学报，2009，01：32～40.

14 张创，高辉，孙卫，任国富．西峰油田庄58区块长8储层特低渗透成因[J]．断块油气田，2009，02：12～16.

15 宋广寿，高辉，孙卫，任国富，齐银，路勇，田育红．西峰油田长8储层微观孔隙结构非均质性与渗流机理实验[J]．吉林大学学报(地球科学版)，2009，01：53～59.

16 孙萍，罗平，阳正熙，张兴阳．基准面旋回对砂岩成岩作用的控制——以鄂尔多斯盆地西南缘汭水河延长组露头为例[J]．岩石矿物学杂志，2009，02：179～184.

17 刘小洪，罗静兰，刘新菊，靳文奇，党永潮，胡友洲，郭兵．西峰油田长8和长6储层物性影响因素分析[J]．西北大学学报(自然科学版)，2009，01：102～108.

18 姚素平，张科，胡文瑄，房洪峰，焦堃．鄂尔多斯盆地三叠系延长组沉积有机相[J]．石油与天然气地质，2009，01：74～84+89.

19 杨克文，庞军刚，李文厚．志丹地区延长组储层成岩作用及孔隙演化[J]．吉林大学学报(地球科学版)，2009，04：662～668.

20 陈杰，周鼎武．蟠龙油田F110井区延长组储层微观非均质性模拟[J]．科技导报，2009，15：48～51.

21 韩永林，王成玉，王海红，李士春，郑荣才，王昌勇，廖一．姬塬地区长8油层组浅水三角洲沉积特征[J]．沉积学报，2009，06：1057～1064.

22 段春节，吴汉宁，杨琼警，张金功．镇泾油田镇泾5井区长$8_1$油藏单井产能差异原因探讨[J]．西北大学学报(自然科学版)，2009，05：841～845.

23 罗媛，赵俊兴，吕强，李凤杰．鄂尔多斯盆地西南部宁县—庆阳地区长6期物源状况分析[J]．天然气地球科学，2009，06：907～915.

24 王昌勇，郑荣才，李士祥，韩永林，王成玉，史建南，周祺．鄂尔多斯盆地早期构造演化与沉积响应——以姬塬地区长8～长6油层组为例[J]．中国地质，2010，01：134～143.

25 倪华．长武地区三叠系延长组原油地球化学特征研究[J]．石油天然气学报，2010，01：200～204.

26 高辉，孙卫．鄂尔多斯盆地合水地区长8储层成岩作用与有利成岩相带[J]．吉林大学学报(地球科学版)，2010，03：542～548.

27 王昌勇，郑荣才，李忠权，王成玉，王海红，辛红刚，梁晓伟．鄂尔多斯盆地姬塬油田长8油层组岩性油藏特征[J]．地质科技情报，2010，03：69～74.

28 王玉柱，赵彦超，钟慧娟．鄂尔多斯盆地镇泾油田镇泾5井区长$8_1^2$小层复合砂体的构成特征及优质储层分布[J]．地质科技情报，2010，03：62～68.

29 杨县超，屈红军，崔智林，范玉海，马强，雷露．鄂尔多斯盆地吴起—定边地区长8沉积相[J]．西北大学学报(自然科学版)，2010，02：293～298.

30 樊婷婷，柳益群，黄进腊，郭倩，王亚军．合水地区长8储层成岩作用及对储层物性的影响[J]．西北大学学报(自然科学版)，2010，03：481～487.

31 高辉，孙卫．特低渗透砂岩储层可动流体变化特征与差异性成因——以鄂尔多斯盆地延长组为例[J]．地质学报，2010，08：1223～1231.

32 王居峰，赵文智，郭彦如，张延玲．鄂尔多斯盆地三叠系延长组石油资源现状与勘探潜力分析[J]．现代地质，2010，05：957～964.

33 薛永超，程林松．西峰油田长8油层组成岩储集相研究[J]．石油天然气学报，2010，06：6～10+53+526.

34 罗晓容，张刘平，杨华，付金华，喻建，杨飏，武明辉．鄂尔多斯盆地陇东地区长$8_1$段低渗油藏成藏过程[J]．石油与天然气地质，2010，06：770～778+837.

35 田建锋，刘池阳，张昕，宋立军．西峰油田西41井区特低渗油藏油水分布规律[J]．西北大学学报(自然科学版)，2012，05：794～800.

36 钟大康，周立建，孙海涛，姚泾利，马石玉，祝海华．储层岩石学特征对成岩作用及孔隙发育的影响——以鄂尔多斯盆地陇东地区三叠系延长组为例[J]．石油与天然气地质，2012，06：890～899.

37 刘显阳，李树同，王琪，邱军利，郭正权，楚美娟．陕北地区长$8_1$浅水缓坡砂体类型特征及成因模式[J]．天然气地球科学，2013，01：47～53.

38 钟大康，祝海华，孙海涛，蔡超，姚泾利，刘显阳，邓秀芹，罗安湘．鄂尔多斯盆地陇东地区延长组砂岩成岩作用及孔隙演化[J]．地学前缘，2013，02：61～68.

39 付晶，吴胜和，罗安湘，张立安，李桢，李继宏．鄂尔多斯盆地陇东地区延长组纵向储层质量差异及主控因素分析[J]．地学前缘，2013，02：98～107.

40 柳广弟，杨伟伟，冯渊，马海勇，独育国．鄂尔多斯盆地陇东地区延长组原油地球化学特征及成因类型划分[J]．地学前缘，2013，02：108～115.

41 徐丽，段毅，邢蓝田，张晓丽，何金先，夏嘉，李伟，赵健．鄂尔多斯盆地林镇地区原油地球化学特征[J]．天然气地球科学，2013，02：406～413.

42 白蕾，张金功，李渭，孙兵华，朱富强．陕北富县地区直罗油田上三叠统延长组长6储层成岩作用与有利成岩相带[J]．地质通报，2013，05：790～798.

43 李渭，白蕾，霍威，郑勇．鄂尔多斯盆地合水地区三叠系延长组长$6_3$段三维储集层建模[J]．地质通报，2013，05：799～806.

44 刘震，朱文奇，夏鲁，潘高峰，吴迅达，郭彦如．鄂尔多斯盆地西峰油田延长组长8段岩性油藏动态成藏过程[J]．现代地质，2013，04：895～906.
45 白玉彬，罗静兰，王少飞，杨勇，唐乐平，付晓燕，郑卉．鄂尔多斯盆地吴堡地区延长组长8致密砂岩油藏成藏主控因素[J]．中国地质，2013，04：1159～1168.
46 张晓丽，段毅，何金先，吴保祥，徐丽，夏嘉．鄂尔多斯盆地华庆地区三叠系延长组长8油层组油气成藏条件分析[J]．地质科技情报，2013，04：127～132.
47 高辉，王美强，尚水龙．应用恒速压汞定量评价特低渗透砂岩的微观孔喉非均质性－－以鄂尔多斯盆地西峰油田长8储层为例[J]．地球物理学进展，2013，04：1900～1907.
48 李海燕，徐樟有．新立油田低渗透储层微观孔隙结构特征及分类评价[J]．油气地质与采收率，2009，01：17～21＋112.
49 杨希濮，孙卫，高辉，郭庆，王国红．三塘湖油田牛圈湖区块低渗透储层评价[J]．断块油气田，2009，02：5～8.
50 熊伟，雷群，刘先贵，高树生，胡志明，薛惠．低渗透油藏拟启动压力梯度[J]．石油勘探与开发，2009，02：232～236.
51 高永利，张志国．低渗透变形介质渗透率时变效应规律及对油田开发的影响[J]．地质科技情报，2012，03：70～72.
52 宋周成．低渗透储层的微观孔隙结构分类及其储层改造技术的探讨[J]．石油天然气学报，2009，01：334～336.
53 王瑞飞，沈平平，宋子齐，杨华．特低渗透砂岩油藏储层微观孔喉特征[J]．石油学报，2009，04：560～563＋569.
54 王炜，陈文武，王国红，周红燕．低渗透砂岩储集层特征及影响因素——以巴喀油田西山窑组为例[J]．新疆石油地质，2009，03：322～324.
55 张志强，郑军卫．低渗透油气资源勘探开发技术进展[J]．地球科学进展，2009，08：854～864.
56 李潮流，徐秋贞，张振波．用核磁共振测井评价特低渗透砂岩储层渗透性新方法[J]．测井技术，2009，05：436～439.
57 刘昊伟，郑兴远，陈全红，郭艳琴，刘春燕．华庆地区长6深水沉积低渗透砂岩储层特征[J]．西南石油大学学报(自然科学版)，2010，01：21～26＋190～191.
58 刘媛，朱筱敏，张思梦，赵东娜．三肇凹陷扶余油层中—低渗透储层微观孔隙结构特征及其分类[J]．天然气地球科学，2010，02：270～275.
59 王学武，杨正明，李海波，郭和坤．核磁共振研究低渗透储层孔隙结构方法[J]．西南石油大学学报(自然科学版)，2010，02：69～72＋199.
60 戴达山，刘开莉，熊健，李建国，蒋剑．低渗透注水开发油田储层吸水能力研究[J]．油气田地面工程，2010，07：14～16.
61 李潮流，李长喜．特低渗透率砂岩储集层电学性质研究[J]．测井技术，2010，03：233～237.
62 万涛，蒋有录，林会喜，彭传圣，毕彩芹．车西洼陷低渗透储层孔隙结构特征及物性[J]．断块油气田，2010，05：537～541.
63 董凤娟，孙卫，陈文武，姚江荣．低渗透砂岩储层微观孔隙结构对注水开发的影响——以丘陵油田三间房组储层为例[J]．西北大学学报(自然科学版)，2010，06：1041～1045.
64 宋子齐，王瑞飞，孙颖，景成，何羽飞，张亮，程国建．基于成岩储集相定量分类模式确定特低渗透相对优质储层——以AS油田长6_ 1特低渗透储层成岩储集相定量评价为例[J]．沉积学报，2011，01：88～96.
65 耿斌，胡心红．孔隙结构研究在低渗透储层有效性评价中的应用[J]．断块油气田，2011，02：187～190.
66 何文祥，杨乐，马超亚，郭玮．特低渗透储层微观孔隙结构参数对渗流行为的影响—以鄂尔多斯盆地长6储层为例[J]. 天然气地球科学, 2011, 03: 477~481+517.
67 张伟, 王瑛, 冯进, 刘树巩. 珠江口盆地深部低渗透率储层分类评价方法[J]. 测井技术, 2011, 02: 137~139+150.
68 刘仁静, 刘慧卿, 张红玲, 陶冶, 李明. 低渗透储层应力敏感性及其对石油开发的影响[J]. 岩石力学与工程学报, 2011, S1: 2697~2702.
69 高永利, 张志国. 恒速压汞技术定量评价低渗透砂岩孔喉结构差异性[J]. 地质科技情报, 2011, 04: 73~76.
70 解伟, 张创, 孙卫, 仝敏波. 恒速压汞技术在长2储层孔隙结构研究中的应用[J]. 断块油气田, 2011, 05: 549~551.
71 全洪慧, 朱玉双, 张洪军, 李莉, 邵飞, 张章. 储层孔隙结构与水驱油微观渗流特征——以安塞油田王窑区长6油层组为例[J]. 石油与天然气地质, 2011, 06: 952~960.
72 李海燕, 岳大力, 张秀娟. 苏里格气田低渗透储层微观孔隙结构特征及其分类评价方法[J]. 地学前缘, 2012, 02: 133~140.
73 廖纪佳, 唐洪明, 朱筱敏, 任明月, 孙振, 林丹. 特低渗透砂岩储层水敏实验及损害机理研究——以鄂尔多斯盆地西峰油田延长组第8油层为例[J]. 石油与天然气地质, 2012, 02: 321~328.
74 王培玺, 刘仁静. 低渗透储层应力敏感系数统一模型[J]. 油气地质与采收率, 2012, 02: 75~77+116.
75 师调调, 孙卫, 何生平. 低渗透储层微观孔隙结构与可动流体饱和度关系研究[J]. 地质科技情报, 2012, 04: 81~85.
76 綦惠丽, 李玉春, 张雁. 低渗透储层的微观特征对其宏观性质的影响规律——以榆树林油田扶杨油层为例[J]. 东北石油大学学报, 2012, 04: 30~36+5~6.
77 胡作维, 黄思静, 李小宁, 齐世超, 郎咸国. 鄂尔多斯盆地姬塬长2油层组低渗透砂岩孔隙结构对储层质量影响[J]. 新疆地质, 2012, 04: 438~441.
78 胡作维, 黄思静, 王冬焕, 马永坤, 李小宁. 多元逐步回归分析在评价孔隙结构对低渗透砂岩储层质量影响中的应用[J]. 桂林理工大学学报, 2013, 01: 21~25.
79 杜新龙, 康毅力, 游利军, 俞杨烽, 刘雪芬, 杨建. 低渗透储层微流动机理及应用进展综述[J]. 地质科技情报, 2013, 02: 91~96.
80 吴胜和, 付晶, 魏新善, 楚美娟. 鄂尔多斯盆地陇东地区延长组低渗透储层孔隙结构分类研究[J]. 地学前缘, 2013, 02: 77~85.
81 蔡玥, 赵乐, 肖淑萍, 张磊, 龚嘉顺, 孙磊, 孙阳, 康丽芳. 基于恒速压汞的特低—超低渗透储层孔隙结构特征——以鄂尔多斯盆地富县探区长3油层组为例[J]. 油气地质与采收率, 2013, 01: 32~35+113.
82 赖锦, 王贵文, 郑懿琼, 李维岭, 蔡超. 低渗透碎屑岩储层孔隙结构分形维数计算方法——以川中地区须家河组储层41块岩样为例[J]. 东北石油大学学报, 2013, 01: 1~8.
83 段春节, 魏旭光, 李小冬, 苏琛. 深层高压低渗透砂岩油藏储层敏感性研究[J]. 地质科技情报, 2013, 03: 94~99.
84 滕起, 杨正明, 刘学伟, 冯骋, 黄伟, 于荣泽. 特低渗透油藏井组开发过程物理模拟[J]. 深圳大学学报(理工版), 2013, 03: 299~305.
85 庞振宇, 孙卫, 李进步, 马二平, 高航. 低渗透致密气藏微观孔隙结构及渗流特征研究: 以苏里格气田苏48和苏120区块储层为例[J]. 地质科技情报, 2013, 04: 133~138.
86 庞玉东, 宋子齐, 何羽飞, 田新, 张景皓, 付春苗. 基于超低渗透砂岩储层试油产能预测分析方法[J]. 石油钻采工艺, 2013, 05: 74~78.
87 刘桂玲, 孙军昌, 熊生春, 何英, 皇甫晓红. 高邮凹陷南断阶特低渗透油藏储层微观孔隙结构特征及分类评价[J]. 油气地质与采收率, 2013, 04: 37~41+113.

88 谢晓庆，张贤松，张凤久，孙福街，陈民锋．薄层低品位油藏孔隙结构及渗流特征[J]．成都理工大学学报(自然科学版)，2013，01：34～39.
89 马文国，王影，海明月，夏惠芬，冯海潮，吴迪．压汞法研究岩心孔隙结构特征[J]．实验技术与管理，2013，01：66～69.
90 柴细元，丁娱娇．孔隙结构与地层压力相结合的储层产能预测技术[J]．测井技术，2012，06：635～640.
91 王伟，朱玉双，牛小兵，梁晓伟，淡卫东．鄂尔多斯盆地姬塬地区长6储层微观孔隙结构及控制因素[J]．地质科技情报，2013，03：118～124.
92 齐亚东，雷群，于荣泽，晏军，刘学伟，战剑飞．影响特低－超低渗透砂岩油藏开发效果的因素分析[J]．中国石油大学学报(自然科学版)，2013，02：89～94.
93 付晓飞，尚小钰，孟令东．低孔隙岩石中断裂带内部结构及与油气成藏[J]．中南大学学报(自然科学版)，2013，06：2428～2438.
94 李珊，孙卫，王力，马永平．恒速压汞技术在储层孔隙结构研究中的应用[J]．断块油气田，2013，04：485～487.
95 邵维志，解经宇，迟秀荣，李俊国，吴淑琴，肖斐．低孔隙度低渗透率岩石孔隙度与渗透率关系研究[J]．测井技术，2013，02：149～153.
96 高辉，孙卫，费二战，齐银，李达．特低－超低渗透砂岩储层微观孔喉特征与物性差异[J]．岩矿测试，2011，02：244～250.
97 王旭，邓礼正，张娟，易小燕．富古地区下古生界储层孔隙结构特征分析[J]．断块油气田，2010，01：49～51.
98 谢润成，周文，李良，苏瑗，王辛．鄂尔多斯盆地北部杭锦旗地区上古生界砂岩储层特征[J]．新疆地质，2010，01：86～90.
99 梁晓伟，高薇，王芳．特低渗透储集层成岩作用及孔隙演化定量表征——以鄂尔多斯盆地姬塬地区为例[J]．新疆石油地质，2010，02：150～153.
100 杨正明，边晨旭，刘先贵，王学武．典型低渗油区储层特征及水驱可动用性研究[J]．西南石油大学学报(自然科学版)，2013，06：83～89.
101 陈新彬，常毓文，王燕灵，汪萍，邹存友．低渗透储层产量递减模型的渗流机理及应用[J]．石油学报，2011，01：113～116.
102 时宇，杨正明，杨雯昱．低渗储层非线性相渗规律研究[J]．西南石油大学学报(自然科学版)，2011，01：78～82＋13～14.
103 李艳，郁伯铭．分叉网络的启动压力梯度研究[J]．中国科学：技术科学，2011，04：525～531.
104 杨仁锋，姜瑞忠，孙君书，刘小波，刘世华，李林凯．低渗透油藏非线性微观渗流机理[J]．油气地质与采收率，2011，02：90～93＋97＋117.
105 杨胜来，李梅香，陈浩，李凤琴，孙尚勇，李民乐．裂缝性油藏水驱过程中基质的动用程度及基质贡献率[J]．石油钻采工艺，2011，02：69～72.
106 刘丽，房会春，顾辉亮．地层压力保持水平对低渗透油藏渗透率的影响[J]．石油钻探技术，2011，02：104～107.
107 高永进，卓红，李亮，何秀玲，李婷婷，王新海．双渗介质非均质油藏数值试井分析[J]．断块油气田，2011，03：373～375.
108 许长福，李雄炎，周金昱，李洪奇，谭锋奇，于红岩．岩性油藏特征制约下超低渗透油层快速识别方法与模型[J]．中南大学学报(自然科学版)，2012，01：265～271.
109 贾红兵．层状油藏重力渗流机理及其应用[J]．石油学报，2012，01：112～116.
110 朱志强，曾溅辉，王建君．低渗透砂岩石油渗流的微观模拟实验研究[J]．西南石油大学学报(自然科学版)，2010，01：16～20+190.

111 高树生，熊伟，刘先贵，胡志明，薛惠．低渗透砂岩气藏气体渗流机理实验研究现状及新认识[J]．天然气工业，2010，01：52～55+140～141.

112 周晓奇，张磊，王成军．流体在特低渗透油藏中的渗流参数分析[J]．科技导报，2010，05：82～85.

113 曾保全，程林松，李春兰，袁帅．特低渗透油藏压裂水平井开发效果评价[J]．石油学报，2010，05：791～796.

114 蒋裕强，高阳，徐厚伟，罗明生，杨长城，程方敏．基于启动压力梯度的亲水低渗透储层物性下限确定方法——以蜀南河包场地区须家河组气藏为例[J]．油气地质与采收率，2010，05：57～60+114～115.

115 闫栋栋，杨满平，田乃林，许胜洋，王刚，韩光明．低流度油藏渗流特征研究——以中国中东部某油田低流度油藏为例[J]．油气地质与采收率，2010，06：90～93+117.

116 周新国，乜冠贞，陈论韬，张川利，陈俊智．减小地层水流阻力的增注技术[J]．石油钻采工艺，2010，04：74～77.

117 庞玉东，宋子齐，何羽飞，田新，张景皓，付春苗．基于超低渗透砂岩储层试油产能预测分析方法[J]．石油钻采工艺，2013，05：74～78.

118 樊怀才，钟兵，李晓平，刘义成，杨洪志，冯曦，张袁辉．裂缝型产水气藏水侵机理研究[J]．天然气地球科学，2012，06：1179～1184.

119 吕伟峰，冷振鹏，张祖波，马德胜，刘庆杰，吴康云，李彤．应用CT扫描技术研究低渗透岩心水驱油机理[J]．油气地质与采收率，2013，02：87～90+117.

120 李祖友，杨筱璧，严小勇，王旭，孙今立．低渗透致密气藏压裂水平井不稳定产能研究[J]．钻采工艺，2013，03：66～67+70+9.

121 李玉青．对储层敏感性伤害的认识与应用[J]．钻采工艺，2013，03：121～123.

122 谢一婷，陈朝晖．疏松砂岩气藏渗透率敏感性实验研究[J]．断块油气田，2013，04：488～491.

123 徐慧，林承焰，孙彬，宋新利，曲丽丽．低渗透油藏分层动用状况判别方法[J]．西南石油大学学报(自然科学版)，2013，04：95～100.

124 郑可，徐怀民，陈建文．改性注入剂对改善特低渗储层渗流能力的实验研究及应用[J]．天然气地球科学，2013，04：832～841.

125 渠慧敏，罗杨，戴群，谭云贤，王磊，韦良霞．低渗透砂岩油藏分子膜增注性能和机理研究[J]．油田化学，2013，03：354～357.

126 郭发军，隋绍忠，郭发兰，张永平，闫爱华．宝绕油田林4断块水平井边际薄层低渗透油藏开发技术[J]．地质科技情报，2009，03：83～85.

127 王子娥．低渗透油藏改善开发效果的主要技术措施[J]．石油天然气学报，2009，01：292～295+401.

128 张占峰．中国低渗透(致密)油气勘探开发技术研讨会在京召开[J]．石油学报，2009，03：353.

129 杨玉祥．大型低渗透岩性油藏高效开发技术实践与认识——以靖安油田五里湾一区长6油藏为例[J]．石油天然气学报，2009，02：326～328+1.

130 马晖．水平井压裂技术在高89块薄互层特低渗透油藏开发中的应用[J]．石油天然气学报，2009，02：329～331.

131 李忠兴，赵继勇，李宪文，何永宏．超低渗透油藏渗流特征及提高采收率方向[J]．辽宁工程技术大学学报(自然科学版)，2009，S1：1～3.

132 雷群，李熙喆，万玉金，陈建军，杨依超．中国低渗透砂岩气藏开发现状及发展方向[J]．天然气工业，2009，06：1～3+133.

133 李建国，王敏，李春花．正交设计方法在低渗透油藏开发技术中的应用[J]．石油天然气学报，2009，03：288～290.

134 张志强，郑军卫．低渗透油气资源勘探开发技术进展[J]．地球科学进展，2009，08：854～864.

135 宁宁，王红岩，雍洪，刘洪林，胡旭健，赵群，刘德勋．中国非常规天然气资源基础与开发技术[J]．天然气工业，2009，09：9～12＋130.
136 郑军卫，庾凌，孙德强．低渗透油气资源勘探开发主要影响因素与特色技术[J]．天然气地球科学，2009，05：651～656.
137 郭发军，王新颖，王世范，刘淑敏，杨荣，高荣．留17断块低渗透油藏高效开发配套技术研究[J]．石油钻采工艺，2009，S1：106～109.
138 金绍臣，张斌，马志鑫，孙丽慧，孟伟，常伟．靖安油田盘古梁区长6油藏高效开发配套技术研究[J]．石油天然气学报，2009，05：361～363＋440.
139 温庆志，蒲春生，曲占庆，徐胜强，刘玉忠．低渗透、特低渗透油藏非达西渗流整体压裂优化设计[J]．油气地质与采收率，2009，06：102～104＋107＋117.
140 任雁鹏，王小文，王忍峰，马托．低渗透油田老井综合挖潜的应用[J]．钻采工艺，2010，S1：54～58＋8～9.
141 平义，周文兵，李志文，张涛，胡克剑．吴410区长6油藏开发特征及储层攻关技术对策[J]．海洋地质动态，2010，11：17～20＋30.
142 战静，王战．包14块滚动勘探开发配套技术研究与应用[J]．资源与产业，2010，06：146～148.
143 郭发军，孟庆春，鲁秀芹，王霞，闫爱华，赵玉芝．乌里雅斯太特低渗透油藏有效开发技术研究[J]．石油天然气学报，2013，01：126～129＋177.
144 任韶然，牛保伦，侯胜明，张亮，顾鸿君．新疆低渗透油田注气提高采收率技术筛选(英文)[J]．中国石油大学学报(自然科学版)，2011，02：107～116＋101.
145 李春芹．CO_2混相驱技术在高89－1块特低渗透油藏开发中的应用[J]．石油天然气学报，2011，06：328～329.
146 张明禄，吴正，樊友宏，史松群．鄂尔多斯盆地低渗透气藏开发技术及开发前景[J]．天然气工业，2011，07：1～4＋101.
147 孙致学，姚军，唐永亮，卜向前，庞鹏，董立全．低渗透油藏水平井联合井网型式研究[J]．油气地质与采收率，2011，05：74～77＋116.
148 霍进，桑林翔，石国新，路建国，赵克成．低渗高饱和岩性油藏高效开发技术——以石南21井区为例[J]．新疆石油地质，2011，06：624～626.
149 高永利，孙卫，张昕．鄂尔多斯盆地延长组特低渗储层微观地质成因[J]．吉林大学学报(地球科学版)，2013，01：13～19.
150 崔连训．恒速压汞及核磁共振在低渗透储层评价中的应用[J]．成都理工大学学报(自然科学版)，2012，04：430～433.
151 窦宏恩，杨旸．低渗透油藏流体渗流再认识[J]．石油勘探与开发，2012，05：633～640.
152 李晓良，王庆魁，王学立，吕中锋，季岭．低渗透油藏改善开发效果研究与实践[J]．桂林工学院学报，2009，02：262～265.
153 王登莲，冯立勇．鄂尔多斯盆地特低渗透长6油藏开发特征对比分析[J]．石油天然气学报，2009，04：346～348.
154 任雁鹏，王小文，王忍峰，马托．低渗透油田老井综合挖潜的应用[J]．钻采工艺，2010，S1：54～58＋8～9.
155 平义，周文兵，李志文，张涛，胡克剑．吴410区长6油藏开发特征及储层攻关技术对策[J]．海洋地质动态，2010，11：17～20＋30.
156 华帅，刘易非，高战胜，李达．油藏注空气技术面临的问题及对策[J]．油气田地面工程，2010，11：47～48.
157 王立军．王场整装油田持续稳产技术对策[J]．石油天然气学报，2012，03：136～139＋168～169.

158 张仲宏，杨正明，刘先贵，熊伟，王学武．低渗透油藏储层分级评价方法及应用[J]．石油学报，2012，03：437～441.

159 曲瑛新．低渗透砂岩油藏注采井网调整对策研究[J]．石油钻探技术，2012，06：84～89.

160 饶良玉，吴向红，李香玲，李贤兵．夹层对不同韵律底水油藏开发效果的影响机理——以苏丹H油田为例[J]．油气地质与采收率，2013，01：96～99＋117～118.

161 高宝国，滑 辉，丁文阁，等．低渗透油田特高含水期开发技术对策——以渤南油田义11井区为例[J]．油气地质与采收率，2013，06：97～99＋103.